DIGITAL SERIES

未来へつなぐ
デジタルシリーズ

組込みシステム

水野忠則　監修

中條直也
井上雅裕
山田囿裕　著

20

共立出版

Connection to the Future with Digital Series
未来へつなぐ デジタルシリーズ

編集委員長： 白鳥則郎（東北大学）

編集委員： 水野忠則（愛知工業大学）
　　　　　 高橋　修（公立はこだて未来大学）
　　　　　 岡田謙一（慶應義塾大学）

編集協力委員：片岡信弘（東海大学）
　　　　　　　松平和也（株式会社 システムフロンティア）
　　　　　　　宗森　純（和歌山大学）
　　　　　　　村山優子（岩手県立大学）
　　　　　　　山田曠裕（東海大学）
　　　　　　　吉田幸二（湘南工科大学）
　　　　　　　　　　（50音順，所属はシリーズ刊行開始時）

未来へつなぐ デジタルシリーズ　刊行にあたって

　デジタルという響きも，皆さんの生活の中で当たり前のように使われる世の中となりました．20世紀後半からの科学・技術の進歩は，急速に進んでおりまだまだ収束を迎えることなく，日々加速しています．そのようなこれからの21世紀の科学・技術は，ますます少子高齢化へ向かう社会の変化と地球環境の変化にどう向き合うかが問われています．このような新世紀をより良く生きるためには，20世紀までの読み書き（国語），そろばん（算数）に加えて「デジタル」（情報）に関する基礎と教養が本質的に大切となります．さらには，いかにして人と自然が「共生」するかにむけた，新しい科学・技術のパラダイムを創生することも重要な鍵の1つとなることでしょう．そのために，これからますますデジタル化していく社会を支える未来の人材である若い読者に向けて，その基本となるデジタル社会に関連する新たな教科書の創設を目指して本シリーズを企画しました．

　本シリーズでは，デジタル社会において必要となるテーマが幅広く用意されています．読者はこのシリーズを通して，現代における科学・技術・社会の構造が見えてくるでしょう．また，実際に講義を担当している複数の大学教員による豊富な経験と深い討論に基づいた，いわば"みんなの知恵"を随所に散りばめた「日本一の教科書」の創生を目指しています．読者はそうした深い洞察と経験が盛り込まれたこの「新しい教科書」を読み進めるうちに，自然とこれから社会で自分が何をすればよいのかが身に付くことでしょう．さらに，そういった現場を熟知している複数の大学教員の知識と経験に触れることで，読者の皆さんの視野が広がり，応用への高い展開力もきっと身に付くことでしょう．

　本シリーズを教員の皆さまが，高専，学部や大学院の講義を行う際に活用して頂くことを期待し，祈念しております．また読者諸賢が，本シリーズの想いや得られた知識を後輩へとつなぎ，元気な日本へ向けそれを自らの課題に活かして頂ければ，関係者一同にとって望外の喜びです．最後に，本シリーズ刊行にあたっては，編集委員・編集協力委員，監修者の想いや様々な注文に応えてくださり，素晴らしい原稿を短期間にまとめていただいた執筆者の皆さま方に，この場をお借りし篤くお礼を申し上げます．また，本シリーズの出版に際しては，遅筆な著者を励まし辛抱強く支援していただいた共立出版のご協力に深く感謝いたします．

　　　　　　　　　「未来を共に創っていきましょう．」

編集委員会
白鳥則郎
水野忠則
高橋　修
岡田謙一

はじめに

　現在，組込みシステムは世の中で広く使用されるようになっている．身近な携帯電話などの通信機器から，自動車や航空機などの輸送機器，テレビやエアコンなどの家電製品，コピーやファックスなどの情報機器，ファクトリー・オートメーションやビル管理などの産業機器に至るまで，個別製品から社会システムまで組込みシステムが使われるようになっている．我々の日々の社会活動は組込みシステムによって支えられている．

　本書は，このように広く組込みシステムが使用される時代に，組込みシステムの基礎を学ぶために，基本的に理系の大学で使用する教科書として作成された．ただし，携帯機器やパーソナルコンピュータを日々活用している大学生であれば，理系文系を問わず本書を理解するための予備知識は十分であるといえよう．

　第1章では，組込みシステムとは何かを説明し，組込みシステムの上位の観念であるシステムについても解説し，組込みシステムの構造を理解する．第2章では，組込みシステムの中核として制御を司るコンピュータ（マイクロプロセッサ）の歴史とコンピュータの発展経緯を理解する．

　第3章では，現代の自動車で重要な役割を果たしているカーエレクトロニクスについて解説する．「走る」「曲がる」「止まる」という自動車の基本機能だけでなく，安全運転の支援や，ネットワーク接続による利便性向上という面でもカーエレクトロニクスが不可欠になっていることを理解する．第4章では，ホームエレクトロニクスの例として扇風機を取り上げる．単純な構成の扇風機を取り上げて，組込みシステムがハードウェアと機構部をソフトウェアで制御して1つのシステムを実現することを理解する．また，ここでは組込みシステムを技術面だけでなく，地球環境，対人間対応，事業性などと考えることが重要であることを学ぶ．

　第5章では，専用に開発され，利用できる計算資源に制約があるなかで，信頼性やリアルタイム性が必要とされることが組込みソフトウェアの特徴であることを理解する．第6章では，組込みソフトウェアの大規模化に伴って重要になっているソフトウェア開発技術を取り上げる．要求仕様の作成，ソフトウェアの基本設計から詳細設計，プログラム言語や開発ツールによる実装，テスト・検証，リリース後の運用・保守について学ぶ．

　第7章では，簡単なマイクロプロセッサでその仕組みの基本を理解する．現在のマイクロプロセッサは高機能で複雑に進化している．しかし，基本的な機能を正しく把握していれば高機能なマイクロプロセッサも理解し使いこなすことができる．第8章では，広く実用化されている現在の高機能なマイクロプロセッサを取り上げて第7章と対比させる．また，組込みシステムで用いられる必要な周辺回路を集積化した，1チップマイクロコンピュータについても学ぶ．

第 9 章では，自動車に使われる車載ネットワーク技術を取り上げる．車載ネットワークは，走行などの基本制御だけでなく，運転支援などの高度なシステムのための神経系という役割を担っている．この章では車載ネットワークの構成や特徴について理解する．第 10 章では，実用化されている車載ネットワークとして CAN を取り上げる．現在，制御システムで標準的に広く使用されている CAN の仕組みを理解する．第 11 章では，家庭内の機器の共通情報伝送路であるホームネットワークを取り上げる．家庭内で利用される機器に応じて AV 系ネットワーク，設備系ネットワーク，コンピュータ系ネットワークなどの多様な構成があることや，それらの特徴について理解する．第 12 章では，ビル空調システムを取り上げる．ネットワークで相互接続された組込みシステムとしてモデル化されるビル空調システムは，小さな単位を階層的に積み上げて大規模システムが実現できるように設計される．また，遠隔監視・保守等の要求に応えるためオープンなネットワークと接続できる特徴をもつことを理解する．第 13 章では，工場などの生産設備の自動化，統合管理のためのファクトリー・オートメーション・ネットワークを取り上げる．コスト削減，迅速な生産立上げ，製造現場の状況把握などの要求に応じて，実時間性や一部が故障しても動作を継続できる可用性に対応した設計が行われることを理解する．

　第 14 章では，多くの技術分野にまたがる組込みシステムを開発するための技術体系としてのシステムズエンジニアリングを学ぶ．多様な技術に関連したシステム要求や仕様を，無駄なくわかりやすく表現し，多様な技術者間で相互に理解する必要がある．そのためのシステム要求，静的構造，振る舞い等をモデル化するためのモデリング言語や，設計開発のための統合エンジニアリング環境などを理解する．第 15 章では，組込みシステムを開発するためのプロジェクトマネジメントについて学ぶ．多様な技術が関連し，複数製品のシリーズが想定されるなど，組込みシステムの開発にはプロジェクトマネジメントが必須であり，そのための基礎を理解する．

　本書は教科書として利用しやすいように，各章のはじめにその章の学習のポイントとキーワードが記されている．また，章末には内容の理解を確認するための演習問題も用意されている．

　最後に，本書をまとめるにあたってたいへんご協力をいただきました，本シリーズ編集委員長の白鳥則郎先生，編集委員の高橋 修先生，岡田謙一先生および，編集協力委員の松平和也先生，宗森 純先生，村山優子先生，吉田幸二先生，ならびに共立出版編集部の島田 誠氏，他の方々に深くお礼を申し上げます．

2013 年 3 月

著者を代表して　中條直也

目 次

刊行にあたって　i
はじめに　iii

第1章 組込みシステム　1

1.1 身近な組込みシステム	1
1.2 組込みシステムとは	2
1.3 システムの体系	4
1.4 システムの分類	5
1.5 コンピュータ組込みシステムとネットワーク化	6
1.6 処理システム	7
1.7 組込みシステムの構造と制御	10
1.8 システムの定義	11
1.9 ルームエアコンの機構部，ハードウェア部とソフトウェア部の関係	14

第2章 組込みシステムの歴史　19

2.1 コンピュータの発展経緯を知る意味	19
2.2 コンピュータ発展経緯による分類	20
2.3 計算道具	21
2.4 計算補助具	21

2.5 計算の道具	23
2.6 機械計算道具	27
2.7 計算道具，機械計算道具のその後	29
2.8 機械式計算機	30
2.9 プログラム内蔵方式コンピュータ	34
2.10 ネットワーク	37
2.11 マイクロプロセッサの発明	39
2.12 組込みシステム発展経緯による分類	40

第3章 カーエレクトロニクス 52

3.1 カーエレクトロニクスの位置付け	52
3.2 カーエレクトロニクスの分類	53
3.3 ECU	55
3.4 運転支援システム	57
3.5 カーナビゲーションシステム	61

第4章 ホームエレクトロニクス"扇風機" 66

4.1 扇風機で何を学ぶか	66

4.2 マイクロプロセッサをもつ扇風機ともたない扇風機	67
4.3 組込みシステムの捉え方 宇宙／地球	68
4.4 組込みシステムの捉え方 企業／事業	69
4.5 組込みシステムの捉え方 仕様・説明書から性能の限界	70
4.6 組込みシステムの捉え方 機器システム	71
4.7 組込みシステムの捉え方 基板回路	72
4.8 扇風機開発/開発支援ツール	75
4.9 扇風機開発/プログラムの構成	78
4.10 まとめ	79

第5章 組込みソフトウェア 81

5.1 組込みソフトウェアの特徴	81
5.2 組込みソフトウェアの大規模化	83
5.3 リアルタイムOS	85
5.4 デバイスドライバ	87
5.5 ミドルウェア	88

	5.6 ソフトウェア・アーキテクチャ	89
	5.7 AUTOSAR	90
第6章 組込みソフトウェアの開発技術　93	6.1 ソフトウェア工学	93
	6.2 ソフトウェア開発プロセス	96
	6.3 要求分析	99
	6.4 設計	101
	6.5 実装	103
	6.6 テスト・検証	104
第7章 簡単なマイクロプロセッサ "小マイクロプロセッサ"　107	7.1 マイクロプロセッサの構造	107
	7.2 命令セットをつくる；どんな命令が必要か	110
	7.3 各部の構成と仕組	112
第8章 現在のマイクロプロセッサ/マイクロコンピュータ M16C　120	8.1 マイクロコンピュータ M16C のもつ機能	120
	8.2 電源電圧	122
	8.3 パッケージと端子	123

8.4	M16Cマイクロコンピュータのハードウェアの構成	125
8.5	命令セット	126
8.6	アドレシングモード	128
8.7	動作周波数，最短命令実行時間，基本バスサイクル	131
8.8	動作モード，外部アドレス空間，外部データバス幅，バス仕様	132
8.9	クロック発生回路	133
8.10	アドレス空間	133
8.11	まとめ	134

第9章 車載ネットワーク　136

9.1	車載ネットワーク採用の背景	136
9.2	車載ネットワークに求められること	138
9.3	車載ネットワークの種類	139
9.4	次世代の車載ネットワーク	141
9.5	無線通信ネットワーク	143

第10章 車載制御系ネットワーク CAN　146

- 10.1 位置付けと特長　146
- 10.2 ネットワークトポロジ　147
- 10.3 フレーム構成　148
- 10.4 調停方式　151
- 10.5 識別子の設計　151
- 10.6 ビットスタッフィング　152
- 10.7 エラー検出と回復　153
- 10.8 課題と今後　154

第11章 ホームネットワーク　156

- 11.1 ホームネットワークの構成　156
- 11.2 ホームネットワークの下位層プロトコル　158
- 11.3 ホームネットワークの上位層プロトコル　162
- 11.4 広域ネットワークとのゲートウェイおよびホームネットワーク間接続　164
- 11.5 設備系ホームネットワーク　165
- 11.6 AV系ホームネットワーク　166
- 11.7 コンピュータ系ホームネットワーク　167

第12章
ビル空調システム 169

- 12.1 ネットワーク型組込みシステムとしてのビル空調 ... 169
- 12.2 監視制御の階層 ... 170
- 12.3 フィールドネットワークのプロトコル ... 171
- 12.4 空調システムでの主要ネットワーク・プロトコル ... 175
- 12.5 ネットワーク間のゲートウェイでの接続 ... 176

第13章
ファクトリー・オートメーション 180

- 13.1 ファクトリー・オートメーション・システムへの要求とシステム構造 ... 180
- 13.2 ファクトリー・オートメーション・ネットワークへの要求と設計方法 ... 182
- 13.3 コントローラネットワーク ... 184
- 13.4 フィールドネットワーク ... 187

第14章
システムズエンジニアリング 190

- 14.1 システムズエンジニアリングの位置付け ... 190
- 14.2 システムズエンジニアリング・プロセス ... 191
- 14.3 要求分析 ... 195
- 14.4 アーキテクチャ設計 ... 196

| | 14.5 システムのモデリング | 200 |
| | 14.6 統合エンジニアリング環境 | 207 |

第15章 プロジェクトマネジメント 209

	15.1 プロジェクトマネジメントの基礎	209
	15.2 組込みシステムのプロジェクトマネジメント	218
	15.3 組込みシステム開発プロセスとマネジメント	220
	15.4 組込みシステムのプロジェクトマネジャーのコンピテンシーと育成体系	222

索　引　225

第1章
組込みシステム

□ 学習のポイント

　我々の周りの個別の機器や装置，それらを支える社会システムなどあらゆるところに組込みシステムは存在している．組込みシステムの中核の制御を司るのがコンピュータでありマイクロプロセッサである．特にマイクロプロセッサの誕生は組込みシステムが要請したことであり，その後両方が大きく成長した．マイクロプロセッサがこの世に生まれたのは1970年飛行制御のものであり，1971年には電卓から汎用への展開をしたTMS1000と4004であった．急激に成長しわずか40年で現在のようにこの社会に満ち満ちることになった組込みシステムを現状からすなわち外側から順に紐解く．

- 組込みシステムとはなにか．何を組み込んでいるのか．
- 組込みシステムの上位の観念であるシステムとはなにか．
- 組込みシステムの構造とはどのようなものか．

□ キーワード

　組込みシステム，コンピュータ組込みシステム，システム，リアルタイムシステム，機構，ハードウェア，コンピュータ，マイクロプロセッサ，ソフトウェア，プログラム

1.1 身近な組込みシステム

　組込みシステムの名はまだ耳慣れないかもしれないが，それは我々の周りに満ちている．例えば，朝目覚め学校や職場に行き，また家に帰り就寝するまで，組込みシステムに出会い，それらを使い，またかかわるのは50回を上まわるのでないか．まず，朝目覚めて顔を洗う時に使うお湯を供給するガスまたは電気による給湯システム，朝食での炊飯器，電磁調理機器，電気ポット，冷蔵庫などの白物家電と呼ばれている機器が組込みシステムである．また，ニュースを見るテレビや音楽を聴くステレオなどのAV機器，それに学習機器，電子玩具・ゲーム機器，空調，電話端末やインターホンやセキュリティシステムなどの家庭環境維持をするシステムなども同じく組込みシステムである．

　次に，学校や職場に行く交通機関を利用する場合の電車やバスの改札機や切符販売装置，電車等の行先を示す電光表示などは，さらに大きいシステムの端末装置でありまた組込みシステムである．携帯電話，電子辞書やオーディオ機器などはすべて組込みシステムである．ある朝

の電車の中で，これらを扱っている人々は50％に達し，新聞や本を読んでいる人々は20％であった．10年前には携帯型オーディオ機器で音楽を聴いたり語学の勉強をしている人々はいたが，現在のように50％に及ぶ大きい割合ではなく10％前後でなかったかと今となると思いだし推定するしかない．携帯型の電子機器すなわち組込みシステムが少なくとも個人の生活にも大きな影響を与えている一面である．

学校や職場に行く途中でコーヒーを飲み，またコンビニでお茶や食べ物を買う場合も会計機器や業務用コーヒーメーカなどの組込みシステムが働いている．また，乗り物は車，オートバイや自転車も使われる．車に取り付けられているカーナビゲーションシステムもカーオーディオもまた車自身もそれぞれ組込みシステムである．学校や職場では，入場にカードでの出入りや就業時間確認，また，防災，空調や照明などの各管理システムの端末があり，さらにエレベータ，エスカレータおよびパソコンに内蔵されているHDD (Hard Disk Drive) やDVD (Digital Versatile Disc) も，さらにコンピュータ周辺機器と呼ばれるプリンタ，スキャナやプロジェクタも組込みシステムである．

帰宅し就寝するまでは，家庭団欒や休息の時間であり，また趣味や自己研鑽の時間である．ここで新たな組込みシステムはビデオムービーとビデオプレーヤ，Wiiのようなビデオゲーム，電子メトロノーム，電子オルガン，室内体力向上健康機器，血圧計，電子時計アラームなど多方面に渡る．

このように，ざっと朝目覚め学校や職場に行き帰宅し就寝するまでの1日を考えても人と多くの組込みシステムとのかかわりがあることがわかる．組込みシステムの名は耳慣れないがそれぞれの機器やシステムは皆さんがよく知っているものである．すなわち，組込みシステムはコンピュータやマイクロプロセッサを内蔵する機器やシステムの総称である．以下では組込みシステムとは何を組み込んでいるのか，組込みシステムの上位の観念であるシステムとは何か，また，組込みシステムの構造を考えていく．

1.2 組込みシステムとは

「組込みシステム」という言葉は「コンピュータ組込みシステム」の簡略語である．「組込みシステム」とは何を組み込んでいるかというとそれはコンピュータである．もちろんマイクロプロセッサも含まれる．プログラム内蔵方式のコンピュータの開発後のコンピュータの使われ方は，1950年後半からコンピュータが単独で計算機センターや事務所や工場の一角に置かれ主にシミュレーション，技術計算や経理計算に使われる一方，徐々に工場プラント管理や交通信号管理システムなどに使われるようになった．

また，これらのコンピュータはシステムタイプライタやハードディスクなどのコンピュータ周辺機器をもつ．これらのコンピュータ周辺機器や事務機器の制御部は論理回路（ランダムロジック）で作られるが，開発件数が増加するにつけて，それが結局マイクロプロセッサを生むことになった．そして，それらの制御部の論理回路は1971年に生まれたマイクロプロセッサに順次置き変わることになる．マイクロプロセッサはもちろんコンピュータであるが，半導体の微細化技術が向上したことによりとても簡単なコンピュータのCPU (Central Processing

Unit)部分,またはすべてのコンピュータを1チップに入れることが1970年と1971年に相次いで実現した．当時の小型コンピュータはミニコンピュータと呼ばれていたので，それよりさらに小型ということでマイクロプロセッサまたはマイクロコンピュータと呼ばれることになった．これらのコンピュータはシステムや機器の中に入り応用製品に専用化展開するものと，ミニコンピュータよりさらに廉価な超小型のコンピュータとして汎用展開し，それぞれの性能を向上させていった．

前文の「‥機器の中に入り専用化展開するものと」の文章の「の中に入り」は「に応用され」や「に組み込まれ」という意味であるが，その部分が発展昇華し1つの「組込み」という言葉に行き着いた．それが「コンピュータ組込みシステム」であり，これらの機器の総称として1970年末頃に日本で名付けられた．当時，マイクロプロセッサを開発生産し事業にしようとしていた企業は市場開拓に躍起で，マイクロプロセッサがコンピュータであることを強調して顧客の機器に応用を促した．そこで，従来のコンピュータは"顔の見えるコンピュータ"と称し，マイクロプロセッサは機器に入り，組み込まれるので"顔の見えないコンピュータ"であると説明した．そこで「コンピュータ組込みシステム」の名が生まれた．米国では1950年半ば頃よりコンピュータを応用したシステムとして「embedded」の言葉は使われている．しかし，「コンピュータ組込みシステム」すなわち「embedded system」は1990年半ば頃より使われだしたようである．

"顔の見えるコンピュータ"すなわち汎用コンピュータによるシステムの一般的な統一的な名前はないようである．それぞれの役割，すなわち新幹線座席予約システムとかビル管理システムなどのように呼ばれる．これらに強いて名前をつけようとするならそれは「汎用コンピュータ制御によるシステム」となる．また，この2つのシステムを包含する名前は「コンピュータシステム」または「コンピュータ」である．コンピュータ組込みシステムと汎用コンピュータ制御によるシステムの機能図を図1.1に示す．ノートパソコンやデスクトップパソコンなどの単体で存在するコンピュータそのものであり，また，プリンタやネットワークにつながり使われるシステムはもちろん"顔の見えるコンピュータ"に属する．以上はコンピュータに関するシステムの分類であり，分類し名前をつけることは難しいが重要である．

組込みシステムには，今までに示したようにコンピュータに制御されているシステムや機器の総称とする場合と，他の1つにシステム内部のコンピュータの部分を指す場合がある．総称かシステム内部のコンピュータ部分かということであるが，ここでは前者の考えを採る．

また，「組込みシステム」はシステムが削除され「組込み」の言葉のみで使われる場合も多い．この「組込み」の言葉はコンピュータやシステム以外の例えば，音楽や映像の加工のための音

(a) コンピュータ組込みシステム　(b) 汎用コンピュータ制御によるシステム

図 1.1　コンピュータシステム

や絵柄の付加のことを指す言葉にも使われ，「組込みシステム」は「コンピュータ組込みシステム」の一部語彙脱落の簡略語で短縮された用語であり，さらにシステムが脱落され「組込み」の言葉のみで使われる．意味が正しく伝わらないことがあり，また曖昧さが残るので十分注意して意志疎通をするべきである．また，ひょっとすると，敢て曖昧さを残し漠然としたものを印象づけたいとの考えがあるのなら，それは科学技術の発展の障害になるので控えるべきである．

そこで，それら注意を必要とする短縮簡略された用語と短縮簡略される前の用語を次に箇条書きで示す．

- 組込みソフト；「コンピュータ組込みシステム」のソフトウェア
- 組込みハード；「コンピュータ組込みシステム」のハードウェア
- 組込み技術；「コンピュータ組込みシステム」の技術
- 組込み OS；「コンピュータ組込みシステム」のコンピュータに使われている OS
- 組込みシステム；「コンピュータ組込みシステム」
- 組込み；「コンピュータ組込みシステム」

1.3 システムの体系

組込みシステムの上位の観念であるシステムについて考える．まず，システムは外来語であり英和辞典では，語源として「共に (sy) 組み立てる (stem)」とある．また，その意味は ① 制度　② 体系　③ 体系的方法　④ 身体　⑤ 整然とした手順，とある [1]．また国語辞典では，複数の要素が有機的に関係しあい，全体としてまとまった機能を発揮している要素の集合体．組織．系統．仕組み，とある [2]．これらを参考にシステムの体系を以下に箇条書きで示す．

システム体系

(1) 人間により作られたもの

その目的は人間の営みの向上のためのものである．
- 機器，装置，乗り物，構造物，ネットワーク，工場，農場
- 構成；独立機器，機構，ハードウェア，ソフトウェアのすべてまたはそれらの一部で構成
- 機構；力学的構造体（支え，動き），動きを発生させる仕組み
- ハードウェア；電気，電子，静電気，磁気誘導に作用させる仕組み
- ソフトウェア；プログラム（コンピュータ／マイクロプロセッサ）

(2) 人間により作られた社会組織

その目的は人々，集団，国，宗教などの公平でスムーズな運用のための仕組みである．また，理念，観念，思想の探求も含まれる．
- 国連，国，会社，各種団体，サッカーの攻守陣営，税金制度，携帯電話の利用料金制度，・・
- 構成；人間組織

(3) 自然現象

自然現象をシステムとして体系付ける目的は自然現象の働きを解明するためにその仕組みに論理性を与えるものである．また，その構成は自然物の重力，物質の 3 変化（気体，液体，固

体) など物理, 化学, 生物による作用のすべてまたはそれらの一部である.

・太陽系, 宇宙, 生命, 温暖化, 造山運動, 自然破壊

以上示したシステムの体系の中で, 組込みシステムにかかわるのは (1) の「人間により作られたもの」である.

1.4 システムの分類

前項 1.3 のシステム体系は人間により作られた「もの・社会組織」と「自然現象」を対比させた. 今回は図 1.2 に示すように, 人間により作られた「もの」をコンピュータの有無で分割させる. そして,「コンピュータ組込みシステム」を中心にして人間により作られた「もの」を分類していく.

コンピュータ組込みシステムと対をなすのが汎用コンピュータ制御によるシステムであり, これら 2 つで「コンピュータシステム」となる.「コンピュータシステム」と対をなすのが, コンピュータをもたないシステムであり, それを今度は電気を使うものと電気を使わないものに分類する. このようにして図 1.3 に示すコンピュータから見たシステムの分類を得る.

システム体系の人間により作られた「もの」を全体としコンピュータの有無で二分する. そし

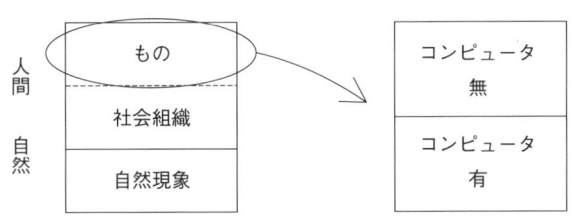

図 1.2 システムの体系におけるコンピュータシステム

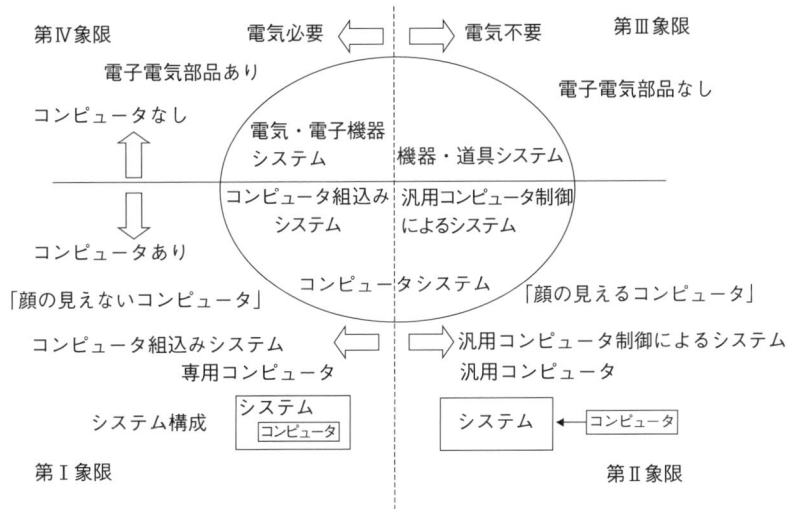

図 1.3 コンピュータから見たシステムの分類 [3]

て，コンピュータありのほうを「コンピュータシステム」として名づける．さらに「コンピュータシステム」を二分し"顔の見えないコンピュータ"すなわち「コンピュータ組込みシステム」と"顔の見えるコンピュータ"すなわち「汎用コンピュータ制御によるシステム」とする．

コンピュータなしのほうは電気の使用と不使用に分け，電気を使うものを「電気・電子機器システム」と名づけ，電気を使わないものを単に「機器・道具システム」と名づけた．「人間により作られたもの」を分類分割する方法はいくつも存在するが，「コンピュータ組込みシステム」を中心に考えた場合の一例である．「コンピュータ組込みシステム」は第I象限であるが，両隣である第II象限の「汎用コンピュータ制御によるシステム」と第IV象限のコンピュータをもたない「電気・電子機器システム」は密接な関係をもつ．第II象限とは今後とも相互の技術の交流が重要となり，また，その象限に属するシステムの移動も起こる．このような象限間の移動もあるが，また，同時に2つ3つの象限で同時に存在することも多く見受けられる．第IV象限とは第IV象限の電気・電子機器システムが性能向上，ネットワーク接続化やコスト低減などの目的でマイクロプロセッサを新たに使うために第I象限に移動してくる．また，第III象限からも第IV象限を経由せず直接に移動してくる場合も多い．この時の移動してくる原因は第IV象限からの時と同じである．また，第I象限の「コンピュータ組込みシステム」のある機器は将来第II象限の「汎用コンピュータ制御によるシステム」に吸収されるかもしれないし，また，第I象限に第IV象限や第III象限から移行してくるだけでなく，それらの逆もありうる．マイクロプロセッサを使わないほうがよい機器もある．その機器としての最善を追求すべきである．

1.5 コンピュータ組込みシステムとネットワーク化

コンピュータ組込みシステムなどの個別独立システムをつなぎ，さらに新たな役割を担うネットワークは多く実在している．コンピュータをもたない電気機器や電気も使わない機器をネットワークにつなぐことは難しいが，コンピュータをもつシステムとは実現しやすい．ネットワークの目的は機器やシステムの集中管理，個別機器の有効活用（共用化）と機器個別相互間連携による安全自立駆動をすることである．

機器やシステムをネットワークにつなぐにはコンピュータやマイクロプロセッサによる制御で行わせることが容易である．それで，ネットワークにつながる個別システムは「コンピュータ組込みシステム」である場合が多い．また，単にタグが存在するだけである場合もある．また，ネットワークを構成する中心の装置は「汎用コンピュータ制御によるシステム」である場合が多い．それは，ネットワーク全体を管理する装置は各ネットワークにつながる機器やシステムの個別情報やネットワークの通信状況を取り込み，それらのデータを蓄積して提供する必要性から，置換え可能な外部メモリや増設可能なコンピュータの構成をする「汎用コンピュータ制御によるシステム」であることが容易である．「コンピュータ組込みシステム」と「汎用コンピュータ制御によるシステム」はいくつもの分野で個別システムとネットワークを構成している．これはネットワークを構成することが重要な役割を果たすことになるからである．以上のような個別システムがネットワークにつながる場合のなかで身近で典型的な事例を図1.4に示す．

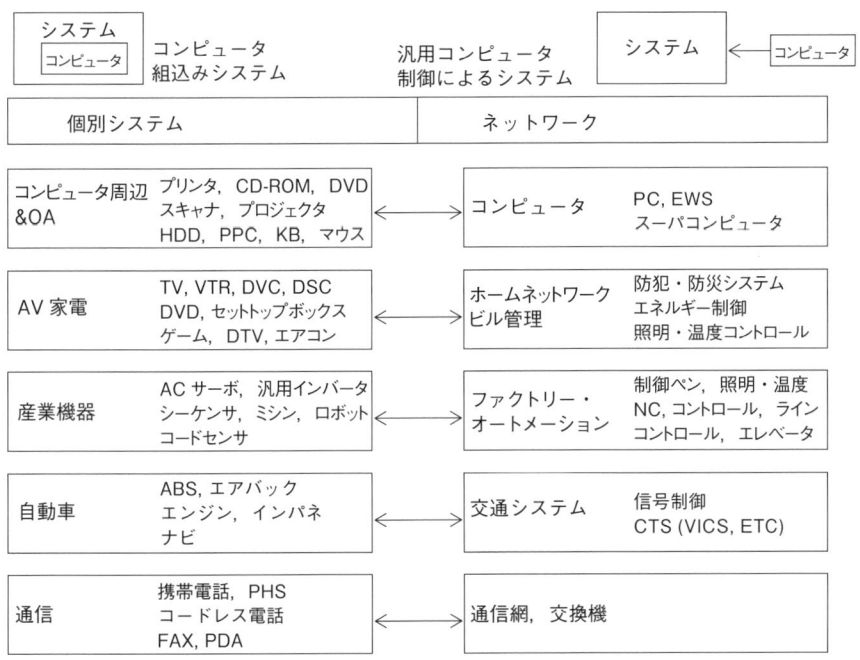

図 1.4 コンピュータ組込みシステムによるネットワーク化事例 [4]

　図 1.4 のなかで 1 段目は，コンピュータとプリンタなどのコンピュータ周辺と OA 機器の個別システムである．2 段目は AV 家電機器群でそれらにマイクロプロセッサが搭載されるより以前から存在しているが，各々の機能拡大と性能向上のためにマイクロプロセッサが使われた．そして，今さらにネットワーク化により異なる価値の追求を始めている．その 1 つにホームネットワークがある．これは，犯罪や災害の危機から住人を守ることが第 1 であり，第 2 はエネルギー制御の実現である．第 3 は照明や空調の自動プログラムによる自動運転であるなどの日常生活の利便性の向上である．

　このホームネットワークは消費電力の抑制を促すためにいわゆる「見える化技術」をはじめ「スマートメータ」などを含めたネットワークの実現が急がれている [5]．そして，これらの実現の重要点がいかに高性能で安いネットワークを得るかであり，ネットワークの通信技術性能を高めるために通信技術方式を無線通信と有線通信の 2 つを常に同時に使う今までにはなかった方式が提案されている [6]．以下，3 段目は産業機器とファクトリー・オートメーションであり，4 段目は自動車と交通システムの事例である．これらのネットワーク化はかなり実用されているものもあるが，家庭用のホームネットワークのようにこれから本格的に実用化を目指すネットワークは先に述べたようにネットワーク技術もまだまだ多くの新たな工夫が必要である．

1.6 処理システム

　組込みシステムも含めシステムの処理方式について検討を進める．

(1) リアルタイムシステム

リアルタイム (realtime) とは実時間，即時応答の意味であり，リアルタイムシステムは日本語では実時間システムと呼ばれる [7]．リアルタイムシステムとは「外部または内部からの処理要求に対して決められた時間内に処理する仕組み」をもつシステムのことである．リアルタイムシステムの反対の意味をもつ語は一括処理（バッチ）システム (Batch System) である．

(2) 一括処理システム

コンピュータ処理方式における一括処理システムは，コンピュータ史上におけるコンピュータ構成を工夫することにより得ることができた成果の1つである．ウィルクスにより世界初（1949年）で実現された，現在コンピュータの源流であるプログラム内蔵方式コンピュータ EDSAC の開発により，コンピュータが1950，1960年代と広く使われるようになった．当時コンピュータはたいへん高価であり，目的のプログラム実行以外に現在もそうであるが多くの処理が必要である．

それはカードリーダからソースプログラムを読み，それをコンパイル，アセンブリとリンカー

```
プログラムの実行　1950～1970年代
    前処理                    主処理                    後処理
[オブジェクトプログラムの作成]   [プログラム実行]        [プログラム実行結果の取出し]
紙テープ，カードリーダによる                          紙テープ，カードリーダによる
ソースプログラムの読込                                オブジェクトプログラムの取出し
コンパイル                                           プリンタによる紙への印刷
リンケージ
```

一般的コンピュータ(1950～1970)
カード，紙テープ ⇒ 高価コンピュータ (ex, IBM7090 トランジスタ大型コンピュータ) ⇒ 紙テープ，カード，リスト

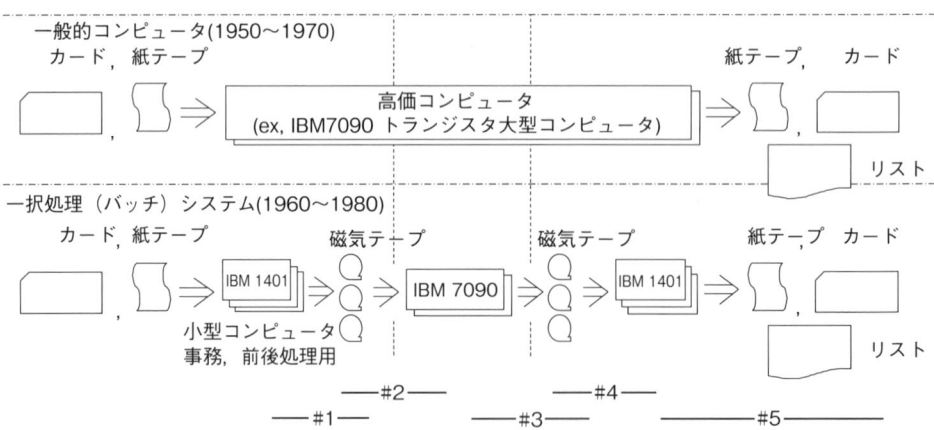

一択処理（バッチ）システム(1960～1980)
カード，紙テープ ⇒ IBM 1401（小型コンピュータ 事務，前後処理用）⇒ 磁気テープ ⇒ IBM 7090 ⇒ 磁気テープ ⇒ IBM 1401 ⇒ 紙テープ，カード，リスト

—#1— —#2— —#3— —#4— —#5—

#1；前処理（1401コンピュータ）でオブジェクトプログラムを磁気テープに書込み（1401コンピュータ）
#2；複数のオブジェクトプログラムを磁気テープから読込む（7090コンピュータ）
#3；複数のプログラムの実行結果を磁気テープに書込む（7090コンピュータ）
#4；後処理で複数のプログラムの実行結果を磁気テープに書込みから読込む（1401コンピュータ）
#5；後処理で複数のプログラムの実行結果を紙テープ，カードと紙に印刷（1401コンピュータ）

図 1.5　一括処理システム

処理を施し初めてプログラムが実行できる用意ができたことになる．これはコンピュータプログラム実行の「前処理」と当時呼ばれていた．また，プログラムの実行後は得たデータ，ソースプログラム，オブジェクトプログラム，プログラム実行処理時間やプログラムへの注意事項（ワーニング，エラー）を印刷し，また磁気テープに書き出すことであった．これはコンピュータプログラム実行の「後処理」と当時呼ばれていた．以上述べたコンピュータがプログラムの実行以外の処理は，コンピュータ実行に比べ実行時間は 10 倍を下まわらない．

それで，一括処理システムの考えは「前処理」をすませいくつかのプログラムを一括して高価なコンピュータでプログラムを実行させる．また，「前処理」と「後処理」を 1960 年当時主処理のコンピュータの 1 桁安価なコンピュータを使う構成で，コストを抑えまたプログラムの実行処理時間の短縮に成功した．同システムコスト換算で約 10 倍の効率向上を実現できることになった．

(3) リアルタイム処理

1960 年代から 1970 年代のコンピュータの使い方はこの一括処理が主体であったが，コンピュータの性能が向上し安くなってきたことでさらに多くの使い方ができるようになってきた．その 1 つが新幹線の座席予約システムである．刻々と予約される座席を確定し，2 重に予約を受付けないようにする必要がある．また，端末の操作者を待たせることなく，変化する状況をどのように捉えるかということで複数の端末が分散しているリアルタイムシステムが必要である．

1980 年代以降はマイクロプロセッサの応用が本格化してリアルタイム処理がどこでも使われ家庭や職場で身近になってきた．それらはオーディオや映像機器，プリンタやハードディスクなどの機構（メカ）制御それに表示素子のダイナミック表示，リモコンの受信やキーボードなどもリアルタイム処理が必要であった．それは，システムを安く作るための手段でもあった．

(4) リアルタイム処理の 3 つの形態

リアルタイム処理は，次に示すように 3 つの働きをもち使い分けている．

(i) 定められた時間の範疇に収める．この範疇を外し早すぎても遅すぎても不都合が生じる（一般にはこの項がリアルタイム処理といわれる場合が多い）．
(ii) 処理を始める時刻とその処理に掛かる時間は早いほどまた短かければ短いほどよい．
(iii) 優先処理の先行で他の処理は待たしてもかまわない．

(i) は，車に限らずエンジン，モータの回転制御や CD (Compact Disc) プレイヤでの CD の取込みと排出などの機構制御，LCD (Liquid Crystal Display)，VFD (Vacuum Fluorescent Display)，LED (Light Emitting Diode) などのダイナミック表示制御，シリアル通信やリモコンのデータ受信と発信などで，経年変化や学習制御も含む制御等である．論理回路や制御をマイクロプロセッサのプログラムによる制御である．

(ii) は，機器のスイッチからの機能の切替やモニタ画面の切替．

(iii) リアルタイムシステムの扱う各種の機能は，取り消されたり後回しにされるいくつもの機能をもつ．身近なことに置き換えると，スーパーマーケットで買い物をしていると環境音楽が流れている．ところがそれを中断され迷子の子供の案内がアナウンスされるということなど

である．

　以上の (i), (ii), (iii) の処理の適応で，機構，ハードウェアまたはソフトウェアでシステムを作る場合最も難しいものは (i) である．次いで (ii), (iii) と続く．先ほど述べた1960年代から1970年代一括処理システムで必要なプログラムを読み込ませるカードリーダや磁気テープなど，また結果出力のカードパンチやプリンタなど，また操作者が使うキーボードやモニタなどは現在と同じリアルタイム処理システムである．また，一括処理システムの前処理，後処理とプログラム実行用のすべてのコンピュータもリアルタイムシステムである．一括処理システムはすべてリアルタイムシステムで構築されていることになる．また，現在の実生活でも一括処理システムはいくつも存在する．バス，電車や飛行機の発車時刻による運用，月給などの給料の支払いなどもそうである．

(5)　ソフトリアルタイム，ハードリアルタイム

　リアルタイム処理としてソフトリアルタイムとハードリアルタイムがある．ソフトリアルタイムとは，もしリアルタイム処理が適切に実行されなかった場合でもその被害が修復可能な場合や大きい痛手にならないことをいい，また，ハードリアルタイムはその被害が甚大である場合をいう．この米国発である考えのソフトリアルタイムとハードリアルタイムは，駆逐艦がミサイルに狙われ，ミサイルを撃ち落とすか自艦がミサイルにやられるかの場合のミサイルへの迎撃ミサイル発射と迎撃砲弾のプログラムをハードリアルタイムと述べている．

　もし，ミサイルの駆逐艦への正しい飛来方向とその時刻の計算の算出に時間が掛かる場合や算出ができない場合，どのようにこのハードウェアリアルタイム処理はすべきであるのか，たいへん厳しい事態である．すなわち，ミサイル到着時間が不明な場合，飛んでくる方向にあらゆる火器を打ちまくることになる [8]．

　ソフトリアルタイムとハードリアルタイムの閾値はあえて決める必要はない．それより機器やシステムの危機状態に陥ることの想定外を想定しその時の対処を必ず決め，その対処が必要かどうかの判定を実施すべきである．

1.7　組込みシステムの構造と制御

　ルームエアコンの構成を図1.6に示す．これは冷房時のルームエアコンの構造で，室内機，室外機，リモコンと接続配管（室内機と室外機をつなぐ）の4つの部分より構成されている．冷房時のルームエアコンの働きは室内機により熱を吸収し室外機から熱を放出するというものである．

　この熱の移動を行うのが冷媒であり，冷媒は圧縮機により加圧されガス状から室外機の凝縮器で熱を放出して液化される．液化された冷媒は毛細管を通り室内機の蒸発器で熱を吸収し蒸発してガス冷媒になり再び圧縮機に戻ってくる．

　ルームエアコンの冷媒は地球温暖化問題にもかかわり，オゾン層破壊の問題でHCFC（ハイドロクロロフルオロカーボン）系は規制され，安全なR-410Aに切り替られた．また，省エネ問題には圧縮機は直流モータ（DCブラッシュレスモータ）にすることにより最適な回転に常に制

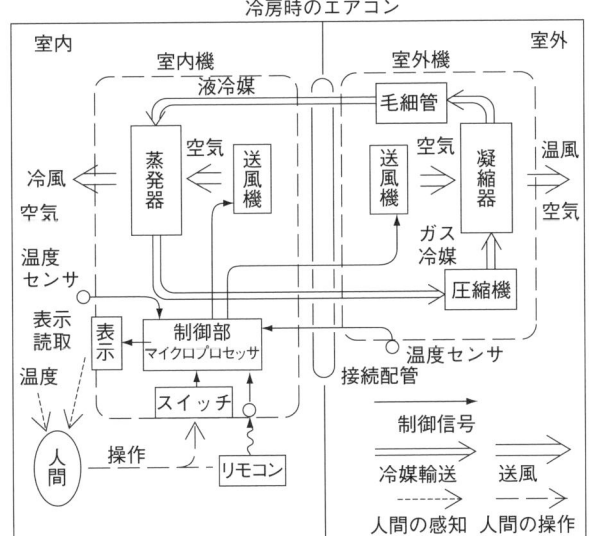

図 1.6 ルームエアコンの構造

御され省エネにも寄与する．この最適な回転を得るために PWM (Pulse Width Modulation) 制御や PAM (Pulse Amplitude Modulation) 制御が使われている [9]．

室内機の冷風吹き出し用の送風機は冷やされた蒸発器に空気を当てることにより冷風を作る．また，室外機の凝縮器に向け送風機により空気を当てることにより放熱する．これら2つの送風機も必要以上の送風量はいらず最適に制御されることにより，省エネになる．

ルームエアコンの制御を4段階に分けて図1.7に示す．図1.7(a)は制御の第1段階で人間が室温の不足を感じてエアコンを操作するかどうかを考える．図1.7(b)は制御の第2段階で人間が表示を見ながら設定温度と風量やエアコンの稼動開始時間，稼動停止時間等を設定する．図1.7(c)は制御の第3段階で，スイッチまたはリモコンによる設定がマイクロプロセッサを含む制御部により実働されていく．

すなわち，温度設定を例にすれば，制御部は設定された目標温度と実際の温度を比較して，最適な圧縮機，室内と室外の送風機のモータ駆動を行う．図1.7(d)は制御の第4段階で，制御の第3段階で設定された圧縮機のモータ駆動により冷媒が前に示したように圧縮機，凝縮器，毛細管，蒸発器そして圧縮機まで循環し，また室内機と室外機の送風機により室内へは冷風を，室外機から温風が送風される．

1.8 システムの定義

1.7項で組込みシステムの構造と制御がどのようなものかルームエアコンの場合を示した．ここではルームエアコンを例にして，物，機械 (machine) やシステムと呼ばれる装置の構成を分類し定義する．コンピュータがシステムや各種機器に使われるまでは，全体を欧米では機械と呼んでいた．日本でも機械または装置であった．コンピュータが制御に使われるようになりし

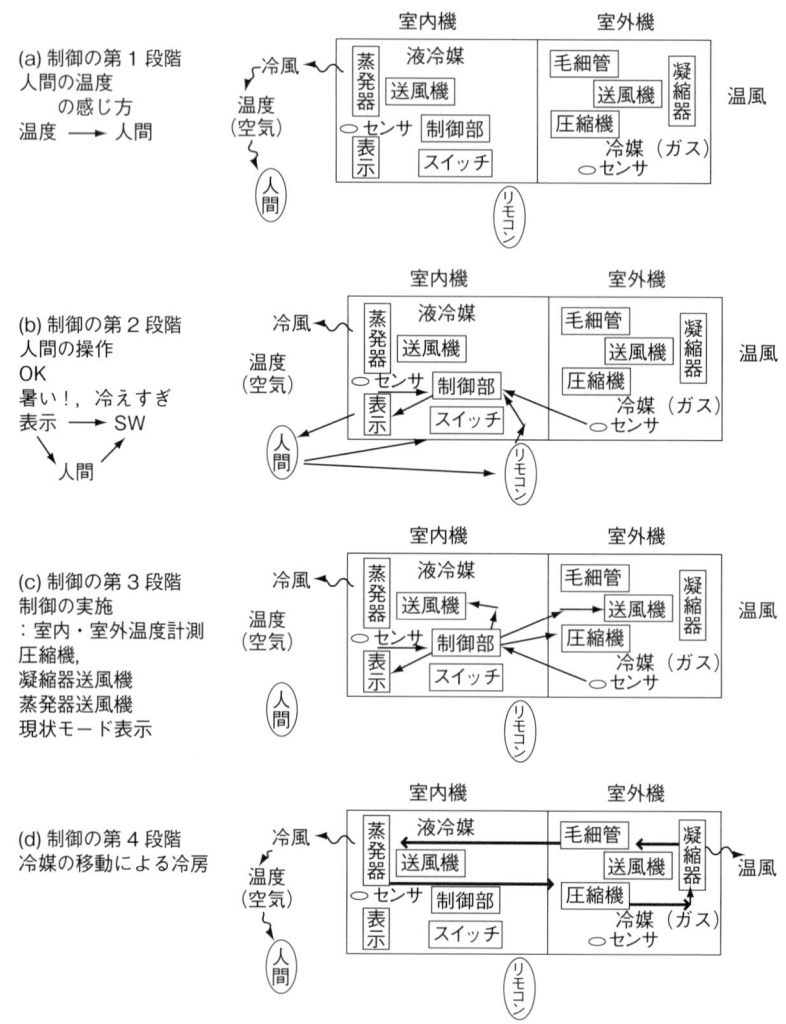

図 1.7　ルームエアコン（冷房）の制御層

ばらくすると，プログラムをソフトウェアと呼ぶようになり，機械はそれの対としてハードウェアと呼ばれるようになった．

　機器やシステムを考えねばならない場合もそのシステムから機構部が抜け落ちる場合が多くみられるようになった．そこで，物，機械やシステムの構成を明確に4つに分けて考えることが重要である．すなわち，物理的に動きの働きをする部分や全体の形を形成する筐体を機構部，コンピュータを含む電子・電気回路をハードウェア部，コンピュータのプログラムとデータをソフトウェア部そして，それら全体はシステムである．それらの関係を図1.8に示す．

　ソフトウェア部とハードウェア部をつなぐものはコンピュータであり，ソフトウェアの論理はコンピュータにより順次実行されコンピュータの出力端子に電圧として現れる．またコンピュータはハードウェア部に属する．ハードウェア部にはアナログ回路，論理回路や各種LSIや抵抗，コンデンサ等回路に必要なものがある．

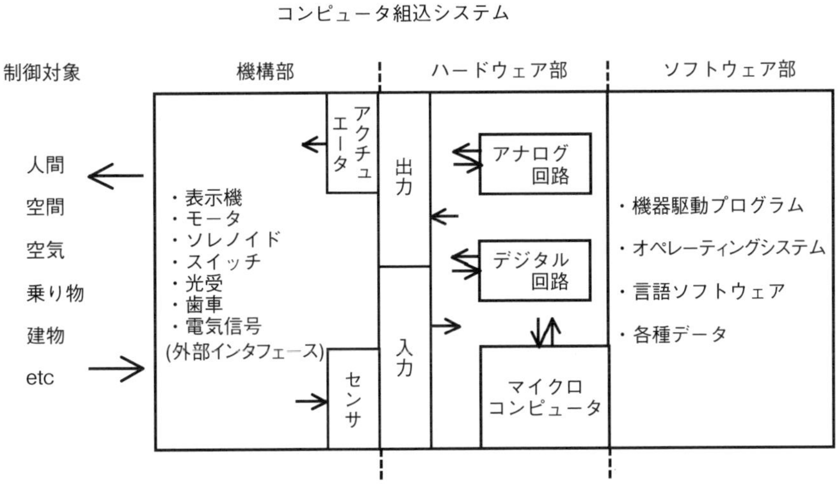

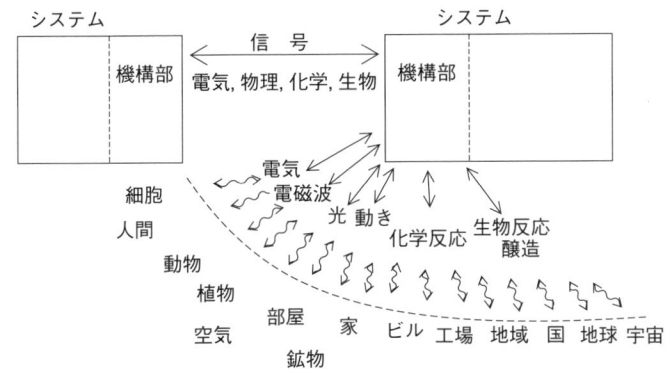

図 1.8　機械やシステムの構成（機構部，ハードウェア部，ソフトウェア部）

図 1.9　機械やシステムとそれを取り巻くものとの関係

　次にハードウェア部と機構部をつなぐものはアクチュエータとセンサである．アクチュエータはハードウェア部から機構部に出力するすべてであり，機構部に属するものとする．もちろん各種モータやガソリンエンジンや図 1.6 と図 1.7 の送風機，圧縮機，凝縮器，蒸発器，毛細管，表示器など，またリモコン，室内機や室外機の筐体などすべて機構部に属する．センサは機構部からハードウェア部への各種情報の取込みとし，スイッチ，シリアルデータ，各種センサがある．図 1.6 と図 1.7 のスイッチ，リモコンと温度センサがこれらにあたる．また，リモコンは独立したシステムとしてもみなせ，このような場合サブシステムとも呼ばれる．

　システム内部での電気的信号と物理的動作の相互関係は以上のとおりであるが，さらにこのシステムと外部にあるシステム，環境や人間との相互関係も化学，生物的なものも含め電気的信号と物理的動作に集約され，機構部とのつながりになるとする．それらの関係を図 1.9 に示す．機械やシステムは他の機械やシステムと密に連携し，また間接的な関係をもつ．また，機械やシステムは電気，電磁波，光，音，動き，化学反応や生物反応などを通して，またそれらより，人間，動物，植物，細胞，部屋，家，ビル，工場，地域，国，地球，宇宙や原子などに影

響を与え，また影響を受ける．

　これらの影響は結果として人間にとり良い結果を招くかまたは悪い結果を招くことになる．先の 1.7 節であげたルームエアコンの冷媒がオゾン層を破壊し地球温暖化の問題にかかわる．この場合はルームエアコンであるが，この代わりに工業，農業，金融業などいろいろな人間の経済的活動が当てはまる．

1.9　ルームエアコンの機構部，ハードウェア部とソフトウェア部の関係

　表 1.1 にルームエアコンの構成物として機構部，ハードウェア部とソフトウェア部の分類と相互の役割一覧を示す．これらの関係を考えていきたい．表 1.1 において，ソフトウェアはすべてマイクロプロセッサで実行されるため，マイクロプロセッサの方向の矢印を入れている．マイクロプロセッサの D は駆動 (drive) するの意味で，矢印で対象を示している．マイクロプロセッサ 1 が駆動あるいは制御する機構部は，スイッチ，表示，送風機，温度センサ，室外機の送風機，冷媒圧縮機と室外の温度センサである．

　マイクロプロセッサ 1 より駆動あるいは制御を受けていない冷媒蒸発器，冷媒管，冷媒毛細管，冷媒凝縮器等は，冷媒圧縮機により冷媒が輸送されることにより役割を果たすことになる．マイクロプロセッサを制御にもつシステムや機器の内部制御は概ね 2 つの方向をもつ．1 つは，通常時でソフトウェア部からハードウェア部へ，さらに機構部の順になる．これにより必要な表示やモータなどを動かし，また，操作者のスイッチ，リモコン，センサや外部からのシリアル信号や割込み信号を取り込む．2 つめは異常状態時で電源の急低下でマイクロプロセッサを含めたハードウェアが暴走状態になる場合や，機構の異常動作などで発熱や機構破損が起こる可

表 1.1　ルームエアコンの構成物の分類（機構，ハードウェア，ソフトウェア）

構成		機構部	ハードウェア部 電気・電子回路，マイクロプロセッサ	ソフトウェア部
室内機	室内空気温度調整		マイクロプロセッサ 1($\mu1$)	
	制御部		D ($\mu1$)	← $\mu1$
	スイッチ	D	← D ($\mu1$)	← $\mu1$
	表示	D	← D ($\mu1$)	← $\mu1$
	冷媒蒸発器	D		
	送風機	D	← D ($\mu1$)	← $\mu1$
	冷媒管	D		
	センサ（温度）	D	← D ($\mu1$)	← $\mu1$
室外機	戸外空間に排熱放出			
	冷媒毛細管	D		
	冷媒凝縮器	D		
	送風機	D・モータ	← D ($\mu1$)	← $\mu1$
	冷媒圧縮機	D・モータ	← D ($\mu1$)	← $\mu1$
	冷媒管	D		
	センサ（温度）	D	← D ($\mu1$)	← $\mu1$
	リモコン；システム操作		マイクロプロセッサ 2($\mu2$)	
		D	← D($\mu2$)	← $\mu2$

能性のある場合，この対応を施しているかどうかはシステムの問題になる．電源の急低下の場合はそれを検出してマイクロプロセッサの暴走前にリセット信号を保持する回路をつける．また，機構の異常動作では単に機構部の電源を切ることが考えられる．これらの異常時の対処は機構部，ハードウェア部とソフトウェア部でそれぞれ行われるが，それが，正常動作に不具合を起こさないか詳細な検討と評価が必要となる．

システムや機器はソフトウェア部，ハードウェア部，機構部より構成されている．これらにおいて，技術としての再現性が高く論理的なものの順は，ソフトウェア部，ハードウェア部，機構部である．また，ルームエアコンの場合，機構部がシステムとしてまた製品としての価値を左右する重要な部分である．例えば，消費する電力はこの機構部がカギを握る．それで，モータ駆動方式として直流モータでPWM制御が開発され，圧縮機，凝縮器，毛細管，蒸発器と再び圧縮機に戻る冷媒の循環機構の熱交換が如何に適切であるかによる．また，それらの耐久性と経年変化も重要である．屋外機と室内機の共通の課題が如何に静かな運転を実現するかであり，モータ音とファンの風切音さらにモータの稼動と停止の仕方も問題になる．電気製品であるので感電と発火対策は当然であるが，さらに高圧のガスを使うため圧縮機の制御方法は重要事項となっている．これら機構部が安全性，省エネの実現，快適性や売行きまでの影響をもつ重要箇所であり，これらの特性は本来の機構部，ハードウェア部とソフトウェア部により実現されることが望ましい．

いろいろな機械やシステムには，先の図1.3で示したように，電子電気部品をいっさい使わないものや，また電子電気部品は使うがコンピュータを使わないものがある．電子電気部品をいっさい使わないものは機構部のみから出来上っている機械やシステムでシャープペンシルや靴などの道具や衣料品などである．また，電子電気部品は使うがコンピュータを使わないものは機構部とハードウェアから出来上っている機械やシステムで蛍光灯照明器やラジオなどである．しかし，最近これらにも，コンピュータが入るものも存在する．

これらの残りはコンピュータが入りソフトウェアが活躍する機械やシステムである．これらの機械やシステムにおいて，それぞれ機構部，ハードウェア部とソフトウェア部はなくてはならない存在である．機械やシステムにおいて機構部，ハードウェア部とソフトウェア部の中で一番重要な部分の一覧を表1.2に示す．

ソフトウェア部とはいうまでもないが，ハードウェア部にコンピュータをもつ場合のそのコンピュータによる処理を指すものである．コンピュータとりわけマイクロプロセッサが世に出て40年にもなり，その応用にも長年の蓄積があるのだが，次に述べる3つの理由でまだまだ難しいものと捉えられている．

i) ソフトウェアの高性能化が一方では，不透明不可解技術にしかみえない．マイクロプロセッサ（ソフトウェア）処理によるデータ処理，通信にとどまらず，機構部や表示などマンマシンインタフェースの向上などがすばらしい．これらを支え推進しているのがソフトウェア特有な再利用技術とコンピュータ設計支援技術のCAD（Computer Aided Design）により実現されている．それらは階層化技術であり技術のブラックボックス化につながる．技術者はそれらの技術活用に捉われ，新たな技術展開につながりにくいと

表 1.2 機械やシステムにおける本質部

機械，システム	機構部	ハードウェア部	ソフトウェア部
TV	＊		
携帯電話		＊	
炊飯器	＊		
掃除機	＊		
ホームネットワーク		＊	
パソコン			＊
自動車	＊		
ゲーム			＊
デジタルカメラ		＊	
プリンタ	＊		
蛍光灯照明器具	＊		無
ラジオ		＊	無
腕時計（機械式）	＊	無	無
自転車	＊	無	無
シャープペンシル	＊	無	無
コンピュータ搭載 EP ％	50	30	20
電気電子搭載まで EP ％	50	33	17
電気電子非搭載まで EP ％	60	27	13

＊：一番主要な部分の印，無：対応するものがない

　　いう大きい問題がある．
　ⅱ) 半導体生産技術向上によるマイクロプロセッサや論理回路の機能拡大と価格の低下がソフトウェアの開発過程を変化させていく．
　ⅲ) プログラム/ソフトウェアの本質を捉えていない [10]．

　以上のようにソフトウェアはまだまだ進展し難い．しかし，ソフトウェアが今後の製品開発のキーポイントであると考え過ぎ適切な手が出せず，ますますソフトウェア偏重になり過ぎ，機器やシステムにとり重要なところへの注力を削ぐことになる．表1.2において機械やシステムにおける一番重要な部分は，これら任意に上げた機器やシステムにおいてマイクロプロセッサを搭載している中でソフトウェアが本質を構成するものは20％であり機構部は50％を超える．

　機構部の重要性を思い知らされた機器としてはイギリスのダイソン社の掃除機がある．紙パックを必要とせず吸引したごみを遠心力で分離するサイクロン方式と呼ばれ，その排気の残存ごみが室内の空気よりきれいとのことで，日本でも台数シェア5％，金額シェア14％と有効製品と市場に認められている [11]．サイクロン（竜巻）の発生は機構部でしかできないとはいいきれないが，やはり機構部の仕事である．システムを開発する場合そのシステムにどのような機能と性能をもたせるか，またそれを機構，ハードウェアまたはソフトウェアでどのような方法で担当させるかが今後重要になる．掃除機などの家電機器は大きい技術進歩もないと日本企業は考え，選択と集中の合言葉の上で真剣な取組みができなかったようである．

演習問題

設問1 あなたが朝目覚め学校や職場に行き帰宅し就寝するまでの1日にかかわる（かかわらないものは不要）組込みシステムを列挙して，自身で分類を試みよ．

設問2 「人間により作られたもの」を，図1.3とは異なる視点により分類せよ．

設問3 リアルタイムシステムと一括（バッチ）システムを5例ずつその根拠も含めて示せ．

設問4 ルームエアコンを日本の冬に暖房器として使えるように，図1.6を変更し説明せよ．

設問5 システムとして機構部だけでできているもの，機構部とハードウェア部で構成されているもの，機構部とハードウェア部とコンピュータで構成されているものを各5例ずつ示せ．それを表1.2に追加し，さらに本質部はどれかをep(essential part)で示せ．

参考文献

[1] ジーニアス英和辞典 第4版 大修館書店

[2] 広辞苑 第6版 岩波書店

[3] 山田囿裕, 尚永幸久, "業界研究ソフトウェア業（株）ルネサンスソリューションズ", 大阪工業大学, 2003.11.20.

[4] 尚永幸久, 山田囿裕, "マイコン組込み用ソフトウェア", システムLSI技術学院 VLSI基礎技術講座, 三菱電機セミコンダクタ・システム株式会社, 1999.10.20.

[5] 株式会社メガチップスのHP http://www.megachips.co.jp/product/technology/new01.html

[6] Kunihiro Yamada, et al. "Dual Communication System Using Wired and Wireless Correspondence in a Small Space", KES2004,LNAI3214,Springer-Verlag Berlin Heidelberg, 2004, pp. 898-904.

[7] ジーニアス英和辞典 第4版 大修館書店 real, real time

[8] Rob Williams（宇野俊夫，宇野みれ 訳），リアルタイム組込みシステム 翔泳社 (2006)

[9] 川久保守, 矢部正明, "空調・家電機器におけるパワーエレクトロニクス技術", 三菱電機技報2005年7月号論文, Vol.179.7., pp.455

[10] Kunihiro Yamada, Kouji Yoshida, Masanori Kojima, Nobuhiro Kataoka, and Tadanori Mizuno. "Design Technique for Enhancing Software Quality and Development Suitability", KES2011, Part III, LANI6883, pp.207–216, 2011.©Springer-Verlog Berlin Heidelberg 2011.

[11] "家電王国に風穴開けた掃除機「伝える力」努力，積み重ねる", 日経情報ストラテジー, NOVEMBER2006 p.52-p.57

参考図書

小島正典，深瀬政秋，山田囦裕，"デジタル技術とマイクロプロセッサ"，共立出版 (2012)
財団法人家電製品協会，"生活家電の基礎と製品技術"，NHK 出版 (2004)

第2章
組込みシステムの歴史

□ **学習のポイント**

「組込みシステム」とはコンピュータが組み込まれた機器やシステムの総称であり、「組込みシステム」とは「コンピュータ組込みシステム」のことで、何が組み込まれているかというと、それはコンピュータ（マイクロプロセッサ）である。「組込みシステム」を捉えるには「組込みシステムの歴史」とコンピュータの発展経緯を知る必要がある。

- 「組込みシステム」とはコンピュータが組み込まれた機器やシステムの総称である。
- 「組込みシステム」とは「コンピュータ組込みシステム」のことで、何が組み込まれているかというと、それはコンピュータ（マイクロプロセッサ）である。
- コンピュータおよび、コンピュータ組込みシステムの発展経緯を知る意味はなにか。
- コンピュータ発展経緯による分類。
- 「組込みシステム」またはコンピュータ応用の今後の展開方向はなにか。

□ **キーワード**

組込みシステム，コンピュータ組込みシステム，コンピュータ発展経緯，コンピュータの発展過程による分類，コンピュータ応用システム，コンピュータ（計算機）の定義

2.1 コンピュータの発展経緯を知る意味

　組込みシステムとは，第1章で示したように「コンピュータ組込みシステム」のことで，何が組み込まれているかというと，それはコンピュータ（マイクロプロセッサ）である．コンピュータが組み込まれたシステムや機器を組込みシステムと呼ぶ．テレビも携帯電話も車も組込みシステムで，コンピュータが組み込まれた機器やシステムの総称である．もちろん組込みシステム以外のコンピュータ応用機器やシステムも立派に存在する．それらは身近なパソコンや天気予報のスーパコンピュータなどである．

　組込みシステムは機器やシステムにコンピュータが内蔵され制御するので，そのようなコンピュータの多くはマイクロプロセッサであり，また，マイクロプロセッサが発明された後に多くの組込みシステムが存在することになる．しかし，マイクロプロセッサの発明以前にもコンピュータが機器やシステムに内蔵されたものがあれば，それは立派な組込みシステムである．

また，そのような事例を後の項で示す．以上述べたように，組込みシステムはコンピュータ応用という分類の中に存在するので，以下コンピュータ発展経緯から組込みシステムを考える．

ここで，本を閉じ「コンピュータの発展経緯を知る意味」を3分間でノートにご自身の考えをまとめ，そして，この後に著者の考えを示すので，それと比べ再度考えていただきたい．

コンピュータや組込みシステムの発展経緯を知る意味は2つある．1つはコンピュータや組込みシステムの適切な使い方を知ること．2つめはコンピュータや組込みシステムの今後の適切な展開方向を得ること．そして，コンピュータを使う側も創る側も協力して今後の適切な展開方向を目指す必要がある．組込みシステムはコンピュータ/マイクロプロセッサ応用の1つであり，組込みシステムの発展経緯もコンピュータの発展経緯に属する．

コンピュータの発展経緯を少し知り，その時の一番の疑問は「人類は紀元前のもっと昔から，数とその計算にこれほどの限りない強い要求をもつのだろうか」ということであった．また，コンピュータ発展経緯を調べるのは，技術の発展が如何に進むかに注目しているだけであるのに，いくつもの物語に出くわす．

それを1つ紹介する．バベッジ発案のコンピュータを現代コンピュータとしてプログラム内蔵方式のコンピュータ EDSAC を1949年に世界初の実用機としてケンブリッジ大学のウィルクスが成功させた．開発費が少ないがゆえにハードウェア部分を減じ，それらをプログラムで働かす工夫が偶然現代コンピュータとしての正しい方向を探り当てていた．まさに，弱者のほうが正しい方向を知ることになるとも考えられ感慨深い [1]．

2.2　コンピュータ発展経緯による分類

コンピュータ（計算機）を過去の歴史的な発生から順に分類する．計算道具，機械式計算機，プログラム内蔵方式コンピュータとネットワークの4分類であり，これらはすべてコンピュータであると決める．

(1)　計算道具

計算道具の最初は人間の指であり，これを現在の人間も同じように計算に使っている．指を使って計算するのはホモサピエンスの発生時からであると推定すると20万年以上前からであり，最初の人類からと考えるとアウストラロピテクスで500万年前になる．計算道具としては，指，石の計算補助具から，仕組みをもつアバカス（abacus：算盤），そろばん，数表，計算尺，さらに歯車を使うがパスカル等の機械計算道具までと幅広い．

(2)　機械式計算機

歯車を使いプログラムの考えを仕組みに加えたバベッジの解析機関から，プログラム内蔵方式のコンピュータが開発される前までとする．機械式計算機の特長の1つが，歯車による10進演算と記録（メモリ）である．歯車の模倣というべき10進数の10個の値にそれぞれビットを与えるやり方は，リレーや真空管のコンピュータであっても機械式計算機のグループに入れる．これらを開発し使用された期間は1670年〜1970年代である．

(3) プログラム内蔵方式コンピュータ

バベッジ発案のコンピュータを現代コンピュータとして実現したのがプログラム内蔵方式のEDSACで，1949年に世界初の実用機としてケンブリッジ大学のウィルクスによりなされた．これ以降開発される一般のコンピュータ，スーパコンピュータ，マイクロプロセッサなどはすべてこのプログラム内蔵方式のコンピュータであり，この方式は現在もまだ使い続けられている．

(4) ネットワーク

ネットワークはコンピュータと通信が融合した新たな価値をもつコンピュータである．案外歴史は古く，1958年に米国の半自動防空システムよりスタートしている．現在，インターネット，センサネットワーク，ユビキタスネットワーク，クラウドコンピューティングと展開し，現在もコンピュータ共々ネットワークは成長し続けている．

以上，コンピュータを成長過程順に4つに分類した．2つめの機械計算機を除き3つのこれらのコンピュータは現在も使われている．

2.3 計算道具

計算道具はホモサピエンスの発生時の20万年前に指で数えたことからはじまり，そろばんやキープそれに手回し計算機など近年まで使われた．このようにたいへん長い時代で活躍した計算道具というコンピュータをさらに分類する．また，計算道具を使わず人間の頭だけで数を扱う計算道具なしもこの項の中に入れる．

a:計算道具無；人間の頭だけで数を扱う（前20万年～現在）
b:計算補助具；指，石，木切，骨，藁，洞窟の壁，地面（前20万年～現在）
c:計算の道具；キープ，アバカス，そろばん，数表，計算尺（前8000年～1990）
d:機械計算道具；ジャカード，パスカル，ライプニッツ，バベッジの階差機関 (1600～1990)

2.4 計算補助具

人間は物事を頭で考え確認するが数においても同様である．そして，数を認識しさらに数を数える場合に同時に声を上げたり，また指で指し示めしたり，または1つずつ数えるたびに指を折って確認する．この指を折る数え方は現在の人間も行うことであり，その起源は遅くともホモサピエンスになってからの20万年前からと推測する．

この指で数える方法で3まで数えたものを図2.1に示す．10本の指しかないために数の大きさは10までであり，また計算は1度に1つの計算しかできない．そこで，地面の石や木切れはこれらの制約を解消し機能を拡張する．また，指の場合，計算した値を保持することは次の計算で指を使うためできない．そこでまた，地面の石，木切れ，木の実や藁は指を補い地面の場所を特定することにより，記憶機能を実現する．図2.2に示すのは木の実で計算の補助として使われる．ここで明らかなように，計算に関して必須な機能は3つある．それは「計算」，「表示」，「記憶」の3つであり，現代につながるコンピュータはすべてこの機能をもつ．

人間が一度見たものはいくらでも覚えている能力があれば，地面の石や木切れや藁を使う必

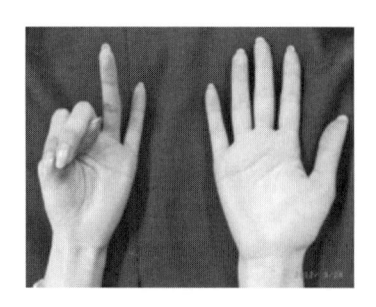

図 2.1 指による計算と数字の 3 の表示

図 2.2 指の拡張に小石を使い，さらに安定性の良い木の実（まきびし）などが使われた [2]

表 2.1 各種計算補助具の機能一覧（✓：機能をもつ）

計算補助具	数を数える	数の表示	記憶
・指	✓	✓	
・地面	✓	✓	
・藁，木切れ	✓	✓	
・石，骨	✓	✓	
・洞窟の壁	✓	✓	✓（記憶の専用化）
・骨，木の刻目	✓	✓	✓（記憶の専用化）
・縄（藁）の結目	✓	✓	✓（記憶の専用化）

要はなかったし，また，人間が計算する能力が高ければ指を折って数える必要もない．人間の能力がもう少し高ければ，逆に現在のコンピュータの技術を得ることができなかったかもしれない．人間の能力の最も重要な点は，自身の不足する能力を外部の力を活用し補うことである．

各種の計算補助具が計算に必要な 3 つの機能「計算」，「表示」，「記憶」をすべて整えもっているわけでない．表 2.1 に計算補助具とそのもつ機能を示す．そして，「計算」から次に重要な「記憶」へと工夫展開し記憶の専用化が起こる．それらは，表 2.1 に示している洞窟の壁，骨，木の刻目や縄（藁）の結目などである．文字や数字は絵画に比べ抽象度が進んでいるので，人間の営みの中に取り入れられるのに時間を要した．文字の最古（文字の初期は簡略記号といわれる）のものは，亀の甲羅に彫り込まれた文字で中国の紀元前 7000 年の墓の中から出土された．これらの文字は時の王が神の指示を聞き書き留めるために使われ，また占いとも関係が深いといわれている．絵画や壁画は数字の概念をもつものが多いが，図 2.3 に示す壁画はオーストラリアの洞窟にあり 2 万 8000 年前のもので最近発見された．魚の内臓まで描かれていることが話題になっている．内臓を描くこと，すなわち有りということであり論理は 1 であり，また 1 匹でなく数匹描かれ数の認識もあると考えられる一例である [3]．

図 2.3　2万8000年前のオーストラリアの洞窟の壁画

2.5 計算の道具

2.5.1 キープ，アバカス（そろばん）

　人間が数を認識し計算するのに，先の計算補助具である指や石等は頭での計算を補助するためのものである．計算補助具は地面や木の板を活用して，その数の大きさの範囲を大きくし，また，項目数を多くしていく．そして，地面，大理石や木の板の上で線を引きまた，溝を作り使われる．それらの仕組みが確立しそれを1つの型に固定したものが計算の道具である．それらは，紀元前8000年前から使われるキープ（quipu:紐の結び目）やアバカスで数表や計算尺はさらに近年になる．また，計算道具は計算の仕組みをもち，それを知った上で使う必要がある．現在日本ではそろばんを教える塾があるが，古代インカ帝国にはキープを教える専門の学校があった．

　キープは日本語では結縄（けつじょう）といい，文字のなかった時代に縄の結び方でいろいろな意味を表し，お互いに意思を通じ，物事の記憶に役立てた．エジプト，中国，チベット，インカ，太平洋地域では地域により異なるが，人口統計，租税の記録，穀物倉庫の貯蔵量，軍隊の人数，採金の量などあらゆるものを記録し，また統計をとって保存するのにキープは使われた．ペルー，沖縄では1900年代まで使用され，ペルー（インカ帝国）では「キープ」と呼ばれ，沖縄では藁算（ばらざん）といわれている．

　図2.4は沖縄の竹富島の藁算で，食料品の一覧である．その内容は米2升，粟1升，麦1升，麦1升，大豆2升，イモ1ザル，デンプン2升，トーフ1箱，魚1升，ゴマ2升となり，別の藁算は4世帯の男女構成の内容であった [4]．

　アバカスは算盤ともいわれ現在のそろばんの原型である．現在の中近東，エジプト，メソポタミヤ，ギリシャからはじまり中国にも貿易を通じて伝わったとされるが，今後明らかにされていくであろうが中国で独自発生も十分ありうる．計算補助具としては紀元前3000年頃のメソポタミヤで「砂アバカス」が使われ，また，計算道具としては紀元前300年頃に大理石や大きい机いっぱいの大きさのボードに線を引いて使う「線アバカス」や溝を掘って使う「溝アバ

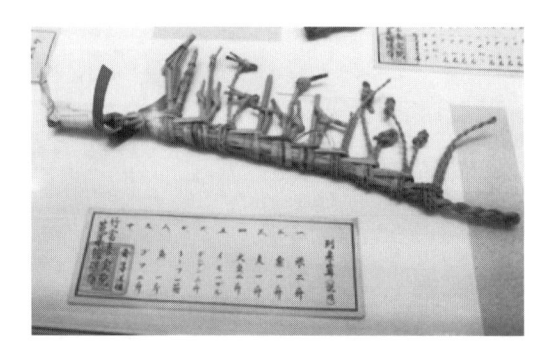

図 2.4 沖縄竹富島の藁算（レプリカ，竹富島長老 故上勢戸氏製作）[2]

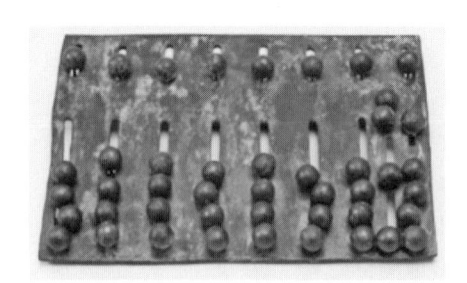

図 2.5 ローマの溝アバカス [2]

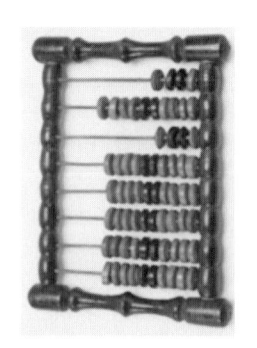

図 2.6 イランアバカス [2]

カス」が存在した．

図 2.5 に紀元前 200〜300 年頃に使われたローマの溝アバカスを示す．大きさは横 18 cm，縦 12 cm くらいと小型であり，5 の珠が 1 つと 1 の珠 4 つで 10 進演算用である．これは驚きであるが日本のそろばんと珠やその構成が同一である．次に図 2.6 にイランアバカス（チョルティ）を示す．紀元前 200〜300 年頃から使われ現在も使われている．これと同じ構成のアバカスが現在ロシア（チョティ）でも使われている [5]．ローマの溝アバカスは，中国・日本のそろばんと同じ珠は上下に動かすが，イランアバカスの珠は左右に動かす．後述する図 2.9 として示す「計算の典型」はイランアバカスと同じ珠を左右に動かす形式である．アバカスはそろばんと同じ大きさのものから，机 1 つ分の大きさのものまであったことになる．

中国のそろばんは 2〜3 世紀に徐々にその形が完成していくがその種類は多い．図 2.7 (a) のそろばんは 5 の珠を 2 つと 1 の珠を 5 つ持ち 15 まで数えることができ，16 進数と 10 進数を 1 つで併用できる．これは最近（2012 年）中国の町で購入したもので現在も使われていると思われる．また，図 2.7 (b) のそろばんは同じく中国のものと思われるが年代不詳で，これは 5 の珠を 3 つと 1 の珠を 5 つ持ち 20, 16, 10 進数を一度に計算できる．20 進数はインカ帝国で使われていたことはよく知られているが，中国でも 20 進数が使われていたことになる．そろばんは 15 世紀ごろ中国から日本に伝わり，5 の珠が 1 つと 1 の珠が 4 つの 10 進数専用になりそれが世界に伝わった．図 2.7 (c) は日本の大正時代（1920 年頃）の盲人用のそろばんである．

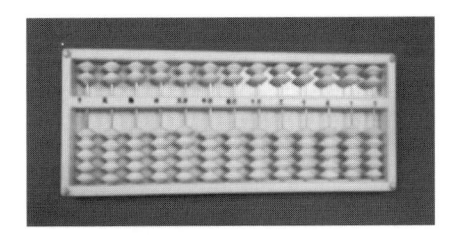

(a) 現在中国　16, 10 進法

(b) 中国年代不詳　20, 16, 10 進法 [2]

(c) 大正日本盲人用 10 進法 [2]

図 2.7　いろいろな進数に対応するそろばん

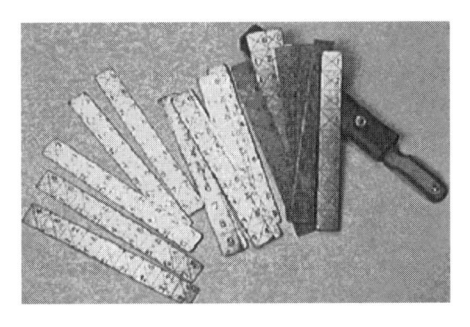

図 2.8　ネイピアの棒（骨）[6]

2.5.2　数表，計算尺

三角関数の数表を最初に作成したのは，紀元前 190 年ごろ古代ギリシャの天文学者のヒッパルコス (Hipparchus) といわれている．計算尺が世にでるまで，この数表は海洋航行に天体観測に領土の測量に使われた．計算尺は思うほど古くはなく，1632 年に ウィリアム・オートレッド (William Oughtred) が発明した．それより遡る 1614 年にジョン・ネイピア (John Napier) が対数を発明し，図 2.8 に示す計算尺の原型である「ネイピアの棒（骨）」を発明した．そして，計算尺は対数や三角関数も計算することができ多くの場所で重宝された．また，数表とは使われ方を区別され共存することができた．数表はあくまで具体的な数値を扱い，計算尺は概算を求める．しかし，関数電卓が 1972 年頃に発売されるとこれらは急激に使われなくなった．

2.5.3 計算道具と数学

記憶を数日間も数年間もする必要のあるときは，まだ紙もない時代では木切れ，石，洞窟の壁に彫り込んだり，藁の結び目で記憶した．計算補助具から計算道具への進展を表2.2に示す．長い年月（20万年）を掛け進展した．

西洋，東洋ともアバカス，そろばんが全盛で新たに数表と計算尺が加わった16世紀のまだパスカルの計算機が生まれていない計算道具時代に当時の西洋の計算業務を語る興味ある絵を紹介する．1503年に出版されたグレゴール・ライシュ (Gregor Reisch) 著作による「真珠の哲学への誘い (Margarita Philosophica Nova)」に，「計算の典型 (Typus Arithmeticae)」という図2.9に示す木版画が採録されている [7]．これは，当時2つの計算業務のどちらが有効か競う風刺画で，図の右側にアバカスの机とそれを扱う"ピタゴラス (Pythagoras)"，左側に算表とペンで代数を使う"ボエティウス (Boethius)"，その中央にこの状況を見守る"計算の女神 (Dame Arithmrtic)"が位置する．そして，"計算の女神"が温かく余裕のある"ボエティウス"を見守り，"ピタゴラス"は困惑した表情に描かれている．代数有利でアバカス不利を示した木版画ということになる．

代数とアバカスは12世紀から16世紀まで，計算に関する主導権争いを行い，16世紀にようやく代数が勝利することができた [8]．しかし，それは代数対アバカスの対比でなく，三角関数，対数と加減乗除の関係である．すなわち三角関数，対数それに後の時代から出てくる微分，積分が対処する問題を，加減乗除でやり抜くことに等しく，高度な考えとたいへんな労力をアバカス側は必要とする．欧州は19世紀，20世紀の数学とコンピュータの成功を成しえたわけであるが，なぜアバカスを伴うことができなかったのかという疑問が残る．これは現代において有効に生かせる考えがあるように思う．

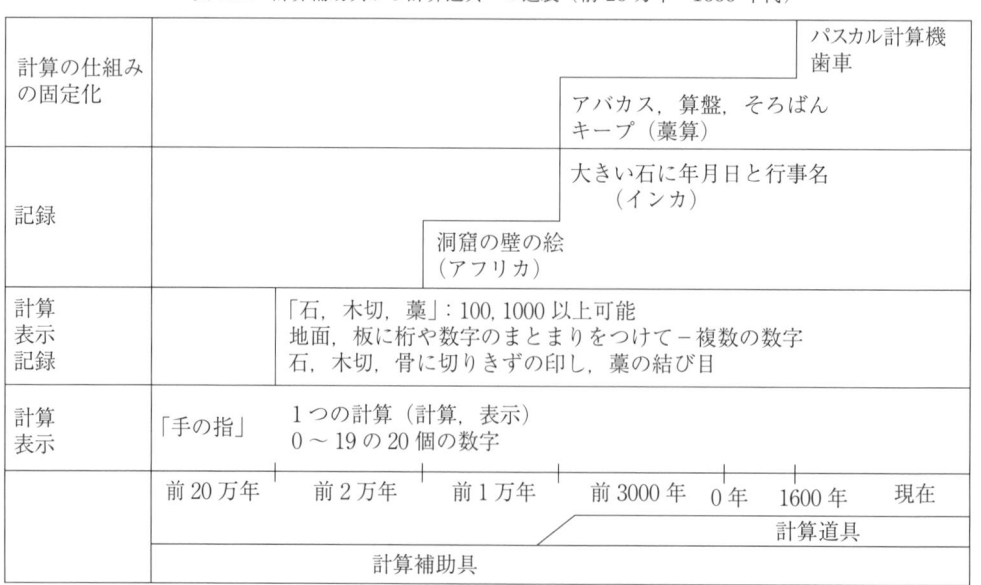

表 2.2　計算補助具から計算道具への進展（前20万年〜1600年代）

計算の仕組みの固定化						パスカル計算機 歯車
					アバカス，算盤，そろばん キープ（藁算）	
記録					大きい石に年月日と行事名（インカ）	
				洞窟の壁の絵（アフリカ）		
計算 表示 記録		「石，木切，藁」：100, 1000以上可能 地面，板に桁や数字のまとまりをつけて－複数の数字 石，木切，骨に切りきずの印し，藁の結び目				
計算 表示	「手の指」	1つの計算（計算，表示） 0〜19の20個の数字				
	前20万年	前2万年	前1万年	前3000年　0年	1600年	現在
	計算補助具				計算道具	

図 2.9 計算の典型 木版画 [7]

現在，そろばんは事務所などで計算する仕事を電卓とコンピュータに譲ったが，幼児，小学生児童を中心にそろばんの練習教室が盛んである．また，そろばん（珠算）の活動団体が 2 つも日本に存在することも力強い [9]．頭脳鍛錬にも有効であるとのことで，日本から世界に影響を与えている．

2.6 機械計算道具

ヴィルヘルム・シッカート（Wilhelm Schickard，1592-1635 独）は，歯車を使った機械計算道具開発の先駆者である．それは「計算する時計 (Calculating Clock)」と呼ばれ，6 桁の加減算と複数の「ネイピアの棒」（計算尺）を使い乗算もできる．「計算する時計」の名付けも素晴らしく，我々に時計も 1 秒ごとに 1 を加算し，60 進数と 12 進数を知らしめるコンピュータであることを教えてくれる．また，この「計算する時計」は天体計算をすることもシッカートは考えていた．存続する現物はないが友人にあてた手紙などをもとに 1960 年にレプリカが作られた．

現存する最も古い機械計算道具は，「人間は考える葦である」という言葉や圧力・応力の国際単位パスカル (pascal, Pa) で有名な哲学者，数学者のパスカル（Blaise Pascal, 1623-1662 仏）が 1642 年に発明し「パスカリーヌ (Pascaline)」と名づけた．何度かの改良を加え特許も取得した．図 2.10 に示すように 8 桁の数字すなわち 8 個のダイヤルをもつ．歯車は 1 回転で 0 から 9 の値を刻み，9 から 0 で次の桁の歯車を 1 つ進める桁上げ機構をもつ．歯車を逆回転させて行う引算の機能は初期のものではなかった．歯車を使う機構としても逆回転させないという最も簡単なものであるがゆえに，この時代に開発完了し生産販売ができたと考える．しかし，その後の何回かの改良品の中で歯車の逆回転による引算を実現している．パスカルは税務役人である父親のたいへんな計算の仕事を楽にしようとして開発を試みたといわれている．

図 2.10 パスカリーヌ（パスカルが作った計算機，レプリカ）[2]

機械計算道具として後世に受け継がれる「卓上型手回し計算機」のひな形を創ったのがライプニッツ（Gottfried Wilhelm Leibniz, 1646 - 1716 独）で，図 2.11 に示す段階計算機 (Stepped Reckoner) と名づけられた手回し計算機を 1672 年に発明した [10]．これは加減算と乗除算も計算可能で，乗算は加算の桁をずらして遂次行う機構で，また同じく除算は減算の桁をずらして遂次行う機構で実現する．この機構は手回し卓上計算機の基本として，1970 年代まで全世界各地で受け継がれる．

ライプニッツは哲学者，数学者であり，我々の知る微積分法をアイザック・ニュートンとは互いに独立に発明したことでも有名であり，また，論理推論から論理計算，二進記数法の確立者唱道者である．彼の開発の意図は，天文学者たちを複雑な計算のために費やす時間から解放すると考えたためであり，また計算は値打ちのない作業と考えていた．

バベッジ（1791 - 1871）の階差機関 (Difference Engine) は，コンピュータ発展過程により 4 つに分類した 1 つめの計算道具の最後を飾る．次の分類である機械式計算機の最初の解析機関も彼の発明であり，ここで大きくコンピュータの発展の方向を切り替えたことになる．

バベッジが階差機関を作ろうとした理由は，当時測量，天文学や航海などで必須であった数表の多い誤りをこの階差機関で撲滅できると考えたからである．数表の誤りは計算時と印刷の写植時に入り込む．そのため，これら 2 つの工程のすべてをコンピュータにやらせる仕組み，すなわち数値条件を設定すれば印刷までしてしまうそれが階差機関であった．また，計算は多

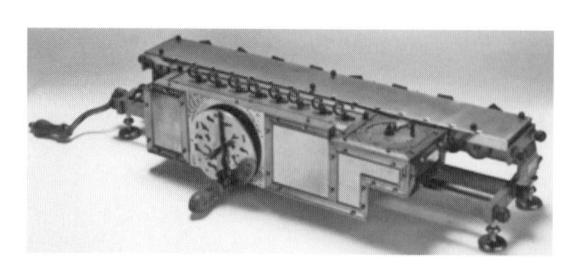

図 2.11　ライプニッツの手回し計算機（模型） 　　　図 2.12　バベッジの階差機関（模型）

項式の解法として階差を取ることによりすべて加算だけで算出できることに注目し，これなら歯車の組合せで実現可能と考えた．

この開発にイギリス政府は 1820 年より研究支援をする．それは誤り防止のために計算と印刷まで自動でしてしまうという考えのわかりやすさと，ケンブリッジ大学教授でバベッジの高名によるものであった．しかし，開発が進まず 1842 年に研究支援は中止された．1990 年にバベッジの没後 200 年を記念して実働しなかった階差機関を動かした．これは，イギリスのロンドンのサイエンス・ミュージアム (Science Museum) に展示されており，また，以降示していく同じくバベッジの解析機関や世界初のプログラム内蔵方式コンピュータであるウィルクスの EDSAC なども展示されている．図 2.12 はそのときの階差機関 1/3 の模型であり，これは東京理科大の近代科学資料館に展示されている [10]．

2.7 計算道具，機械計算道具のその後

計算道具は 20 万年前よりいくつも作られたが，それらはその後も引き続き活躍したものもあり，また，現在も存在するものもある．現在も変わらず常に使われているものは人間の指である．また，そろばん，手回し計算機，数表や計算尺は 1970 年代まで使われたが，電卓に置き換わり使われなくなった．また，日本ではそろばんは大きく役目を変え教育育成の道具に使われている．

パスカルのパスカリーヌのその後の展開は，図 2.13 に示す 1900 年に米国とイギリスの 2 つの会社が独立して発売したダイヤル回転式携帯手動計算機がある．また，日本では 1990 年頃幼児の教育用または玩具として発売された．

ライプニッツの手回し計算機は，スウェーデン人オドネル (Willgodt Theophil Odhner, 1845-1905) により 1874 年オドネル歯車式計算機が開発され，また，その設計を公表したため世界各国でそれに基づいた計算機が作られ使い続けられることになった．日本では大本寅治郎による図 2.14 に示すタイガー計算機が 1920 年から 1970 年代まで販売された [11]．また，1948 年に開発されたクルタ計算機 (Curta calculator) は，ユダヤ系オーストリア人のクルト (Curt Herzstark, 1902-1988) がブーヘンヴァルト強制収容所に収容されていた間に設計し開発したものである．1948 年から 1970 年代まで携帯計算機として使われた．

バベッジの階差機関は未完であったが，その一対がバベッジの死後彼の息子からスウェーデンの出版業のシューツ親子に渡り，機能は縮小された階差機関として完成し 1885 年のパリ万国博で大賞を受賞した．それを米ニューヨーク天文台が購入した．それが米国のコンピュータの取組みの第 1 歩といわれている．

図 2.13 1900 年のパスカルのパスカリーヌ
ダイヤル回転式携帯手動計算機 米国 [2]

図 2.14　タイガー計算機　日本
（東海大学専門職大学院所有）

2.8　機械式計算機

2.8.1　プログラムの発明

　機械式計算機の時代は，バベッジが解析機関を本格的に開発し始めた 1843 年からプログラム内蔵方式のコンピュータである EDSAC が成功する前年の 1948 年までとする．

　バベッジが「コンピュータの父」といわれるゆえんは，"人間の頭の中にある計算の手順を機械/コンピュータに植込む一般的方法すなわちプログラムの発明"である．ハードウェアでの具体化は"計算（処理）の手順をプログラムにより順次遂行させる仕組み"であり，人間が計算の途中で何回も中継ぎに入るのでなく，計算の手順をプログラムがすべて遂行させる．また，プログラムは決められた手順の実行を進める．そして，外部や内部条件に合わせて進め方を変えることができる．これは計算だけでなく制御も実現できこれはまさに現代コンピュータであり一大発明となった．しかし，バベッジはこの「解析機関」を完成できず，また，ここまで重大な発明とは考えていなかったのではないかと推測する．

2.8.2　バベッジの解析機関

　解析機関と現代コンピュータの構成と機能の一覧を表 2.3 に示す．プログラムを実行する上でこれらはすべて等価な働きをする．しかし，構成素材においては歯車と半導体で大いに異なる．1873 年での不自由な素材しか使えなかった時代に歯車で現代コンピュータに通じる仕組みをよく考えられたものである．少し異なる観点に立てば，「良い素材」が揃っているときには，その組合せや応用でいくつもの身近で有効なことができるのでそれらに関心が向き，このような新しい考えを生む機会が少ないといえる．現在の工業分野がまさにこの「良い素材」が揃っている状態にあるという認識をもつことは重要である．

　解析機関は，歯車，糸，梃（てこ），カム (cam)，ピン (pins) とロッド (rod)，それに入出力にカードの穴の確認，穿孔を加え情報処理の力学的システムである．表 2.3 に示すように，入力はカードそれぞれの読込機により命令カード，操作カードとデータカードの 3 種類が読み込まれる．命令カードにより演算，データの読込みと印刷が指定され，操作カードでは内部のデータ転送を決め，データカードは実際の演算の数値の読込みが実行される．カード読込みされると，カードの穿孔の有無が梃を使い制御の糸を引くか引かないにより CPU 部，記憶部と入出

表 2.3 解析機関と現代コンピュータとの比較

機能	現代コンピュータ（半導体，電子部品）	解析機関（歯車，糸，梃）
CPU 部	プログラム実行部（制御部） 演算部（ALU），レジスタ	カード読取機から糸による制御 加減乗除部 ミル（mill; ライプニッツ）
記憶部	プログラム部，データメモリ RAM，ROM	レジスタの集まり 必要桁をもつ歯車
入出力部	入力ポート 出力ポート	カード読取機；命令カード， 操作（転送）カード，データカード カード穿孔機（演算結果） 印刷装置
外部バス部	データ，アドレス，制御バス	個別の機能部の増設で対応

CPU :Central Processing Unit, ROM:Read Only Memory, RAM:Rundom Access Memory
ALU:Arithmetic Logic Unit

図 2.15 ジャカード織機 [12]

力部と結ばれ制御が実行される．

バベッジが解析機関の構想をまとめることができたのは，ジャカード（Jacquard, 1752-1834 仏）機械によりプログラムの観念を着想したことによる．汎用の計算が可能なように考えるなかで 1 段階ごとに内部結線を変える方法を，ジャカード機械が織物の模様を 1 つの横糸ごとに縫込む方式から得た．ジャカード機械は織物の模様を縫込むもので本体の織機に付加して働かせる．労働争議が起こるくらい労働集約型と評判で，また，現在もジャカード織として立派に存続している．図 2.15 にジャカード機械を上部につけた織機の写真を示す．

2.8.3 ホレリスのパンチカード式統計機械

機械式計算機としてコンピュータ史上の成功事例の 1 つとして，1886 年にリレーを使ったホレリス（Herman Hollerith, 1859-1929）のパンチカード式統計機械（Punched Card Tabulator）がある．10 年に 1 度実施される米国の国勢調査はたいへんな仕事で，1880 年の国勢調査は集

図 2.16 ホレリスの統計機械 [10](a) 統計機械，(b) カードパンチ

計作業が9年もかかった．この問題の対策としてホレリスが生み出した統計機械が使用され，1890年の国勢調査では集計作業を2年で終了させた．図2.16 (a) に統計機械を，(b) はカードに穴をあけるカードパンチである．少し厚くてしっかりした紙に穴をあけその穴の有無を検出するのは，バベッジの場合は梃と糸の引っ張りと歯車であったが，今回は電気接点とリレーであった．

パンチカード式統計機械はホレリスの事業としても大成功であったが，さらに今後にかかわる重要な大きい成果はパンチカードがコンピュータの入出力媒体として有効であることと，その技術を獲得したことである．コンピュータにおいてパンチカードはバベッジの解析機関（1743年）から，紙テープ，磁気テープも含め1980年代までなくてはならないコンピュータの入出力媒体となった．そして，それ以降はHDD，携帯半導体メモリ，パーソナルコンピュータやネットワークが代替えしていった．

2.8.4 リレー，真空管による機械計算機

ホレリスは統計機械の成功で1896年にTabulating Machine社を，1911年にはIBMの前身のThe Computing Tabulating Recording Company社を起こした．統計機械が各分野で使われ，またそこでパンチカードからパンチ紙テープの進展も起こりコンピュータとしての拡大が続く．この1つとしてハーバード大とIBM社によるハーバードマークIの開発が1944年に行われている．これは一部でバベッジの解析機関を実現したともいわれているもので，開発の中心人物のハーバード大のエイケン (Howard Hathaway Aiken, 1900-1973) などが，バベッジに感銘を受けたために起こした開発であった．

マークIはその時代で先を進めるコンピュータでエイケンが提唱しIBMが自社開発として受け入れた．開発後ハーバード大にIBMから寄贈されたのでマークIの名前がついたが，IBMでの正式名は自動遂次制御コンピュータ (ASCC: Automatic Sequence Controlled Calculator)

図 2.17 ハーバードマーク I, IBM ASCC

である．このマーク I は，リレーを論理素子として使いプログラムはプログラムを穿孔した紙テープにより順次自動で読み込まれる．765,000 個の部品と数 100 km の電線を使い，大きさは全長 16 m，高さ 2.4 m，奥行きは 60 cm である．その重量は約 4.5 t であり，その写真を図 2.17 に示す．3,500 個のリレー，35,000 個の接点，2,225 個のカウンタ，1,464 個のスイッチ，78 個の加算機（精度は 23 桁）で構成されている．当時の産業界では最も大きなコンピュータであった [13]．

　ハーバード大は 1944 年開発のマーク I 以降，1952 年のマーク IV まで IBM と離れ独自開発をする．真空管を使いいくつかの改良を行うが，あくまで演算は歯車の模倣で，それが大きな障害となりコンピュータ技術の先進する役目が果たせなかった．これと同じ状況のコンピュータとして ENIAC (Electronic Numerical Integrator and Computer) が 1946 年にペンシルベニア大学ムーア校 (University of Pennsylvania's Moore School) で開発され公表された [14]．17,468 本の真空管，70,000 個の抵抗器，10,000 個のコンデンサ等で構成されていた．幅 24 m，高さ 2.5 m，奥行き 0.9 m，総重量 30 t と，ハーバードマーク I に比べ容積で 2.3 倍，重量で 6.6 倍，論理素子（リレー，真空管）で 4.9 倍と大きい．ハーバードマーク I は前記したようにプログラムを紙テープで外部より取り込んでいたが，演算速度を上げるためにプログラムは人がプラグボードに配線することにより行われた．これは難解でたいへんな作業になり，現在のプログラムとはほど遠く，プラグボードを引継ぐコンピュータはなかった [15]．人がプラグボードに配線することはハードウェアの作り変えを行うことであるので，ある意味ではバベッジ，ハーバードマーク I のプログラムによるコンピュータの技術の流れに逆行するともいえる．

　この期間の計算機の構成素材は歯車からリレー，真空管と発展する．歯車は計算が必要とする 3 つの重要要素といわれる「計算」，「表示」と「記憶」の機能をすべてもつ．歯車の幾何学的位置がこれらの機能を果たす素晴らしいものである．しかし，リレー，真空管は歯車のように単体で計算の 3 つの重要要素の 1 つももたない単純なスイッチである．このスイッチは 2 値の論理と合い現在のようにデジタル技術時代を築くのであるが，当時このスイッチを上手く使えずそれで 10 進の歯車の模倣に傾倒したため，論理回路が膨大になり開発が難しいものになってしまった．10 進の歯車の模倣から解放され，2 進の論理を使えるようになった時が，次のプ

ログラム内蔵方式のコンピュータ EDSAC の成功の時点となる．

2.9 プログラム内蔵方式コンピュータ

2.9.1 ノイマンとウィルクス

プリンストン高等研究所教授・数学者で高名なノイマン (John von Neumann, 1903-1957) が 1944 年 8 月ペンシルベニア大学ムーア校のコンピュータ開発プロジェクトに加わり，コンピュータ ENIAC の反省からプログラム内蔵方式コンピュータ EDVAC (Electronic Discrete Variable Automatic Computer) プロジェクトを推進した．ノイマンは EDVAC の構想を論文で公にするとともに，1946 年 7 月 8 月に EDVAC の講座をペンシルベニア大学ムーア校で開催した [16]．これにイギリスケンブリッジ大学数学研究所のウィルクス (1913 - 2011) も参加した．ウィルクスはコンピュータ開発の準備中であったが，コンピュータの今後の流れを感じとり確認する絶好の機会になったと思われる．また，イギリスでは暗号解読機コロッサス (Colossus) なども真空管を使い 1943 年には実働し EDSAC の成功も考え合わせると，この頃のイギリスのコンピュータ技術はたいへん高いレベルであったことが伺える [17]．ムーア校での講座では，ノイマンの高名な科学者としての平等性と高い学術に接し，また，ENIAC，ハーバードマーク I, II とエイケンには反面教師として大いに感ずることが多く，構想中のコンピュータのしっかりした方策をつかんだに違いない．図 2.18 はノイマン，図 2.19 は EDSAC の水銀漕メモリとウィルクスの写真である [18, 19]．

2.9.2 プログラム内蔵方式コンピュータ EDSAC

ケンブリッジ大学のウィルクスは，世界初のプログラム内蔵方式コンピュータとして後世のまさに源流となる 1949 年 EDSAC (Electronic Delay Storage Automatic Computer) の開

図 2.18 ノイマン　　　　　図 2.19 ウィルクス，EDSAC の水銀漕メモリ

発に成功した．成功の要因はいくつかあるが重要と考える3点を次に示す．

i) 開発費が不足し，ハードウェアを削りそれをプログラムで処理させるようにせざるをえなかった．それはまた，当時の技術ではハードウェアが小規模なほうが開発に成功しやすいという状況もあり，またそれがまさに現代につながるコンピュータを生むことになった．その1つの例が，初期プログラム読込 (IPL: Initial Program Loader) 機能で，その当時ハードウェアで設計することが常識であった．このことはハードウェアが紙テープ（プログラム）になったとよくいわれる．

ii) 最も難解なメモリブロックを，ウィルクスが戦争中にかかわったレーダに使った水銀遅延線メモリを EDSAC のプログラム内蔵用のメモリに設計した．レーダに比べ時間の繰返し精度の要求は高く，難解であったが実現させた．

iii) コンピュータ内部での数字を2進数で取り扱い大幅な真空管の削減を可能とした．歯車を模倣するそれまでの機械コンピュータでは，10進数で演算を行い，10進数1桁を10ビットで表した．10ビットを0から9の10個の値に1対1で対応させる．それで，1ビットを真空管2本でフリップフロップを構成し，10ビットであるので20本の真空管，さらに入出力の波形整形と増幅に3本，合計23本が10進1桁に必要であった [20]．

歯車模倣の10進数と2進数の必要真空管数を簡略な方法で算出比較する．2進数で表す場合（2進化10進法）では4ビットで10進数を表すため，必要真空管は4ビットで8本さらに入出力の波形整形と増幅に3本合計11本となる．歯車を模倣対2進化10進法では，2進化10進法のほうが48％の真空管ですむ．また，10進6桁（0〜999999で100万個の数字）の場合純2進数で必要真空管の数は，歯車を模倣のほうでは138本で純2進は20ビットを要し43本であるので，純2進のほうが32％ですむ．

EDSAC は3,000本の真空管を使う．それは ENIAC の1/6の割合であり，また，コンピュータ筐体の大きさは6フィートの3台のラックに収納されているとのことであるので約5.5 m で ENIAC に比べ1/4となる．メモリブロックは5フィート (1.524 m) の長さの水銀遅延線メモリで8本が1つの筐体に格納され，それが4つで構成される．1ワード17ビットで1本の水銀遅延線メモリは32ワードであり，全体32本で1,024ワードのメモリとなる．図2.19にウィルクスとここで述べた水銀遅延線メモリ（8本が1つの筐体に格納）を示す．

ウィルクスの EDSAC 開発による成果は，少ない開発費で水銀遅延線メモリを動かし奇跡的にコンピュータハードウェアを動かしたにとどまらず，50年過ぎた現在まで脈々と続くソフトウェアとハードウェアに重要な流れを残した．

i) プログラム（ソフトウェア）に関する発明；EDSAC が組み立てられる1年の間にまとめた [21]．
・プログラム・ライブラリ (library program) とそのプログラム
・ライブラリ (library) 教科書
・サブルーチン (subroutine)
・初期入力ルーチン（IPL または initial orders）

・リンケージプログラム (linkage program)
ii) ハードウェアに関する発明
・プログラム内蔵方式コンピュータアーキテクチャ (EDSAC) の発明と実現.
・マイクロプログラム (micro-program)；1952 年の EDSAC II の開発でマイクロプログラム適応．その後，1964 年に IBM360 システムに全面的にマイクロプログラムを採用．製品としての成功にマイクロプログラムが導く．
・PLA(Programmable Logic Array)；ゲートアレイ

2.9.3 プログラム・ソフトウェアの真価

　EDSAC は開発費が少なく，計画どおりにすべてハードウェアで造ることができない．ハードウェア部分を減らす検討をする中で，コンピュータアーキテクチャと命令セットの工夫によりプログラムで代替できることがわかってきた．はじめは苦渋の選択であったが，ここで，ウィルクスはプログラムの真の有効性を始めて認識したのではないか．このコンピュータこそ，現代まで脈々と続くコンピュータアーキテクチャである．

　プログラム内蔵方式コンピュータは EDSAC が完成したとき，すなわち 1949 年から始まり次のネットワークの初めで終わるのでなく，現在まで発展展開し続けている．すなわち，ネットワークが世に出てきたときから現在も，これら 2 つは共存し互いに高めあっているのである．プログラム内蔵方式コンピュータ EDSAC を親としての特長は，ハードウェアとソフトウェアの協調でコンピュータ技術を大きく 1949 年以降開花させた．そして，コンピュータにネットワークが 4 番目のコンピュータとして登場することになる．

　以下にプログラム内蔵方式コンピュータの展開と，ソフトウェアとしての展開を箇条書きで示す．

i) プログラム内蔵方式計算機の展開
  ・プログラム内蔵方式計算機 (EDSAC) の完成 (1949)
  ・マイクロプログラムコンピュータ (EDSAC II, 1957, IBM360, 1964)
  ・IBM 360 システム (1964)
  ・マイクロプロセッサ (1971)
  ・パソコン (Apple1, 1976)
  ・RISC (Reduced Instruction Set Computer) (1986)

ii) ソフトウェアの発展と展開
  ・プログラム言語，機械語，アセンブラ言語，高級言語，インタプリタ，問題向き言語
  ・モニタ，オペレーションシステム (OS)，リアルタイム OS
  ・コンピュータシミュレーション
  ・コンピュータ支援システム (CAD, CAM, CAFM)
  ・コンピュータ支援ソフトウェアエンジニアリング (CASE)

2.10 ネットワーク

2.10.1 コンピュータの性能向上

ネットワークの歴史は案外古く，あのプログラム内蔵方式の EDSAC の開発からわずか 9 年後の 1958 年に米国の半自動防空システム SAGE (Semi-Automatic Ground Enviroment) として，ネットワークの最初のものが実現された．SAGE 開発のきっかけはソビエトの水素爆弾からの防空であった [22]．1949 年 8 月に以前のソビエト（現在ロシア）が水素爆弾の実験に成功し，北極圏を越え北アメリカまで水素爆弾を運ぶことが，その時にソビエトが保有する爆撃機で可能であることがわかったからである．

SAGE は複数のレーダ基地と何カ所かの迎撃戦闘機の空軍基地の情報網に対して，情報を取りまとめ迎撃指示を出す集中管理型のネットワークである．これはそれまでに実施していたように，1 台のレーダごとに特定の空軍基地に指令する仕組みでは，不審航空機の動きが速いため防空システムに大混乱を招くことがあることが事前検討でわかり，SAGE はその対策から生まれた．

SAGE に使えるコンピュータは，必要実行速度とプログラム容量から MIT (Massachusetts Institute of Technology) のフォレスター (Jay Wright Forrester, 1918 -) 教授がジェット戦闘機のフライトシミュレータで使うコンピュータのホワールウインド (Whirlwind; つむじ風) が有効であった [23]．というのは，フライトシミュレータは実時間で作動する必要があり高速処理を必要としたために，当時他のコンピュータのほとんどがシリアル演算であったが，16 ビットの並列演算に変更していた．当時 1950 年代では，コンピュータの使い方はほとんどが一括（バッチ）処理方式であり，リアルタイム処理の必要があるとすれば航空機設計の空洞実験などがあるぐらいであった．ホワールウインドは真空管を使い並列演算で高速化の対処はできているが問題が 1 つあった．それはメモリに関する問題で，静電メモリ（ウィリアムス管:Williams tube）を使うので，長時間での信頼性とプログラム容量不足の問題であった．そして，フォレスターは磁気コアメモリに独自に行きあたり，これらのメモリに問題を解決して半自動防空システム SAGE を完成に導いた．

2.10.2 ホワールウインドコンピュータと磁気メモリ

これまでの新たなコンピュータの発明と開発はコンピュータを作ろうとする側がほとんどであった．なぜか偉大な 2 つの成功は，先に示した EDSAC のウィルクスと今回のホワールウインドでは，両方ともコンピュータを使おうとする側からのコンピュータ開発であった．ウィルクスは彼の本業である数学にコンピュータを活用しようとしたし，またフォレスターはフライトシミュレータと防空システムを開発しようとしただけで，すぐに使えるコンピュータがなかったために，これらのコンピュータの開発を実行したまでである．また，2 人の共通なことは初めにアナログコンピュータを使いそれでは不十分であり，新たな流れといわれるデジタルコンピュータを作り活用しようとしたところである．そこで 2 人はたいへん大きい成果を上げてしまうのである．それはプログラム内蔵方式のコンピュータの発明と実現であり，プログラム内

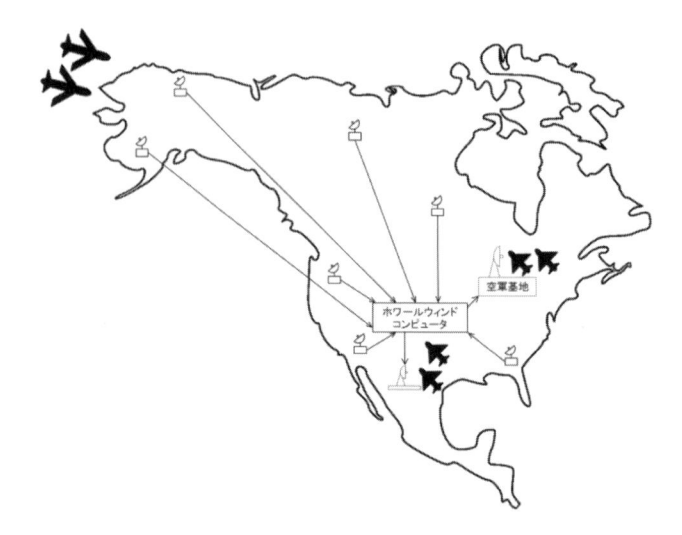

図 2.20 半自動防空システム SAGE:1958 年

蔵方式のコンピュータが安定して使うための磁気コアメモリの発明と実現である．磁気コアメモリは 1990 年初頭まで使われ，コンピュータの発展向上に大きく寄与した．ウィルクスがプログラム内蔵方式のコンピュータの産みの親なら，フォレスターは育ての親といってもよい．

フォレスターのコンピュータに対する貢献を順不動でまとめると，1 つめは磁気コアメモリの発明の一角に大きく寄与したことであり，2 つめは 4 番目のコンピュータとここで位置付けているネットワークの初めての開発実現であり，3 つめはコンピュータで大規模リアルタイムシステムの初めての開発成功である．また，さらに，図 2.20 に示す半自動防空システム SAGE を示すが，これは，防空システムの中に正にコンピュータすなわちホワールウインドが組み込まれている図である．プログラム内蔵式コンピュータによる初のコンピュータ組込みシステムはこの 1958 年に完成した半自動防空システム SAGE である．

このコンピュータ，ホワールウインドは IBM で AN/FSQ-7 という形名で製造された．規模は北米の防空であるのでたいへん大きく，真空管は 55,000 本，ダイオードは 17 万個，磁気コアは 200 万個で構成され，重さ 275 t，消費電力 300 万 W，設置面積 2,000 m^2 という史上空前の規模のコンピュータであった [24]．このコンピュータは，12 カ所のレーダ基地からデータを受け取り，300 機の航空機を同時に追跡することができた．

2.10.3　コンピュータネットワーク

SAGE は個別処理系に対する改善として，レーダ基地と空軍基地の情報網に対して集中管理するコンピュータをもつネットワークであったが，1969 年に開発された最初のコンピュータネットワークは分散処理により資源の共通化と使命達成能力の分散化という機能をもつ．コンピュータネットワークの誕生は，2 つのコンピュータ間の通信から作り上げていき，"高等研究計画局ネットワーク (ARPANET:Advanced Research Projects Agency Network)" を開発した．1957 年に旧ソ連が最初の人工衛星スプートニクを打ち上げたのに呼応し，米国は軍事利用が可能な科学技術で先行するために，米国国防総省内に高等研究計画局 (ARPA: Advanced

Research Projects Agency) を設立する．1961 年にはパケット交換の理論が初めて発表されるが，米国で電話中継基地の爆破テロにより通信ネットワーク全体が通信不能に陥る脆弱なシステムであることが判明した．それにより，核戦争にも耐えうる通信システムの研究が開始され，1969 年には国家プロジェクトとして，4 ノード（カリフォルニア大学ロサンゼルス校；UCLA，スタンフォード研究；UCSB, カリフォルニア大学サンタバーバラ校；SRI, ユタ大学；Utha）からなる長距離パケット交換技術の実験，ARPANET が開始された．

この後，ARPANET はノードを増やし，全世界を実験場に展開し分散ネットワークの技術を確立していく．数々の技術を生みネットワークとしてはセンサネットワーク，インターネット，クラウドコンピューティングとして展開していく．

2.11 マイクロプロセッサの発明

組込みシステムの発展経緯を考える上で，マイクロプロセッサの誕生を振り返る．組込みシステムはマイクロプロセッサとのかかわりが深いだけでなく，マイクロプロセッサを産んで育てたともいえるからである．

1970 年前後に世界初になるいくつかのマイクロプロセッサが開発発明されている．このような中から 3 件の開発についてその開発の動機を探る．1 つめは，1970 年に米海軍の F-14 トムキャット戦闘機のためにコンピュータと飛行制御システムがギャレット・エアリサーチ (Garrett AiResearch) 社により開発された．このコンピュータは 28 個の LSI で構成され，CPU，データの入出力，簡易なデータ処理の専用 LSI とその他多くがメモリ (RAM, ROM) チップであった．簡易なデータ処理の専用 LSI が CPU の能力の補強をしているのが印象的である．

1940 年代より軍関係航空機アクセサリメーカとしてギャレットガスタービン，与圧システム，エアコン等の多くの備品を開発し，設計が複雑になるにつれ現在のマイクロプロセッサを目指す結果になった [25]．しかし，ここで開発されたマイクロプロセッサは他の機器には使われず，また，軍需とのことで一般への発表が遅れ，技術の先駆者（リーダ）であるのに業界に影響を与えることができなかった．

2 番目のマイクロプロセッサは，1971 年 9 月に発表された TI (Texas Instruments) 社の電卓用のプログラムを内蔵させた TMS1802NC である．これは，1 チップに CPU, ROM, RAM, IO (input output port) などのハードウェアをすべて内蔵しコンピュータの機能を実現している．TI 社はこれにより，マイクロプロセッサ，および 1 チップマイクロコンピュータの基本特許を取得した [26, 27]．

電卓は 1963 年にイギリスのベルパンチ (Bell Punch) 社が，アニタマーク 8 (Anita MK8) を最初に開発した．これを期にシャープ，カシオ，キャノン等の日本メーカが参入し電卓の市場が確立していった．TI 社のマイクロプロセッサ開発動機は，自社 IC の重要顧客である電卓市場を注視している間にそれが重要市場であることを悟り，自らも電卓製品の市場に参入し，半導体メーカと電卓メーカの 2 つの立場より 1 チップ電卓，すなわちマイクロプロセッサを開発した．TI 社はこの時点でマイクロプロセッサが家電，事務機器の制御を司ることを見抜いていたはずである．

3番目のマイクロプロセッサはインテル社の 4004 で 1971 年 11 月 15 日に出荷開始された．4004 はクロック供給 IC と ROM，RAM，IO と CPU の 4 種類の LSI で構成され，4004 として ROM8K バイトが最大規模のコンピュータで 29LSI を要した．この 4004 は当時日本の電卓専業メーカで開発では先駆的なビジコン社の依頼による開発であった．ビジコン社はいくつもの電卓を開発する間に TI 社と同じく，それぞれの論理回路の開発負荷を減らすためにプログラムでの対応を考えたことによる．また，ビジコン社はこれに並行して 1970 年よりモステック社とも 1 チップ電卓用マイクロコンピュータの開発をしていた．また，インテル社は開発を進めるなかで 4004 の重要性に気づき，そして，より汎用性と拡張性をもたせたマイクロプロセッサ 4004 に行きついた [28]．

以上が初期段階で開発された 3 つのマイクロプロセッサであるが，それらの開発動機はすべて機器やシステム開発の効率向上を求めるものであった．これらの貴重な役割をはたした企業は自社での機器や装置開発を抱えるエアリサーチ社，TI 社と日本ビジコン社である．インテル社は半導体の開発のみであったが故に，冷静にこれらの技術動向を長期に捉えることができたのではないか．また，これら 3 件の開発で 2 件までが電卓であるのは，当時電卓が半導体の大口需要製品であったことと，どの年代においても社会の計算機能の要請の大きさを思い知る．

2.12 組込みシステム発展経緯による分類

2.12.1 組込みシステムがマイクロプロセッサを産んだ

マイクロプロセッサの誕生時点で，マイクロプロセッサの必要性を痛感し，待ち望んでいる機器やシステム開発者は案外少なかった．電卓などと異なる他の家庭機器や事務機器では，制御にコンピュータを使用することはある意味で 1 つ余分な仕事ができたことに等しいことでもあった．家庭機器や事務機器では，まず本筋の信号処理の LSI 化，例えばテレビは 1960 年代に真空管からトランジスタ化されていて，次いで信号処理回路を IC 化さらに LSI のチップ統合での性能向上と原価低減が火急の課題であった．テレビがマイクロプロセッサを本格的に必要とするのは 10 年後の 1980 年初頭で，専用 IC のチャネルスイッチ処理と新たに加えるリモコン受信処理をマイクロコンピュータでやるのが最初の仕事の 1 つであった．

コンピュータ発展経緯の場合はその構成方式に基づきホモサピエンスの発生から現在までの 20 万年間を 4 つの時代に分けた．そして，組込みシステムの場合，すなわちコンピュータ組込みシステムは，これらどの時代のコンピュータが組み込まれていてもコンピュータ組込みシステムである．また，組み込まれるコンピュータがマイクロプロセッサと限定する必要はもちろんない．大型のコンピュータでもスーパコンピュータでもシステムに組み込まれていればコンピュータ組込みシステムである．

組込みシステムとはコンピュータがあったどの時代にも存在することになる．そういう意味でプログラム内蔵方式のコンピュータをもつ初期の組込みシステムは先に述べた 1958 年に完成した半自動防空システム SAGE である．計算道具からネットワークまでのコンピュータ発展経緯のなかにも組込みシステムはいくつも存在する．ここまでに示したコンピュータ発展経

緯は1つの組込みシステムの発展経緯でもあるが，マイクロプロセッサ誕生以後の組込みシステムが多数開発されるマイクロプロセッサを中心にしたものを2つめの組込みシステムの発展経緯として示す．

これは1970年より2020年までの50年あまりを10年ずつに分けてその発展の特長のまとめと予測を制御の中心であるマイクロプロセッサを中心にすすめる．また，マイクロコンピュータ応用と組込みシステムの先導は第1期から第3期まではVTR (Video Tape Recorder)が，第4期から第5期は成長した半導体技術が中心に行う．次の節2.12でMCU，MPUやCPUを定義する．また，これらの用語はマイクロプロセッサ，マイクロコンピュータやマイコンと現在も過去も広く重複する意味で使われる場合が多いので，敢えてあまり限定しない．

・第1期「機器への初めてのマイクロプロセッサ応用」
・第2期「役に立つマイクロプロセッサ」
・第3期「マイクロプロセッサに制御回路内蔵」
・第4期「マイクロプロセッサからSOC (System on Chip) へ」
・第5期「これからの組込みシステムとマイクロプロセッサ」先の予測

2.12.2 第1期「機器への初めてのマイクロプロセッサ応用」1970〜1980年

1970年から1971年にかけてエアリサーチ社，TI社とインテル社の3つの世界初と呼ばれるマイクロプロセッサが開発された．1975年までに米国が大半であるが日本メーカも入り10種を超えるマイクロプロセッサが開発された [29]．これらは2種類のマイクロプロセッサにより展開される．1つは同名のマイクロプロセッサ，マイクロプロセッサのCPUまたはMPU (Micro Processing Unit) と呼ばれインテル社の4004が源であり，複数のメモリチップと入出力チップなどを含めてコンピュータを構成する．2つめは，1チップマイクロコンピュータまたはMCU (Micro Control Unit) と呼ばれTI社のTMS1802NCが源であり，文字通り1チップにCPU，メモリと入出力機能などをもち，コンピュータの機能を実現している．

日本でのMCU応用の取組みは開発時点より難航していた．事例として知るPOS (Point Of Sales) や生産装置などへの応用の場合1970年の中頃でインテル社の8080の価格は，セカンドソース品を含め10万円を超えていて，なかなか開発着手に至ることが少なかった．日本のMPUは機器制御，標準基板やゲームとして展開し活躍するが，現在あるパソコンの開発，事業や生産の世界的リーダにはなれていない．MCUではTI，ロックウェル，三菱電機，NEC，東芝や日立の各社が4ビットMCU（1チップマイクロコンピュータ）を開発していった．TI社はTMS1000を使った高級電子レンジを応用事例として発表した．それは，肉の塊にプローブを差し込み，温度を計る斬新なものであった．そのためにADコンバータが必要であり，MCUの外付けにしていた．当時，日本の半導体メーカはMCUの先導者であるTI社に注目しており，三菱電機は少し後続であるが故に世界初になるADコンバータを内蔵した4ビットMCUを開発した．このMCUのチップ写真を図2.21に示す．これは42ピンモールドパッケージ，プログラムメモリROMは2K語（9 bit/語），当時4ビットMCUの標準的な仕様でそれにADコンバータを内蔵していた [30]．

このMCUは電子レンジには採用されたが，最高級版の電子レンジで出荷数は少なかった．

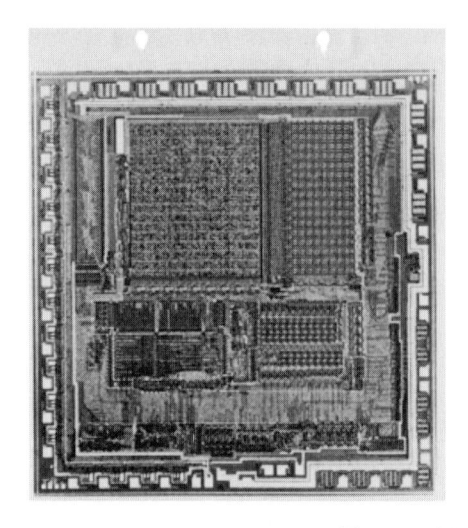

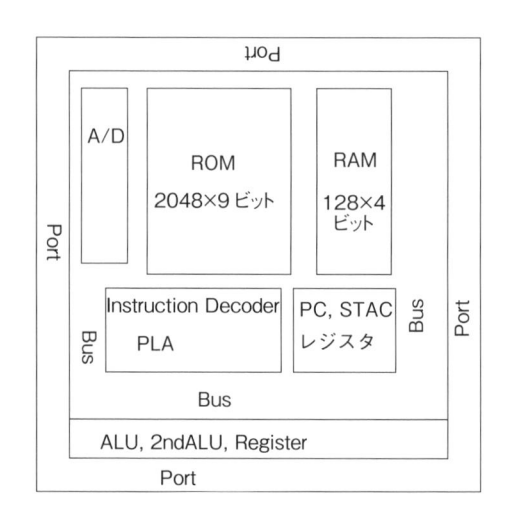

図 2.21　AD コンバータ内蔵 MCU
　　　　（M58840-xxxp 三菱電機製）

このように 1970 年後半では一部の製品の最高級版機種にのみ MCU が使われる場合が多かった．このときの MCU の価格は決して高くはなく，500 円から 1000 円の間に分布するものであった．

　MCU と VTR を後の時代から見ると，MCU の揺籃期のこの時代に同じく揺籃期の家庭用の VTR であるソニーのベータマックス（1975 年）と日本ビクター，日立製作所やシャープなどの VHS（1976 年）は，双方自身のために強く相手に働きかけ互いにいい結果を得たと思われる．VTR は 1 台で当時最低 2 個の MCU を使い，さらに 6，7 個と MCU を多く使う場合もでてきた．VTR 側が多く使ってくれるだけでなく，半導体側に対して厳しい開発の要求も常にあった．

　それは，激しい市場争いをする中で VTR の性能向上にかかわることであった．VTR の番組予約機能が停電で予約内容が消えるのを防ぐ瞬時停電の対策を入れることであった．1970 年代の末に，瞬時停電対策として 0.1F のスーパコンデンサで 1 分間のデータ保持の要求であった．当時 4 ビット MCU は PMOS が主流で，低消費には CMOS プロセスが必要であった．また，VTR や家電製品は蛍光表示管を使うため高耐圧（30 V を超える）が必要で PMOS は特性として対応できていたが，CMOS プロセスでの高耐圧は当時経験の少ない技術であった．三菱電機は CMOS 高耐圧 8 ビット MCU を開発し数段の階段を一挙に飛び越えた．この CMOS 高耐圧 8 ビット MCU はその後 MCU を本格的に使う家電とオーディオ市場でも大活躍する．厳しい顧客は業者を育てることになる．

　この，第 1 期（1970〜1980 年）は，製品開発側は MCU を「いかに応用するか」，「いかに有効な付加価値をつけることができるか」ということで日本の機器開発メーカが大いに勉強した時代であり，また，コンピュータ組込みシステムの開発すなわち，マイクロプロセッサ応用で世界を先導した時代であった．

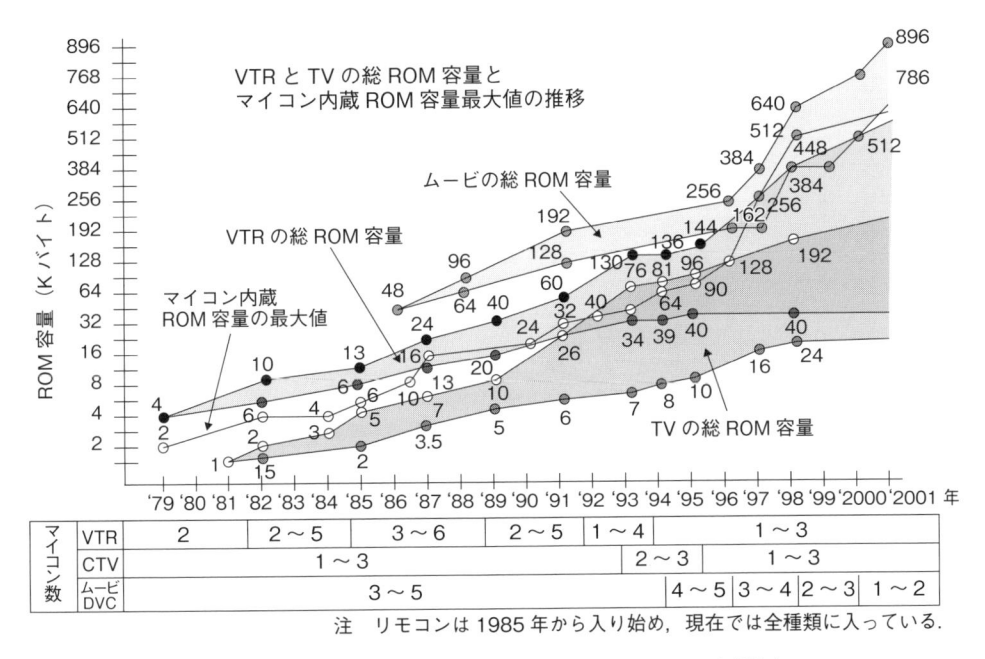

図 2.22 VTR，テレビの MCU のプログラム ROM の容量拡大

2.12.3 第2期「役に立つマイクロプロセッサ」1981〜1990年

第2期では第1期の失敗が成功につながり MCU の使い方に正しい道を開くことになる．第1期ではいくつかの製品メーカでは，自社の機器やシステムに MCU を使い性能向上と機能増加が売上に反映しない貴重な経験をした．ジャー炊飯器の場合，かまどでお米を炊く場合の「はじめちょろちょろ，なかぱっぱっ」が MCU を使うことにより容易に実現できる．また，デジタル時計がつき正しい時間で予約炊飯ができるなどで売れることを期待したがそれは甘かった．1970年代後半，当時炊飯器はガスと電気の両方が市場に存在し，それらの価格は 5,000〜8,000円であったがジャー炊飯器の価格は 3〜4 倍で高過ぎた．

そして，第2期では役に立つマイクロプロセッサを目指す．コンピュータを使っているのだから価格の高いのは当然というのではなく，MCU による原価上昇分を MCU による制御での原価低減で差引きするという考えであった．それは，MCU を使うと温度制御をきめ細かくできるので，ジャー炊飯器の外窯の厚さをぎりぎり薄くすることができ，金属材料代の低減が可能になった．さらに，MCU を内蔵することにより出荷テストと調整の時間短縮と自動化が進んだ．第2期で見いだされた新たな MCU 応用の方向性をまとめる．

i) 構造・機構系の金属等材料の温度融解と力学強度内制御
ii) 出荷テストと調整の自動化

また，MCU は産業・事務機器と民生市場に広く展開され，MCU も 1 つの機器やシステムに複数個使用されるようになった．第1期より MCU は必須であった VTR では図 2.22 に示すように ROM 容量拡大が著しく，また TV も MCU の応用を本格化させ機能を向上させた [31]．

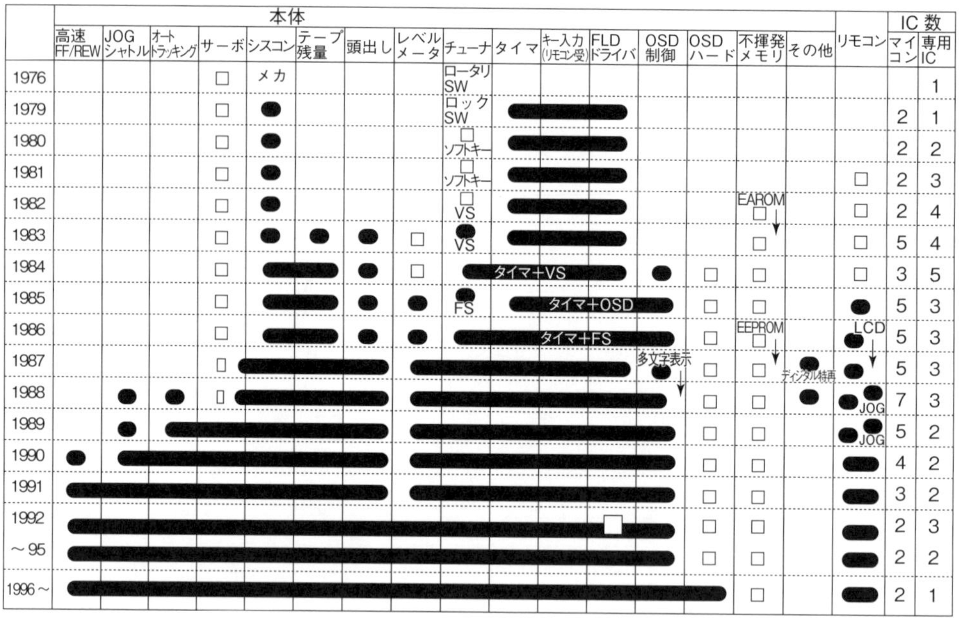

図 2.23 VTR（据置）における機能向上と MCU の統合化 [32]

　図 2.22 において，VTR では 1979 年 2 K バイト ROM の 4 ビット MCU が 2 つ使われ合計 4K バイトのものが，1980 年代の末では 20〜40 K バイト，さらに 1990 年代の末では 40〜394 K バイトに達している．40〜394 K バイトの ROM 容量とは VTR の高級版が 394 K バイトで廉価版が 40 K バイトの ROM 内蔵の MCU を使ったということである．

　これらのプログラム ROM がどのような機能に使われたかについては，図 2.23 に示す [31]．VTR は機能を拡張しながら，MCU は周辺の専用 IC や MCU を統合化し ROM 容量を拡大していく．例えば，1983 年に独立の MCU によりテープ残量表示機能が付け加えられたが，それは次の年の 1984 年にはシステム制御用 MCU に取り込まれている．また，この図でも明らかなように，1976 年に最初に開発された VTR は MCU を使っておらず，機構はすべて人間がスイッチをひねる力により動かしていた．

2.12.4　第 3 期「マイクロプロセッサに制御回路内蔵」1991〜2000 年

　この期間の MCU の内蔵 ROM と RAM の容量は，ちょうど市場製品の要求とバランスが取れている．1 つ前の 1981〜1990 年の期間では ROM と RAM は常に不足していた．ROM 容量も 512K バイトに達し，また MCU の端子数も 64，80，128 ピンと増加した．LSI 加工寸法と集積素子数を図 2.24 に示した．マイクロプロセッサが誕生した 1970 年初頭の半導体の加工寸法は 10 μ で，この第 3 期の初めは 0.8 μ でありちょうど 1 桁（×0.08）微細化が進んだことになる．素子数は 1970 年度の 6 mm 角のチップで 1 万トランジスタであったが，1990 年では 100 万トランジスタと 2 乗に関係し，この先も同様の関係が進む．この微細化による素子数（トランジスタ）の増加は，当然のことながら IC の数の減少として図 2.24 に示される．例え

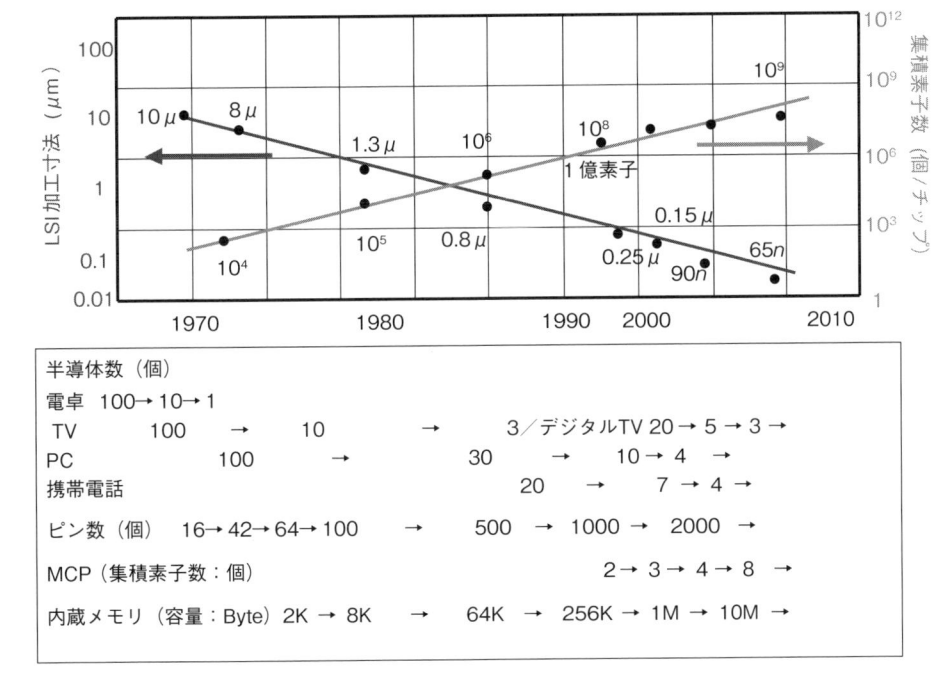

図 2.24 LSI 加工寸法と集積素子数 (1970〜2010)

ば，電卓は 100 の論理回路（ゲート）IC から 1 チップの MCU に，テレビ (TV) はトランジスタ 100 個が 20 年かけ 3 個のアナログ LSI のように，デジタル回路もアナログ回路も同様である．1LSI の中の素子が増えると端子（ピン）数が増加する．パソコンのプロセッサでは 500〜1,000 ピンであるが，スーパコンピュータや画像処理プロセッサでは 2,000 ピン以上となる．1 つのパッケージに複数チップをもたせるアセンブリ，すなわち MCP (Multi Chip Package) もその複数チップ数を増加させている [32]．

素子数増加による機器の LSI や MCU の減少の過程，すなわち，機器における機能拡大は 2 つの方法でなされる．1 つは，プログラム，ポート（端子，ピン）増加と命令実行時間の短縮により 1 つの MCU 内部で機能拡大が実施される．2 つめは，図 2.25 に示すように MCU や専用 LSI の数の増加により進められ，それは次のサイクルでは機能拡大に使われた MCU や専用 LSI は MCU に統合される．これがまさに 1980 年代と 1990 年代になされてきた組込みシステムの常套手段ともいえる機能拡大法である．ここで，多くの専用の制御回路が MCU に内蔵されていった [31]．

これらのチップ統合は半導体微細化技術主導でかなりの部分は進んだが，単に微細化により使える論理回路数が増加したので今までに入りきれなかった回路を単純に入れ込んだのではない．この事例を VTR の最も精度が要求される回転ドラムヘッドのモータサーボ制御機構のプログラム化，それに加え回転ドラムヘッドとモータの経年変化を学習機能で対処した「ソフトウェアサーボマイコン (MCU)」（当時このように呼ばれていた）で示す．

これは，VTR で最も性能にかかわる重要な磁気テープ走行のモータの精度を決めるモータ

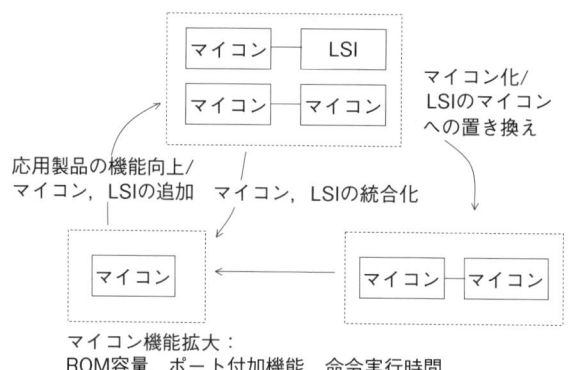

図 2.25 機能拡大に伴う MCU の統合化過程

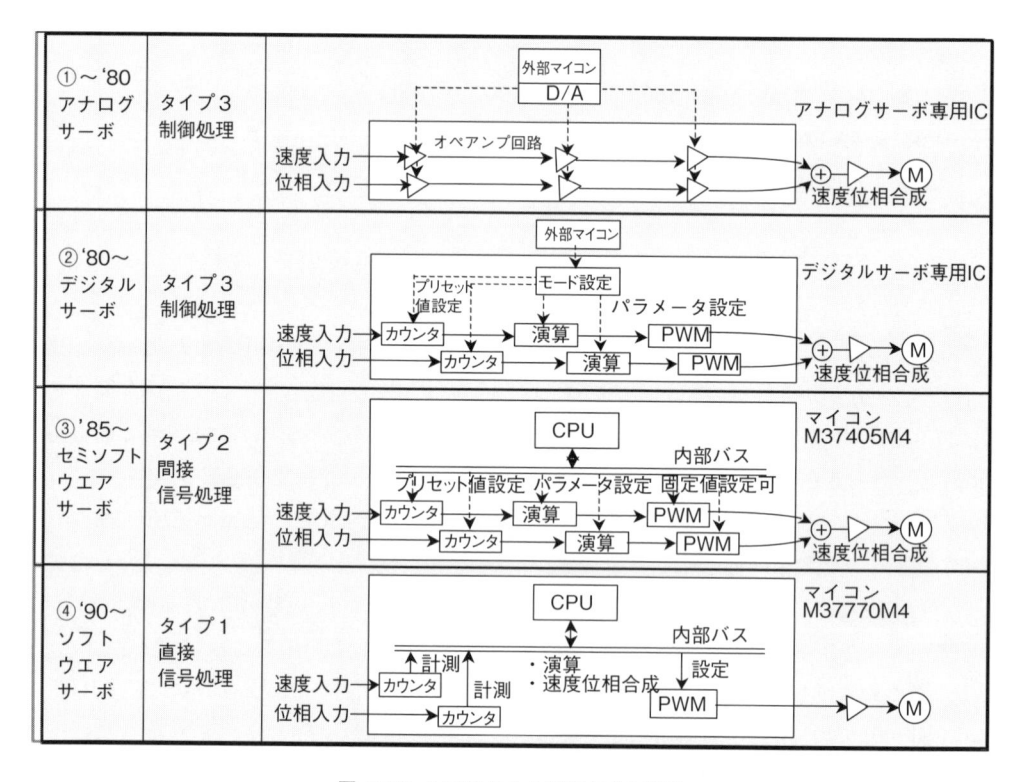

図 2.26 MCU による制御方式の革新

サーボを 10 年以上にわたり，図 2.26 に示すように 4 段階で改良してきた．1975，1976 年に家庭用のベータと VHS 方式がはじめて開発された時のサーボ制御方式はアナログサーボと呼ばれるもので図 2.26 の ① に示される．そして，デジタルサーボ IC が開発されたのが図 2.26 の ② の 1980 年である．アナログ処理からデジタル処理への改良により，性能の向上に留まらず調整が簡略になり 2.12.3 節同様 VTR の出荷テストの自動化を図るなど，設計，開発と生産までデジタル技術の効用が反映することになった．1985 年にはそのデジタルサーボ IC を MCU 内に取込み，まさに図 2.25 のシステムの機能拡大に伴う MCU の統合化過程の実践が図 2.26

の ③ であり，プログラムでの制御の範囲を広げた．さらに 1990 年にはモータの速度と位相はカウンタ回路で読まれるがサーボ演算処理をすべてプログラムで実行し PWM 回路でモータを駆動する．これを図 2.26 の ④ に示すようにソフトウェアサーボと名づけた [33]．このように入出力に最小限のハードウェアを使い，例えばカウンタ，PWM，A/D や D/A などでサーボ制御，信号処理や表示制御などを MCU のプログラムで実現するのは，本来のコンピュータの役割である．このように MCU・コンピュータのハードウェアを汎用に留めプログラムで目的とする応用システムを実現することは，今後の組込みシステムの目指す 1 つの目標である．

2.12.5 第 4 期「マイクロプロセッサから SOC へ」2001〜2010 年

第 3 期の MCU は開発側からは ROM，RAM，IO や処理速度などハードウェアとしての仕様は満されたものであった．また，プログラムの変更もフラッシュメモリ (flash memory) で容易に変更ができる．また，設計開発も高速パソコンと，コンピュータ支援設計 (CAD; Computer Aided Design)，コンピュータ支援評価 (Computer-Aided Assessment) と強力である．また，マイクロプロセッサとその周辺回路はソフトマクロ化され再利用ができ，それだけ新仕様のマイクロプロセッサの開発がスムーズになる．ここでソフトウェア開発のためのデバッグインタフェース標準化が必要である [34]．これらの技術を使い 2 つの 32 ビットマイクロプロセッサと 512 K バイトの RAM をもつマルチマイクロプロセッサが 0.15 μm のウエハプロセスで開発された [35]．

図 2.27 に示すように，2 つのプロセッサは内蔵の SRAM をプログラムとデータの 2 つに共用できる．このメモリを内蔵させたことにより，高速処理を低消費で実行できる．外部の ROM よりプログラムを先にまとめてこの内蔵 SRAM に読み込むため，命令実行はチップ内のメモリとマイクロプロセッサ間で行われる．このために消費電力が 800 mW と低く抑えることができる．また，同じく内蔵メモリからの命令コードの読出しは，読出しバス幅を 8 倍にしているため，8 ワード（32 ビット ×8）を一度に読み出せる．すなわち，2 つのマイクロプロセッ

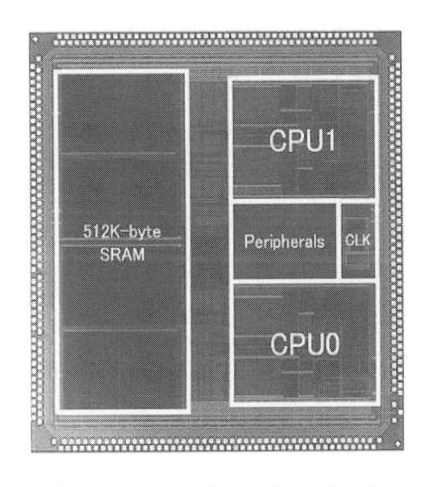

図 **2.27** 32 ビットマルチプロセッサ

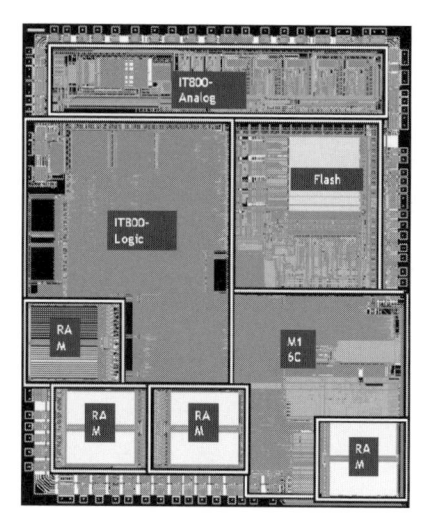

図 2.28　SOC PLC 用 LSI

サに供給するため 4 倍速の高速実行ということになる．

　2 つのマイクロプロセッサはいろいろな使い方ができる．1 つのマイクロプロセッサでマンマシンインタフェースとデータ処理，通信制御や外部機構制御を実行していたのなら，それの処理を 2 つに振り分け，または各処理のもつ共通部分をまとめ統合するなどの使い方ができ，開発の効率向上や消費電力の削減に寄与する．2 つのマイクロプロセッサは 1 チップ複数マイクロプロセッサへの導入であり，また，MCU の行きついた 1 つの頂点でもある．

　また，MCU の行きついた 2 つめの頂点は SOC である．SOC は名前のように（システム・オン・チップ）そのシステムが必要とするハードウェアのすべてを可能な限り 1 つのチップに盛り込んだ LSI である．そこには，必要な数の MCU，外部機器制御回路，もちろん ROM，RAM とアナログ回路などが考えられる．SOC の例として電力線通信（Power Line Communication：以下 PLC とする）用 LSI を図 2.28 に示す．この LSI には，MCU（M16C），4 つに分割された 4 K バイトの RAM，64 K バイトのプログラム ROM（フラッシュメモリ），PLC 信号合成（IT800 方式と称する）のデジタル処理のデコードとエンコードとさらに電力線につなぐアナログ信号を出しまた取り込む回路部分をもつ．ただし，電力線 (100 v) とは別の高耐圧 IC を介してつながる．

2.12.6　第 5 期「これからの組込みシステムとマイクロプロセッサ」2011〜2020

　1971 年初めての MCU を，いずれ組込みシステムになる各機器は MCU 応用の勉強すなわちプログラムの作り方から始めた．如何に応用するかと対峙をしはじめ，MCU もそれに合わせ変化成長を重ね，40 年後に行きついた 2 つの頂点は前節 2.12.5 に述べた組込みシステムが創作したものである．1 つはマルチマイクロプロセッサ，2 つめが SOC である．今度は 2010 年を起点として，これら 2 つを組込みシステムが如何に活用し発展させていくかが課題である．

　これらの 2 つの特性から今までにない組込みシステムの新たな発展方向を模索することがで

きる．例えばマルチマイクロプロセッサは 1 チップ上に同一のコンピュータアーキテクチャをもつ複数の小 MCU（小マイクロプロセッサ）で構成する．その MCU に付加されるハードウェアは，2.12.4 節に示したようにカウンタ，PWM，AD や DA などに留め汎用の MCU である．論理回路もアナログ回路も主にプログラムで実行し，それらのほとんどは用意されたプログラムで済むことを目指す．1,4,8 または 16 ビットの高速の MCU を 30〜40 個もしくはそれ以上の数を 1 チップに内蔵させる．もちろん MCU は階層化グループ化されることもある．この複数小 MCU の狙いは極力個別の論理回路とプログラムを排除しハードウェアとソフトウェアの信頼性の向上を図り，限定した汎用の MCU とプログラムを使うことが開発効率向上に寄与し，また複数の小 MCU は不必要な速度ではなく個別に必要な駆動周波数で働かすことと，1 つの MCU の占有チップ面複が小さいことが，現 LSI として消費電力が増大して限界に達していることへの対策になる．

2 つめの SOC は従来からの延長で，今後ウエハプロセス技術の向上とコンピュータ支援技術の向上でますます発展する．もちろん論理回路技術とアナログ回路技術の向上を図る必要がある．

今後これらマルチマイクロプロセッサ・複数小 MCU と SOC が組込みシステムの信頼性と開発効率向上，さらに低消費電力を目指し発展と展開を主導していくと思われる．

演習問題

設問1　組込みシステムと組込みシステム以外のコンピュータ応用機器やシステムを 5 例示せ．そして，その分類の定義をまとめよ．

設問2　コンピュータ，組込みシステムの発展経緯を知る意味を示せ．

設問3　EDSAC 開発者のウィルクスのコンピュータにおける貢献をまとめよ．

設問4　フォレスターのコンピュータにおける貢献をまとめよ．

設問5　今後組込みシステムは MCU よりどのような影響を受けるか説明せよ．

参考図書

[1] MARGARITA PHILOSOPHICA NOVA Testo Tomo 1 Introduzione de LUCIA ANDREINI 2002 Institut for Anglistik und Amerikanistik universitat Salzburg A-5020 Salzburg AUATRIA ISBN;3-901995-68-4

[2] 藁算 ── 琉球王朝時代の数の記録法 ── 栗田文子編

[3] 田代安定　研究成果『沖縄結縄考』

[4] 別冊日経サイエンス馬場悠男 編「人間性の進化　700 万年の軌跡をたどる」
Sally McBrearty, Alison S. Brooks「The Revolution That Wasn't: A New Inter-

pretation of the Origin of Modern Human Behavior」

参考文献

[1] 高橋秀俊："情報科学の歩み"，岩波講座　情報科学 1　岩波書店　(1983)p.169.
[2] 東京理科大大学近代科学資料館
[3] ワールド Wave (2012.6.19)
[4] 東京理科大大学近代科学資料館展示の「沖縄竹富島の藁算」の説明資料
[5] 東京理科大大学近代科学資料館展示目録，p.22，平成 14 年 4 月
[6] 東京理科大大学近代科学資料館展示目録，p.19
[7] Gregor Reisch, "Typus Arithmeticae", p.192. MARGARITA PHILOSOPHICA NOVA Testo Tomo 1 Introduzione de LUCIA ANDREINI 2002 Institut for Anglistik und Amerikanistik universitat Salzburg A-5020 Salzburg AUATRIA ISBN; 3-901995-68-4
[8] abacus, http://history-computer.com/CalculatingTools/abacus.html
[9] 河野貴美子："そろばんの健脳効果 Q&A"，そろばんでたどる和算の旅，双葉社 (2007)
[10] 東京理科大大学近代科学資料館展示品
[11] 東京理科大大学近代科学資料館展示目録
[12] 大駒誠一："コンピュータ開発史"，共立出版 (2005)
[13] コンピューター発展史-IBM を中心にして-，日本アイ・ビー・エム，昭和 63 年 1 月，p.4-6.
[14] Computers at the University of Pennsylvania's Moore School, 1943-1946., The Jayne Lecture.
[15] Programming the ENIAC, http://www.columbia.edu/cu/computinghistory/eniac.html
[16] John von Neumann, "A First Draft Report on the EDVAC, "1945.
[17] Simon Lavington, "Early British Computers", Manchester University Press.
[18] http://www.agers.cfwb.be/apsdt/figinfo26.htm
[19] http://www.cl.cam.ac.uk/conference/EDSAC99/
[20] M. キャンベル - ケリー,W. アスプレイ著; 山本菊男訳，コンピュータ，200 年史:情報マシーン開発物語，p.159，海文堂出版 (1999)
[21] M. V. Wilkes, D. J. Wheeler, S. Gill "The Preparration of Programs for an Electronic Digital Cmputer," Addison-Wesley,1951.
[22] 水野忠則："コンピュータネットワーク概論第 2 版"，ピアソン・エデュケーション (2007)
[23] Martin Campbell-kelly , William Aspray, A History of The Information Machine, Second Edition (The Sloan Technology Series). p.141-148
[24] Martin Campbell-kelly , William Aspray, A History of The Information Machine, Second Edition (The Sloan Technology Series). p.148-152
[25] [http://en.wikipedia.org/wiki/Garrett_AiResearch

[26] TMS1000 Series Data Manual, Decenber 1975 Texas Instruments Incorporated

[27] http://en.wikipedia.org/wiki/Microprocessor

[28] F.Faggin, M.Shima, M.E.Hoff, "The MCS-4 An Microcomputer System" IEEE'72 Region Six Conf.-1

[29] Electronics Book Series, "Microprocessors", Laurence Altman Electronics, 1975.New York, p.60-61, p.108-114.

[30] 松尾和義, 藤田紘一, 山田囿裕, 磯田勝房, 畑田明良 : "4 ビットワンチップマイクロコンピュータ", 三菱電機技報, Vol.52, No.4, p.273-277, 1978.

[31] 山田囿裕, 藤原行雄, 河原林隆, 浅野真弘, 松井秀夫, 玉木弘子, "ワンチップマイクロコンピュータの応用技術とソフトウェア", 三菱電機技報, Vol.66, No2, p.99 (229)-105 (235), 1992.

[32] Kunihiro Yamada, Kouji Yoshida, Masanori Kojima,Tetuya Matumura, and Tadanori Mizuno, 'New System Structuring Method That Adapts to Technological Progress of Semiconductores', KES 2009, Part II LNAI5712, p.773-781, 2009.©Springer-Verlag Berlin Heidelbelberg, 2009

[33] 林和夫, 山田囿裕, 尚永幸久, 武部秀治, 鈴木次男, VTR ソフトウェアサーボ 16 ビットシングルチップマイクロコンピュータ, 三菱電機技報, Vol.66, No2, p.75 (205)-83 (213), 1992.

[34] Hiroyuki Kondou, et al.,"マイクロコンピュータと共通のデバッグインタフェースを備えた SOC 設計プラットホームの開発", (システム LSI のための先進アーキテクチャ論文特集), 電子情報通信学会論文誌 C, Vol.J86-C No.8 p.780-789, 2003 年 8 月

[35] Satoshi Kaneko, et al., 'A 600-MHz Single-Chip Multiprocessor with 4.8-GB/s Internal Shared Pipelined Bus and 512-KB Internal Memory', IEEE Journal of solid-state, Vol.39. No1.January, 2004

第3章

カーエレクトロニクス

学習のポイント

現代の自動車の制御ではカーエレクトロニクスが不可欠となっている．それは「走る」「曲がる」「止まる」の自動車の基本機能のすべてに関係し，ガソリン車，ハイブリッド車，電気自動車であっても不変である．さらにカーエレクトロニクスは CO_2 や排出ガスなどの環境負荷の低減，交通事故の低減という面で重要な役割を担うようになっている．この章ではカーエレクトロニクスとそれを支える組込みシステムについて紹介する．

- 現代の自動車にはカーエレクトロニクスが不可欠であることを理解する．
- カーエレクトロニクスは ECU という組込みシステムで支えられていることを理解する．
- 将来的な方向性として Drive-by-Wire に向かうことを理解する．
- 先進的な組込みシステムの例として走行環境認識に基づく運転支援システム，カーナビゲーションシステムの概要を理解する．

キーワード

カーエレクトロニクス，ECU，Drive-by-Wire，走行環境認識に基づく運転支援システム，カーナビゲーション

3.1 カーエレクトロニクスの位置付け

21世紀初頭の現在でも，多くの自動車は内燃機関の発生する動力によって動いており，それらの自動車にはガソリンやディーゼルを燃料として動力を発生するエンジンが搭載されている．動力を生み出すエンジンは機械的なシステムである．

しかし，現在のエンジンを制御するのは ECU (Electronic Control Unit) と呼ばれる組込みシステムである [1]．ECU がエンジンの状態をセンサによって観測し，負荷に応じて燃料噴射量を計算し，正しいタイミングで点火させるための制御を行っている．燃料消費を抑制し，有害な排気ガスをできるだけ低減するという，環境性能のよいエンジンを開発するためには，多くのセンサ情報に基づいた精密なエンジン制御が重要となっており，そのために電子的な制御技術が重要な役割を担っている．このような自動車を支える電子技術は一般的にカーエレクトロニクスと呼ばれる．

最近はハイブリッド自動車や電気自動車が登場し，エンジンだけでなく電気モータを使って自動車の動力を発生するようになってきている．これらのハイブリッド自動車や電気自動車ではカーエレクトロニクスの比重がさらに高まり，それを支える組込みシステムも重要な役割を担うようになってきている．例えば，快適性や安全性を高めるための多くの機能をもつ高級車ではECUの数は多くなり，使用される1台あたりのコンピュータの数は100個程度になっている．このため，自動車は走るコンピュータともいわれるようになっている [2,3]．

本章ではカーエレクトロニクスで用いられる組込みシステムの概要を説明して，先進的な運転支援システムとナビゲーションシステムを紹介する．

3.2 カーエレクトロニクスの分類

カーエレクトロニクスは自動車の発明とともに始まったわけではない．トランジスタ，ICなどの電子回路，マイクロプロセッサとともに発展した分野である．特に1970年代に課題となった厳しい排ガス規制への対応を機にカーエレクトロニクスが発展し普及しはじめた．この排ガス規制は自動車の普及によって顕著になった環境問題に対する社会的な要請であった．

自動車はマイコン制御による電子式燃料噴射装置を実用化することによって，この排ガス規制を乗り越えることができた．その後は燃料消費の効率化と排ガス浄化の両立，エンジン性能のさらなる向上についても，カーエレクトロニクスの支援無しでは実現できないものとなっている．

1980年代には自動変速機の電子制御が一般化し，1990年代にはブレーキを制御するABS，衝突時の安全性を高めるエアバッグなどのシステムが標準化され，GPSに基づくナビゲーションシステムが普及しはじめた．2000年代には，車載レーダや車載カメラで走行環境を認識する技術が開発された．それに基づいて，事故被害低減のための衝突直前のブレーキ制御システム，車線逸脱の警報システム，駐車支援システムの導入が始まった．

また，1990年代終わりに動力源として大容量の二次電池を搭載してモータを駆動するハイブリッド乗用車が量産化された．2002年末には燃料電池車の試験的な実用化が行われた．2010年には一般向けの電気自動車が発売されるなどパワートレイン系システムでの電動化とそれに関連したカーエレクトロニクスの発展が見込まれている．

ここまで述べたようにカーエレクトロニクスは適用領域を広げ続けている．その領域は大きく4つに分類することができる．

(1) パワートレイン制御

自動車が走行するための動力の発生と制御を行う．基本的には動力を発生するエンジンやモータとそれに連なる変速機などの制御を行う．排ガス規制に対応するために導入された制御であるが，その後もエンジンの高出力化と低燃費を両立するために自動車エンジンには不可欠な制御システムとなった．

その後，ハイブリッド車の登場によりさらに複雑な制御が用いられるようになっている．ハイブリッド車ではエンジンと電動モータの組合せで動力を発生させるため，負荷や電池の充電

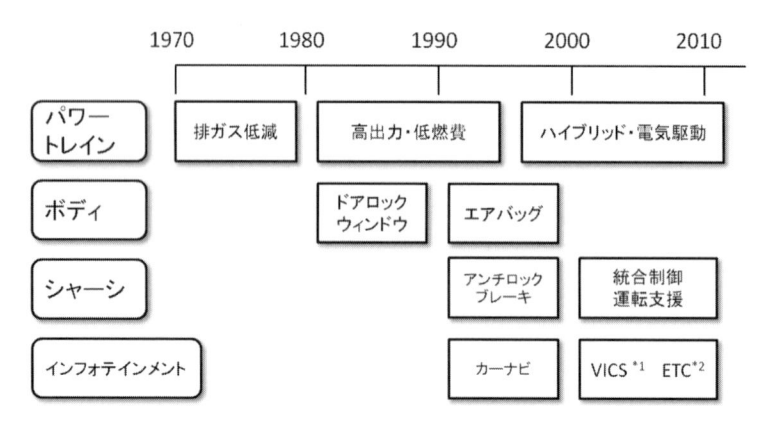

```
                1970    1980    1990    2000    2010
                 |       |       |       |       |
パワー          | 排ガス低減 | 高出力・低燃費 | ハイブリッド・電気駆動 |
トレイン

ボディ                   | ドアロック  | エアバッグ |
                         | ウィンドウ |

シャーシ                            | アンチロック | 統合制御 |
                                    | ブレーキ    | 運転支援 |

インフォテインメント                 | カーナビ | VICS*1  ETC*2 |
```

*1 VICS: Vehicle Information and Communication System
*2 ETC: Electronic Toll Collection

図 3.1　カーエレクトロニクスの適用領域の拡大

状態に応じて最適な動力配分となるように制御を行う．また，ブレーキ時には走行エネルギーを電力に変換して電池に蓄える回生制御を行う．これによってガソリンエンジン単体に比べて飛躍的な燃費向上が実現できるようになった．

(2) ボディ制御

乗員を快適に保護するための自動車の車体制御を行う．視界を確保するためのワイパーの動作，ドアのロックと解除，ウィンドウの開閉制御，メータ類の表示などが含まれる．また，衝突時の安全性を高めるエアバッグ制御なども含まれる．

エアバッグとは，自動車の衝突を検知してインフレーターからバッグ内に気体を急速に送り込んで膨張させることで，乗員である人体への衝撃を和らげ，傷害を低減することを目的としたシステムである．当初，前面衝突時のドライバ保護を目的として，運転席のステアリング内へのエアバッグ装着から始まった．現在，数多くのエアバッグが装備されている．例えば助手席乗員用のエアバッグ，側面からの衝突用のサイドエアバッグ，カーテンシールドエアバッグ，下肢を保護するためのニーエアバッグが実用化されている．

エアバッグは米国での法制化を受けて 1990 年代から普及が進み，現在はほとんどすべての自動車に標準装備されるようになっている．また，衝突時に歩行者を保護するための歩行者エアバッグや，オートバイ用のエアバッグなども研究されている．

(3) シャーシ制御

自動車がドライバの意図に沿って安全に走行するための車体の制御を行うのがシャーシ制御である．ステアリングの舵角に応じてタイヤの向きを変えて車体が回転する力を生み出す．この際，車速に応じて車体が安全に走行できるように車体の制御を行う．また，減速時にはタイヤのロックを抑えて制動性能を高めるようにブレーキの制御を行う．

走行中の横滑りの防止や，駆動力をタイヤに正しく伝えるための制御などもシャーシ制御に含まれる．また，最近では走行環境を認識して，前方または後方の走行車両や白線などを認識して，安全な走行を支援するシステムなども開発されている．

(4) インフォテインメント制御

ドライバに自動車運転の補助となる情報を提供し，安全で快適に運転できるように支援するのがインフォテインメント制御である．カーナビゲーションが代表的なシステムである．GPS（Global Positioning System，全地球測位システム）は，人工衛星からの情報を用いて自車両の位置を推定して目的地までの経路を表示することができる．また最近では，路車間で通信を行って渋滞情報などをドライバに提供する VICS，高速道路の出入り口で通信を行って通行料金を決済する ETC などが含まれる．インターネットとの接続も可能となっており発展が著しい分野である．

3.3 ECU

カーエレクトロニクスで使用されるコンピュータは ECU と呼ばれる [1]．ECU の構成は，物理的な情報を取り込むためのセンサ，センサからの入力情報をもとに制御出力を計算するコンピュータ，制御出力を物理量に変換するアクチュエータとして表現することができる（図 3.2 参照）．制御の複雑さに応じて使用されるマイクロプロセッサの性能は異なるが，エンジン制御など自動車のパワートレイン系の制御 ECU は以下のような構成が一般的である．

- マイクロプロセッサ，ASIC (Application Specific Integrated Circuit) および，周辺回路（入力信号処理回路，出力信号処理回路）で構成されるリアルタイム制御用の組込みシステムである．マイクロプロセッサは 32 bit を使用することが多く，処理負荷が高い場合には複数のプロセッサが使用されることもある．
- アナログセンサ信号を扱うことも多く入力回路には A/D 変換器が使用される．
- 出力回路には外部アクチュエータを駆動するための駆動回路が含まれる．
- これらの入力回路，出力回路，メモリなどは可能な場合には SOC (System on Chip) としてマイクロプロセッサの周辺回路として統合される場合が多い．これによって部品点数を削減し合わせて信頼性の向上も図っている．
- ソフトウェアは ECU 内のメモリに格納される．
- 制御の複雑化に伴ってソフトウェアの容量が増大しており，多数のリアルタイム制御タス

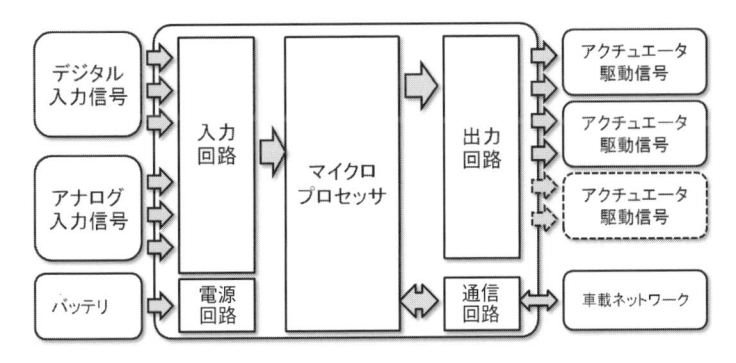

図 3.2 ECU の基本構成

クという形でソフトウェアが実装される．リアルタイム OS を利用することも多い．ただし，小規模な制御システムでは，簡単なスケジューラとアプリケーションの形をとることもある．
・例えばハイブリッド車では，エンジンの他にモータや発電機も連携して制御されることが必要になる．そのため，各サブシステムを制御する ECU が車載ネットワークで接続されており，全体が統合されることでハイブリッド車の制御を実現している．

現在では，一般的な乗用車で数十個の ECU が搭載され [3]，エレクトロニクス関連の価格は高級車で 20～30 %，ハイブリッド車になると 50～60 %になるといわれている [4]．これらの多数の ECU からなるシステムを搭載するための自動車内の配線が問題となる．車重増加による燃費の悪化という面でも，それらをラインで組み付けるための生産面でも問題となる．そのため，現在の ECU は車載ネットワークで相互に接続されており，目的に応じて複数の系統の車載 LAN が使用されている．これについては，第 10 章で解説する．

ECU 数が増加したことで搭載場所が問題となっている．また，車体の軽量化が燃費向上のために必要となっている．このために ECU 搭載場所を制御対象機器に再配置することが検討されている．例えば，エンジンに関係した ECU をエンジンルーム内に配置することで，配置場所を確保し同時にワイヤーハーネス削減による軽量化を行うことが検討されている．また，制御対象となる変速機やブレーキなどの電装品に合わせて ECU を一体化する事例もある．

カーエレクトロニクスの今後の方向性について述べる．

(1) メカニカル制御からエレクトロニクス制御へ

従来，エンジンを始めとして車はメカニカルな制御によって支えられてきた．しかし，高性能なコンピュータを搭載した ECU の登場によって，車の制御はメカニカル制御からエレクトロニクス制御に変化している．例えば，エンジン制御における燃料噴射はすでにメカニカルなキャブレタから，エレクトロニクス制御によるインジェクタに置き換えられており，さらに個別シリンダへ直接燃料を噴射するインジェクタも実用化されている．これによって流入空気量に応じた噴射量の調整やタイミングの制御が可能となり，出力と排ガス規制への対応の両立を可能としている．

(2) Drive-by-Wire

さらにエレクトロニクス化を推し進めることで，従来，機械的に実現されてきた機能を，エレクトロニクス制御で置き換えようとするのが Drive-by-Wire である．もともと飛行機で実用化され (Fly-by-Wire)，他への適用が広がったため X-by-Wire とも呼ばれる技術の 1 つである．この場合，マイクロプロセッサによる制御量の計算だけでなく，油圧を用いたアクチュエータも，電気的なモータなどによるアクチュエータにより置き換えられる．これによってより遅れの小さいきめ細かな制御が可能になる．これによって，燃費や安全性の一層の向上を図ることができる．

例えば電子スロットル制御は，Drive-by-Wire 技術の 1 つである．ここではアクセルペダルと，スロットルバルブの間には機械的な繋がりがなくなり，電気的なケーブルによる接続に置

き換えられている．つまり，従来のメカニカルな制御ではアクセルを踏む量に応じてケーブルが引かれスロットルバルブが開くという仕組みが，Drive-by-Wire 制御ではアクセルを踏む量がセンサによって計測され，それに応じてスロットルバルブがアクチュエータによって電気的に開かれる，という電子的な制御に置き換えられるようになっている．

実際，ハイブリッド車では車速やバッテリの充電状態に応じて，エンジンとモータを使い分けて駆動力を発生させている．このため同じ量だけアクセルを踏んだとしても，制御システムがエンジンとモータがどのような比率で駆動力を発生するかを決定している．このような機能は Drive-by-Wire 技術である電子スロットル制御以外では困難である．

これ以外にもハンドル操作やブレーキ制御などについても Steer-by-Wire，Brake-by-Wire として実用化されている．これまで説明した Drive-by-Wire では，1 つの制御システムをエレクトロニクス制御で実現する例を紹介してきたが，Drive-by-Wire によって，メカニカルな制御では本質的に難しかった制御システムが可能になってきている．その例として，走行環境の認識に基づく運転支援システムを紹介する．

3.4 運転支援システム

ここでは最先端のカーエレクトロニクスの例として，ドライバの運転負荷を低減して，交通事故を低減するために開発されてきた運転支援システムを紹介する [5,6]．最新の運転支援システムでは以下の機能が実現されている．

(1) プリクラッシュブレーキ

ステレオカメラなどを使用して，走行中の前方障害物を常に監視し，衝突する可能性が高いと判断された場合には，ドライバに警告を行って回避行動を促す．衝突が不可避であると判断された場合にはブレーキを操作して，衝突時の車速を低下させ衝突による被害を低減する（図 3.3 参照）．また，システムによっては座席シートベルトを締め，ヘッドレスト位置を調節して，衝突時の運転者への衝撃を低減させる機能も実用化されている．

これらの機能によって衝突時の乗員への被害を低減することができる．なお最新のシステムでは，限定的な条件ではあるが自動的なブレーキ制御によって停止が可能になり，衝突回避を可能にしている．プリクラッシュブレーキ制御の対象となるのは，自車両の前方にあって衝突の可能性が高いと判断される自動車，オートバイ，自転車，歩行者などである．これらをステレオカメラで検知し，衝突の可能性を判断してブレーキ制御を行う．

なお，プリクラッシュブレーキ制御で衝突被害の軽減が可能なのは主に前方の対象との事故である．また，前方を監視するセンサの性能によって，豪雨や雪などの気象条件では障害物の検出が難しいケースが存在する．このような場合には制御システムが動作できないことをドライバに知らせる．

また，前方障害物を検知するためのセンサとしてステレオカメラではなくミリ波レーダを使用するシステムもある．ミリ波とは波長が 1〜10 mm の電波のことで，自動車に設置された発振器からミリ波を発射して，物体からの反射による反射波を受信して，反射されるまでの時間

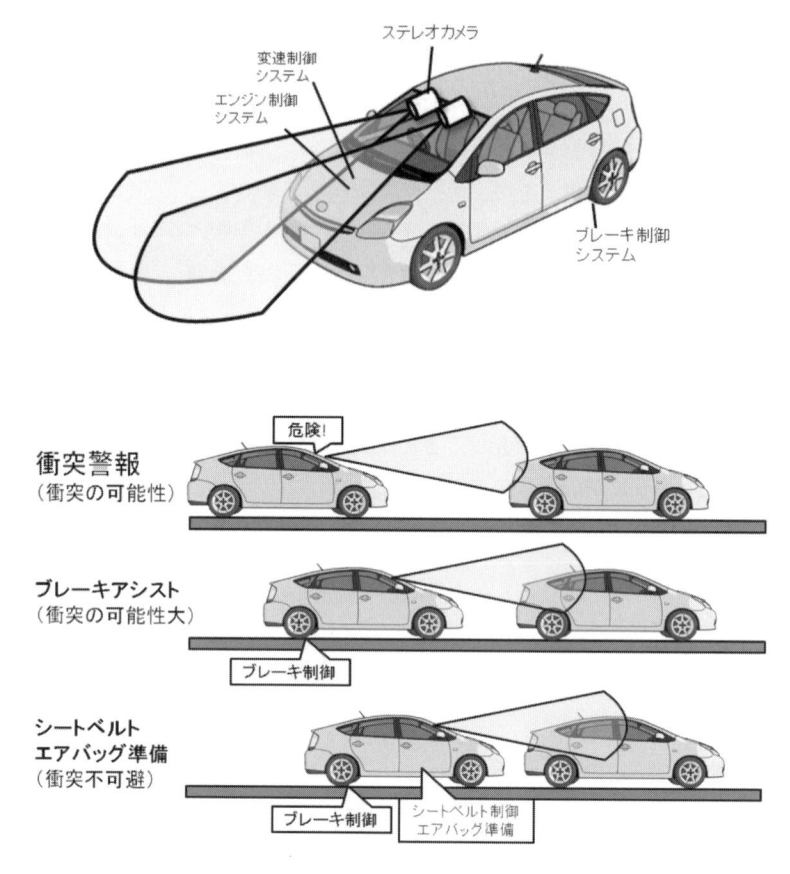

図 3.3 プリクラッシュブレーキの仕組み

や波長のずれ（ドップラー効果）に対する信号処理を行うことで，前方の障害物までの距離や相対速度を検出することができる．また，ミリ波レーダの代わりにレーザレーダを使用するシステムもある．さらに，前方障害物の検知精度を高めるため，ミリ波レーダとカメラ，レーザレーダとカメラといった複数センサを組み合わせて利用するシステムもある．また，ドライバの顔向きをカメラで検知して正面を向いていない場合に，早めに警報を出すシステムも実用化されている．

(2) クルーズコントロール

先行車との車間距離を維持しながら，一定速度で走行することによりドライバの運転負荷を低減することが目的である．図3.4 に示すように，先行車がない場合にはドライバが設定した一定速度を保ちながら走行する．先行車との距離を一定に保ちながら追従走行する．また，全車速追従機能付のクルーズコントロールシステムでは，渋滞などで先行車が減速し停止した場合には自車両も減速し停止する．そして，先行車が発進した場合には自車両も再発進する．これらの機能で，渋滞時などでもドライバの運転負荷を低減することができる．

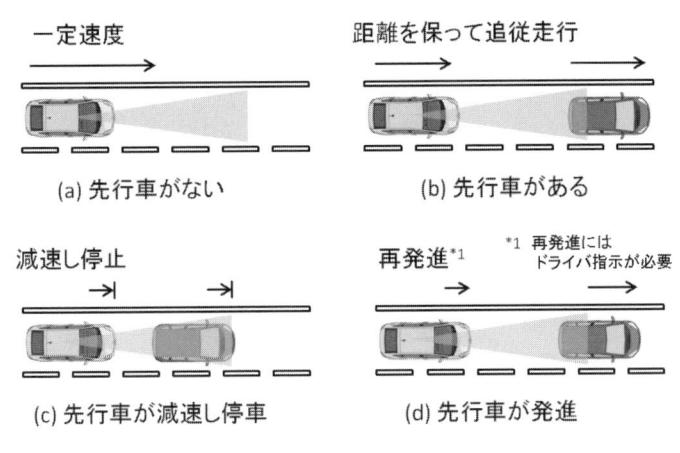

図 3.4 クルーズコントロールの動作（全車速追従機能付）

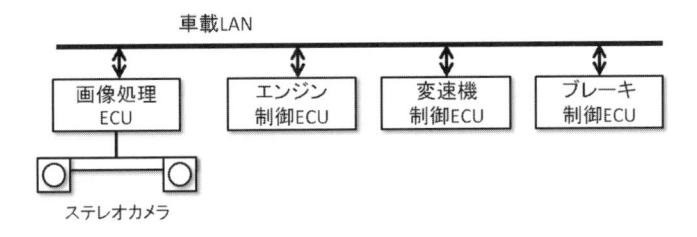

図 3.5 運転支援システムの構成

(3) 誤発進抑制制御

アクセルとブレーキの踏み間違いなどによる誤発進による事故を防止することが目的である．10 m 以下の短い距離で前方障害物が検知された状態で，停止状態もしくはごく低速状態からの発進時，アクセルペダルの急な踏み込みがあっても，警報とともにエンジン出力を抑制することで発進を緩やかにする．駐車場であれば駐車ブロックを乗り越えることができないようにすることで，誤発進を防止して事故を予防することを狙っている．

(4) 車線逸脱警報

走行中の車線からの逸脱を警告することが目的である．カメラで白線を検出することにより，自車両の走行中の車線からの逸脱状態を検出した場合にドライバに警告を行う．

このような運転支援システムのハードウェア構成を図3.5に示す．システムは複数のECUをネットワークで接続することで構成され，ステレオカメラECU，エンジン制御ECU，トランスミッション制御ECU，車両制御ECUなどからなっている．これらのECUが制御用の車載LANで接続されて相互に通信しながら制御を行っている．ここでは運転支援システムのセンサ処理を担う画像処理ECUについて説明する．

画像処理ECUは2つのCCDカメラを左右に平行に配置したステレオカメラから画像を使用して，三角測量の原理で走行環境の中の対象物までの距離を計算する．まず，これらの2つの画像の左右の視差から距離画像を作成する．距離画像とは，画像中の各画素に距離情報を付

図 3.6　車載カメラからの画像

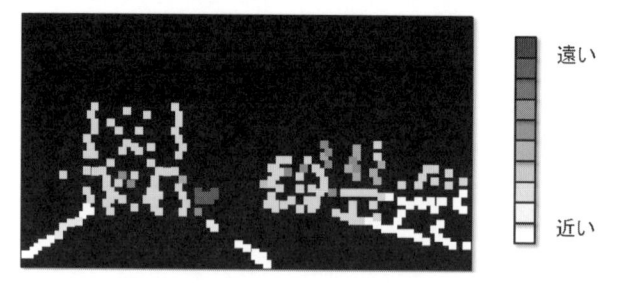

図 3.7　距離画像（イメージ）

図 3.8　先行車両の検出（イメージ）

加した画像であり，距離が近い画素ほど明るい色を示し，遠い画素ほど暗い色を示す．距離画像の例を図 3.7 に示す．この距離画像と元画像を用いて走行環境にある対象と自車までの距離を認識する．具体的な対象として，図 3.8 に示した先行車両のほか，歩行者，自転車などの立体物，側壁なども検出することができる．また，車線逸脱警報に必要な白線についてもカメラ画像から検出することができる．

　画像処理 ECU では大量の画像データを高速に処理する必要がある．このため左右のステレオ画像から距離画像の作成処理は，画像の並列性を生かした専用の画像処理 LSI を用いている．その後の対象物などの検出処理は別のマイクロプロセッサで実行される．その出力である認識結果に基づいて，制御用マイクロプロセッサが警告出力や加減速などの判断処理を行って，その CAN (Controller Area Network) バス経由で他の ECU へ指令を出力する．

3.5 カーナビゲーションシステム

ここでは最先端のカーエレクトロニクスのもう一つの例として，目的地までの運転経路を表示することで，ドライバの利便性を向上するカーナビゲーションシステムについて紹介する．開発された当初のカーナビゲーションシステムは，自車位置の地図表示と目的地までの運転経路の表示だけであった．

しかし，現在のカーナビゲーションシステムは，それらに加えて VICS (Vehicle Information and Communication System) による情報提供が一般的になっており，渋滞や工事による規制情報や通行時間などの表示が可能になってきている（図 3.9 参照）．これらの情報を利用して経路探索を更新して行うことで，渋滞による無駄な燃料消費を抑えて，通行時間なども短縮可能にできるという効果がある．また，走行中の自動車から位置，速度，気象情報などを移動通信網を使用してデータセンターに集めることで，より精度の高い渋滞情報を作ることができる．

カーナビゲーションシステムは，(1)GPS をベースとした自車位置推定，(2) デジタル地図上での自車位置の表示，(3) 目的地までの経路探索とドライバへの案内，という 3 つの基本機能から構成されている．

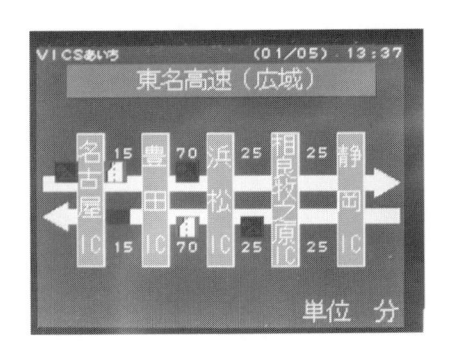

図 3.9 VICS による情報提供
（株式会社富士通テン　AVN7500 の画面を撮影，愛知県）

(1) GPS をベースとした自車位置推定

GPS は，地球の周りを低軌道で周回する人工衛星を使用した位置推定システムである．もともとは米国で軍事用に開発されたシステムであるが，軍事用途以外でも利用できる．

基本原理は衛星の発信する時刻データと既知である衛星の位置データを使用して，自車位置を計算する．基本的に緯度，経度，高度，時刻に相当する 4 つの未知数 (x, y, z, t) を求めるために，4 個以上の衛星からの情報が受信できれば計算が可能である（図 3.10 参照）．基本的には三角測量の原理によって，3 個の衛星からの時刻差が測定できれば位置を計測できる．

自動車に搭載された時計では精度が不足するため時刻 t も未知数とすることが多い．このため 4 個の衛星の補足が必要である．4 個の衛星が補足できていれば GPS の計測精度は数 10 m 程度といわれている．米国政府は一般用途に利用できる GPS の信号精度を意図的に低下させ

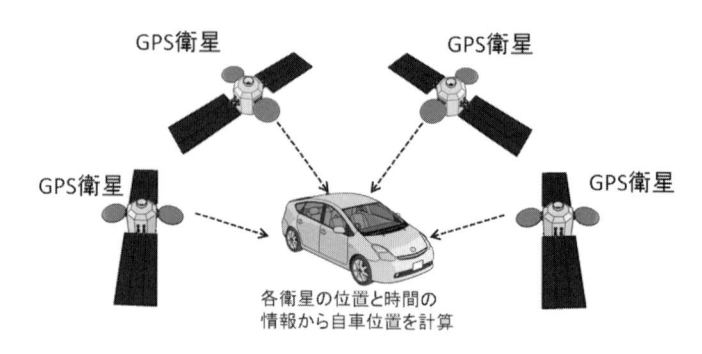

図 3.10 GPS による自車位置の計測

ていたが，2000 年以降はこの精度低下が解除されている．補足できる衛星数が増加すれば，それらを用いて測定誤差を最小化することができ，位置精度を向上させることができる．さらに場所が正確にわかっている地点での計測による誤差の補正を行うことによって誤差を減らすシステムが DGPS(Differential GPS) として実用化されている．

これらの技術によって現在の GPS の計測精度は 10 m 以内といわれている．しかし，都市中心部や山間部では補足できる衛星の数が限定され位置精度が低下する．このため日本独自の技術として準天頂衛星システム (QZSS: Quasi-Zenith Satellite System) が導入されようとしている [7]．これは，地球の自転と同じ周期で日本の天頂方向に少なくとも 1 つの衛星が存在するように，衛星群を打ち上げて運用するシステムである．これによって，日本および東アジア，オセアニア地区では常に天頂方向にある衛星の情報を利用できるようになる．これによって既存の GPS を補完することができ，山やビル等に影響されにくい衛星測位サービスが期待されている．自動車などの移動体でも 1 m 以下の精度を目指して開発がすすめられている．

(2) デジタル地図を用いた自車位置の表示

世界初のカーナビゲーションシステムでは，地図情報はフィルムで提供され CRT に重ねる形で表示された [8]．その上に自車位置を表示してナビゲーションを行っていた．しかし，GPS による自車位置推定が実用化され，自動車システムで CD-ROM (Compact Disc ROM) が利用できるようになると，1990 年代以降はデジタル地図の利用が一般的になった．それ以後，記憶メディアとして DVD (Digital Versatile Disc), HDD (Hard Disk Drive), SD Card (Secure Digital Card) などが利用できるようになり，記憶メディアの大容量化に伴って地図データの大容量化と詳細化が進んでいる．現在は，図 3.11 に示すようにインターネットを経由してパソコン上でもルート探索が可能となっている．

カーナビゲーションシステム用のデジタル地図では，経路探索を行うために道路がネットワーク構造として記述されている点が特徴的である．ここでは交差点をノード，交差点間をつなぐ道路をリンクとして記述している．これによって自車位置から目的地までの経路を求めるとき，そのリンクの距離を積算することで目的地までの距離を計算できるようになる．なお，これらの道路のネットワーク構造には，距離のほかに一方通行などの交通規制や，道路の車線数，信号機などの情報が付加されている．

図 3.11 デジタル地図によるルート検索
（株式会社ゼンリン製"いつもナビ"の画面，愛知県）

　これらの地図情報は道路やインターチェンジの新設，信号機の追加などがあるため定期的に更新される必要がある．これらの更新データは，CD-ROM や DVD などを利用していた時代には，記憶メディアの発行周期に合わせて更新されたデータが提供されてきた．しかし，最近ではインターネットや通信回線を利用したダウンロードが可能となっており最新の地図データが利用できるようになっている．しかしながら，地図データの更新作業には，計測車や航空測量による自動的な測量だけでなく，細かい更新が必要である．最近の詳細地図では住宅の形状や入口位置までは登録されており，自動計測が難しい事項に関しては調査員による現地調査が必要である．

(3) 目的地までの経路探索とドライバへの経路案内

　GPS による正確な自車位置の推定と，高精度のデジタル地図を使用して，カーナビゲーションシステムの重要な用途である目的地までの経路探索とドライバへの経路案内が実現されている．経路探索はデジタル地図の道路ネットワークを探索することで行われる．単に最短距離に基づく探索だけでなく，高速道路や有料道路を利用する探索や，現在の渋滞情報を利用した時間優先の探索なども実現されている．また，走行中に経路を変更した場合でも自動的に再探索を行うことも実用化されている．

　しかし，本節の始めに述べたように GPS による自車位置推定には約 10 m の誤差が仮定される．また，都市部，山間部，トンネルなど衛星補足が難しく GPS の位置推定が利用できない場合などがあることも述べた．このために，カーナビゲーションシステムではジャイロセンサと車輪速パルス信号などによる自律航法による位置推定も利用されている．さらに自律航法による位置推定だけでは累積誤差によって自車位置が地図上の経路からずれてしまう．このような問題を解決するためにマップマッチングが利用されている．マップマッチングとはデジタ

図 3.12　GPS，自律航法，マップマッチングの組合せ

ル地図の経路情報と，自律走行の軌跡を比較して，自車位置を常に経路上に修正する技術である．図 3.12 に示すように GPS の位置推定が利用できない場合には自律航法とマップマッチングの組合せで自車の位置精度を高めることができる．現在のほとんどのカーナビゲーションシステムでは GPS，自律航法，マップマッチングの 3 つの組合せが利用されている．

演習問題

設問 1　カーエレクトロニクスの基本的な機能とは何か説明せよ．

設問 2　カーエレクトロニクスが将来的に発展する分野について説明せよ．

設問 3　家電製品に使用される組込みシステムと自動車用の組込みシステムの違いを比較せよ．

設問 4　運転支援システムの特徴について説明せよ．

設問 5　カーナビゲーションの特徴について説明せよ．

参考文献

[1] デンソーカーエレクトロニクス研究会：図解カーエレクトロニクス [上] システム編，pp.12-24，日経 BP 社 (2010)

[2] 大槻智洋，田野倉保雄：クルマで瞬き始める電子の目，日経エレクトロニクス，pp.57-68 (2003/08/04)

[3] 佐藤弘明：トヨタ，日産，ホンダは ECU を何個使っているのか，日経エレクトロニクス，pp.175-186 (2010/12/27)

[4] 重松崇：進化し続ける自動車のエレクトロニクス，日経エレクトロニクス，pp.119-

126(2005/11/21)

[5] 柴田栄司：安全運転を支える要素技術　新開発ステレオカメラによる運転支援システム「EyeSight」の開発，自動車技術，Vol.63, No. 2, pp.93-98 (2009.02.01)

[6] 宇佐美祐之: 自動車事故を減らすために ―ドライバモニタ付きプリクラッシュセーフティシステム―，電気学会誌，Vol.129, No.4, pp.224-227 (2009)

[7] 松岡繁：準天頂衛星初号機「みちびき」による民間利用実証の推進，電子情報通信学会技術研究報告，Vol.111, No.128 (AP2011 27-48), pp.63-68 (2011.07.06)

[8] 慣性航法を応用した運転補助装置 ホンダ・エレクトロ・ジャイロケータ，Car Maintenance, Vol.35, No.11, pp.86-87 (1981.10)

第4章

ホームエレクトロニクス "扇風機"

□ 学習のポイント

　組込みシステムとはコンピュータ組込みシステムのことで，コンピュータ／マイクロプロセッサが組み込まれハードウェア部と機構部を制御して1つのシステムとしての働きを実現する．扇風機は組込みシステムとして単純な構成をしているが，機構部にモータや首振り機構等をもち組込みシステムとして重要である．

- マイクロプロセッサがハードウェア部と機構部を制御する．すなわち，プログラム（ソフトウェア）がハードウェア部と機構部を制御する．
- また，ハードウェア部が機構部を制御する．
- 組込みシステムの捉え方を多方面から考えることは重要．システム，機構，ハードウェア，ソフトウェアの4項目の技術面にとどまらず，地球環境，対人間対応，事業性などと考える範疇を拡げること．

□ キーワード

　扇風機，組込みシステム，コンピュータ組込みシステム，ハードウェア部，機構部，ソフトウェア，プログラム．

4.1 扇風機で何を学ぶか

　ハードウェア部の1つであるマイクロプロセッサがハードウェア部と機構部を制御する．マイクロプロセッサ，すなわちプログラム（ソフトウェア部）がハードウェア部と機構部を働かしている．しかし，1.7節で示したルームエアコン機構部冷媒系のように，機構部やハードウェア部はそれら自身で一定の仕事をし続ける場合も多い．同じく扇風機の機構部も機構部自身でモータの回転や首振りなど一定の仕事を続けることができる．

　扇風機は機構部やハードウェア部での機能実現，コスト低減や信頼性向上で長年培われ学ぶべきところは多い．例えば，機構部では筐体の安定性，首振りの仕組み，スイッチやLED表示のプラスチック（筐体）一体成型とACモータ駆動の仕組みなどである．ハードウェア部ではマイクロプロセッサ用5V電源発生回路，ACモータやLED表示の駆動回路，漏電やノイズ対策などの回路技術である．また一方，ソフトウェア部では，C言語，問題向き言語やアセンブラ言語など各種の言語および，OSの有無によるプログラム設計法やプログラム暴走正常

復帰技術などがある．これらの重要技術は著者の授業において図 4.1 の製品内部技術とシステム開発で実施しているが，ここでは他の機会に譲りたい．そして，組込みシステムの捉え方として扇風機を宇宙のかなたから眺め，順次近づき中に入り込み，さらに新たなものを創るという道筋を辿り，組込みシステムの理解を進める．

4.2 マイクロプロセッサをもつ扇風機ともたない扇風機

モータをもたない扇風器は江戸時代（1750 年）に「うちわ車」の記録がある [1]．また，モータをもつ世界初の扇風機は 1882 年に開発され，国産のものは 1894 年に開発された（いずれも複数の個人名や企業名があり特定が難しく年代のみを示した）[2]．また，全世界扇風機生産数は 2010 年では 1 億台（扇風機国内需要 0.1 億台と世界家電生産数 31.5 億台よりの推定値）であり，これらでマイクロプロセッサが使われている扇風機，すなわち組込みシステムである扇風機の生産台数は 2010 年の全生産数の 20 ％の 0.2 億台と推測している [3]．

このように扇風機にはマイクロプロセッサが内蔵されたものと内蔵されないものがある．マイクロプロセッサが内蔵されたものが組込みシステム（コンピュータ組込みシステム）であり，マイクロプロセッサが内蔵されないものは組込みシステムとはいわない．総称の名前がないわけではなく機器，家電またはシステムであり，もちろん機器名は扇風機である．マイクロプロセッサを内蔵しているものと内蔵していないものの機能比較事例を表 4.1 に示す．風量調整や首振りはほとんどの扇風機においてはその機能をもっている．また，タイマ，リモコン機能や各種の安全対策などはマイクロプロセッサをもつ扇風機では，マイクロプロセッサにより比較的簡単に実現している．

しかし，マイクロプロセッサをもたないものではそれぞれの専用 IC，LED ドライバ，また，機械式タイマなどの機構部品が必要となる．これらのコスト合計が 1990 年頃よりマイクロプロセッサを上まわるようになり，それで，「マイクロプロセッサなし」の上級版市場は徐々に少なくなり，特に日本国内ではマイクロプロセッサありの扇風機が増えてきている [4]．

表 4.1 扇風機の機能；「マイクロプロセッサあり」「なし」（V:対応，N:非対応）

機能	「マイクロプロセッサあり」		「マイクロプロセッサなし」	
	高機能版	廉価版	高機能版	廉価版
風量調整 強・中・弱	V	V	V	V
風量 リズム風	V	V	N	N
首振り	V	V	V	V
タイマ	V	V	V	N
リモコン	V	N	N	N
運転メモリ	V	V	N	N
安全	V	V	V	N

4.3 組込みシステムの捉え方 宇宙／地球

(1) 扇風機のいくつもの捉え方

　扇風機，すなわち組込みシステムを考えるのにシステム，機構部，ハードウェア部それにソフトウェア（プログラム）部の4項目は重要である．しかし，これだけでは地球環境や事業において大きい不具合が生じ後追いで対策を迫られている．やはり見て考える範疇が狭く独善的で重要事項を見落としている．それで，今までと異なる見方・考え方をする必要があり，ここでは見る視点の距離を変えるという単純なやり方で進める．図4.1に示すように扇風機を遠く離れたところから順に近づき，いろいろな見方を体験する．本章では，以下に事例としてこれらを示していくことになる．

(2) 宇宙のかなたから見た扇風機

　宇宙のかなたから地球を見て扇風機に気がついたなら，宇宙人は人間に対して何を理解し認識をするだろうか．1つは人間の体温より低い周辺の空気を吹き付けることにより体温調整をする．また，体温調整にはルームエアコンなどいくつかの方法をもち，また，温めるための暖房もある．それは，人間が温度に対してとても敏感であることを示している．このことから，地球を攻めるには気温制御で十分ということまでわかってしまいそうである．

(3) 地球環境から見た扇風機

　地球や全世界レベルで扇風機を見ればどのような見方ができるか．1つは地球環境としては，扇風機自身二酸化炭素を出すわけでないが，電源の電気は太陽光などの自然エネルギーだけでなく，火力発電や原子力発電により二酸化炭素も放射能も出している．また，扇風機の生産と

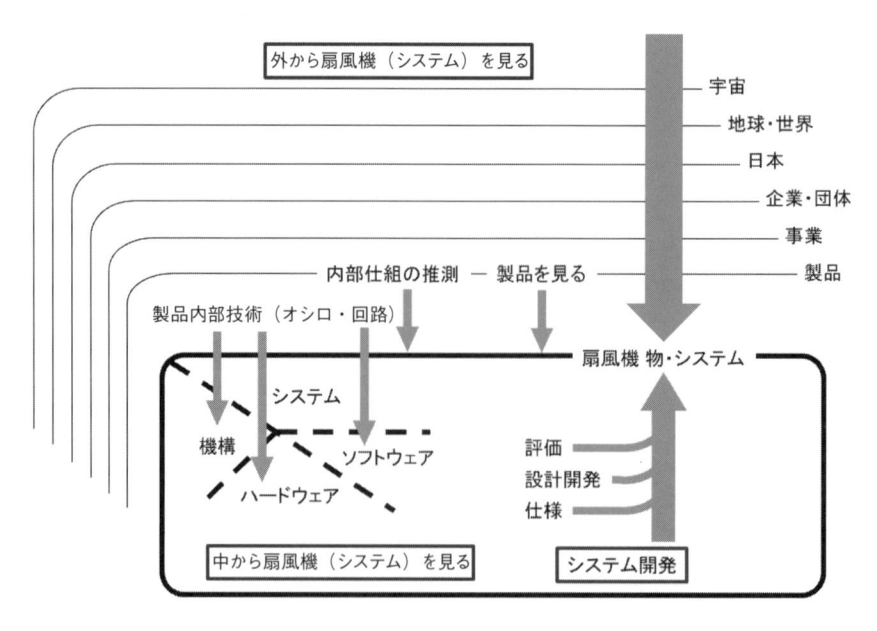

図 4.1　組込みシステムを捉えるため扇風機を外と内から見る

廃棄も二酸化炭素も出すし，資源も失うことになる．ここで，これらを最小にすることは重要事項である．それの素案を次に示す．これとは別に作動時の安全については別項目で考える必要がある．

 i) 手入れ，修理，部品の取換えによる長期使用
 ii) 部品材料の再利用
 iii) 破棄材料の資源化（鉄等の金属，プリント基板やICからの金の収集）

さらにエネルギーも資源も節約から，もう使えないことを直観することになる．

地球や全世界レベルで扇風機の見方の他の1つは，世界のどの地域で使われるかということで，熱帯，亜熱帯，温帯地域である．最近は豊かになり東南アジアの家庭でも一般に使われるようになり需要が高まっている．しかし，寒冷地と過ごしやすい欧州や北米では使われない．ここで思いつくことは，扇風機，エアコンや暖房などが不要な地域，それらの使用頻度が少なくてエネルギー消費の少ない地域に移り住めばどうかというとんでもない（？）考えもでてくる．

この事項に限らず，常に思いつきの現状改善からはじめ，その考えの否定と肯定を続けていき順次定量値も取り込んでいく．1人で頭の内でまたはグループで議論がどのように展開するかを見守ることは，新しい価値や物の構想を得る有効なやり口の1つである．

4.4 組込みシステムの捉え方 企業／事業

企業が扇風機を事業として見ればどのような見方ができるか．1980年代の日本企業は国内で国内向きの扇風機を生産していた．1990年代になると台湾，マレーシア，タイや中国での生産に切替え，製造費削減を目指した．しかし，同じ海外で生産してもなぜか海外メーカの開発品のほうが安く，それで，単価の高い国内市場の維持に懸命であった．

しかし，2010年では全世界の生産数が1億台で市場高が4,000億円であると推測している（確かなデータを得るのが難しい）．そして，海外の需要が急増し日本国内需要数は数量比率で約10％までに下った．この4,000億円という1つの製品では魅力的な市場に対して，この市場動向を3〜4年前に予測し，事業戦略を立てることは日本メーカにとり必要であった．いくつかのメーカは積極的に海外市場獲得に挑戦すべきであったと考える．

事業戦略の考え方として重要事項は次の4点である．

 i) 安い市場を無視することは，いずれ高付加価値ランク製品も失うことになる．廉価品こそ主戦場．現在の高機能版は3年後の廉価版になる．
 ii) 海外市場の生活習慣やニーズをくみ取った商品の提供が重要．「日本は進んでいるのでこれを使え」式でどれだけ失敗してきたことか．例えば，「テレビの音を最大値にすると，ケースが共鳴して異音を発する．」「トラックのプロペラシャフトがデコボコの連続で外れ落ちた．」などである．
 iii) 日本メーカは良い商品しか作らないから海外メーカに対して，コストが高くなり安くできないと思い込んでいる．この思い込みをまずなくし，良い商品を安く生産する．

iv) 日本メーカの扇風機は繊細でとても素晴らしい．（東南アジアでは一種のブランドで）新たに開発した超廉価版とペアにして，海外では高級版と超廉価版の2極化製品ラインナップで売る．

4.5 組込みシステムの捉え方 仕様・説明書から性能の限界

(1) 自身の扇風機仕様をまとめる

さらに，あまり扇風機に関する技術，知識，思いや考えを得る前に，組込みシステムを捉えるために，何事にも関係せず自由な発想で役に立つ扇風機を考えることはたいへん有効である．いつも現在あるものを学ぶのでなく，役に立つとても素晴らしい自身の扇風機仕様をまとめる．学生への授業演習や企業向けセミナーにおいて一切の誘導はせず，いうことは「夢の中でよいので素晴らしい扇風機仕様を作ってください」のみである．ただし，グループの発表が重要であり，その時のグループの人々がどのように受け取るかが一番の重要事項であり，また，彼らの感想や議論も重要である．

(2) 取扱説明書を書く

実際の扇風機を動かしてみて取扱説明書を書くが，事前にこれに合わせて取扱説明書を読むのは厳禁である．重要項目がどれだけ抜けているかということで扇風機に対する自身の考えの至らないことを知り，また，取扱説明書にない内容が出てきた場合は追加すべき内容になる可能性がある．扇風機を購入する人たちに安全にスムーズに使ってもらうことのみを考えることが，組込みシステムの捉え方の1つとなる．各扇風機メーカにより取扱説明書は異なる．ここでは三菱電機株式会社「三菱扇風機（リビング扇）R30-MG」の取扱説明書より項目のみを転載する [5]．

  i) 安全のために必ず守ること
  ii) 各部のなまえと組立て方
  iii) 使い方
  iv) お手入れと保管
  v) 「故障かな？」と思ったら
  vi) 保証とアフターサービス
  vii) 仕様
  viii) 保証書

(3) 取扱説明書におけるメーカの実力とその読み方

取扱説明書は安全，取扱方法と保証の3つの大項目よりなる．保証はメーカと顧客との契約条件で，安全と取扱方法が重要な拡大取扱方法である．安全に禁止取扱いが示されている．開発生産側でより高い安全性を目指すにはこの禁止取扱いを破って使った場合の実験評価は重要である．この実験評価はこの禁止取扱いを破って使っても事故は起こらず扇風機側が解決するのか，しないのか．

すなわち，例えば「交流 100 V を使用する（直流や交流 200 V を使用すると火災や感電の原因になります）」と書かれている．この場合も扇風機側での解決としては，火災や感電は起こさずヒューズで内部への破損を防ぐ仕組みを実現することである．もちろんヒューズまでの電源ケーブルは直流や交流 200 V が印加された状態にも対応する．しかし，交流 200 V は日本の場合はコンセントが異なるし，また直流などの電源も一般の顧客ではそれらを得ることが難しい．あるとすれば，改造して試そうとする場合や，海外転勤で日本の扇風機を持って行き電源コンセントの変換器で使う場合である．

禁止取扱いを破った場合に事故につながらない対策の実現は，組込みシステムの場合にはかなり対応ができてこれを進めることは機器や装置の質を高めることにつながる．しかし，別の問題を産み，対策のできていない機器で大事故が起こることも考えられる．機器利用者を如何に正しい取扱いに誘導するかが重要である．

4.6 組込みシステムの捉え方 機器システム

(1) 習うより考えることが先

組込みシステムの捉え方また具体的方法として，自身の理想ともいうべき扇風機の「仕様」を書き，扇風機を動かして「取扱説明書」を書いて外から迫ってきたわけであるが，次は「扇風機の動きをどのように実現しているかその仕組み」を書き記す．図書館やネットワークで調べることはしない．あくまで現在の自身の考えと推測だけでその働きと動きの仕組みを解き明かす．たぶん知らないことだらけである．これだけ知らないことを知ろうともしなかったことも事実である．今までは知識を得るだけの頭の使い方しかできていないのかもしれない．何か作りそれを働くものにすることなど思ったこともない．こういうことで創造的な仕事やものを作れといわれても無理であるかもしれない．扇風機においても，積み重ねられた工夫や創造的な仕組みは多くあるが，それを単なる知識として捉えるとそれは何のためにもならない．そのまま使えることなどありはしない．それを産むための疑似体験をしたものだけが，他のものへの解決のための創造に展開できる．

(2) 扇風機の動きの仕組みを推測

「その仕組みを考え書き記す」それらの項目も自身で決める．それらは「首振りの仕組み」，「風量の強，中や弱の変更の仕組み」，などから始まり「電源 ON，風量の強，中や弱のスイッチが軽く触れるだけで反応する仕組み」，また「リズム風と名づけた風量をランダムに強，中や弱と変化させる仕組み」，さらに「マイクロプロセッサ用 5V 電源を得る仕組み」などである．著者の授業はグループを作り実施したので，参加の方々の技術経験にも大きく左右されるが，30 分足らずで 10 件ぐらいの仕組みが提示される．これらは全体システム，機構部，ハードウェア部とソフトウェア部がかかわっている．多くの不明点や不可解なことが出てくる．そして，これらの仕組みは図や絵で示される．

(3) 解体して機構部と回路構成が明らかに（推測の評価は？）

これらの謎解きは次の扇風機の機構部の解体で明らかになってくる．この解体の扇風機も三

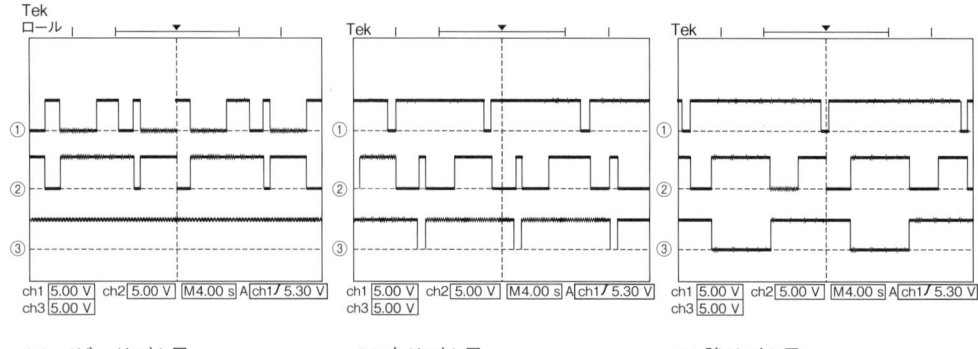

(a) ベビーリズム風　　(b) 中リズム風　　(b) 強リズム風

図 4.2　リズム風の発生
上段 ① が「モータ強」の信号，中段 ② が「モータ中」の信号，下段 ③ が「モータ弱」の信号で各信号がロウ (L) レベルでモータが駆動する回路になっている．信号ロウ (L)=0 V，信号ハイ (H)=5 V，時間は 1 単位で 4 秒; 全体は 40 秒

菱電機株式会社「三菱扇風機（リビング扇）R30-MG」を使わせて頂いた．「首振りの仕組み」は解体解析で風を発生させる唯一のモータの力を利用した仕組みで，その仕組みの説明は写真と絵で説明される．「首振りの仕組み」の推測の事例では「マイクロプロセッサ，モータ，歯車とガイド」によるものであり，首振りは 360 度で仰角は水平から真上（0〜90 度）で短時間でのアイデアとしては大したものであった．

(4)　実働する扇風機の信号波形を観察（推測の評価は？）

機構部の解体解析の後，組み立てて再度動かし今度は基板の配線をオシロスコープで波形を調べる．そして，「風量・・・変更の仕組み」，「・・・スイッチが軽く触れるだけで反応する仕組み」，「・・・5 V 電源を得る仕組み」やまた「リズム風・・・仕組み」推測した仕組みとの異なりを確認する．これらの推測は残念ながらなかなか当たらない．しかし先ほどの「首振りの仕組み」のような理にかなった仕組みが推測される場合も多い．リズム風では，図 4.2 (a)(b)(c) に示すように扇風機のモータの回転数を強，中，弱と数秒から 10 数秒ずつに切り替え風速を変化させ，自然の風を演出する．これらの図は 1 枚で 40 秒の時間のリズム風である．

リズム風はマイクロプロセッサ制御としてはある時間ごとにモータの回転を変化させる，すなわち 3 つの出力端子を切り替えるものでわかりやすい制御である．

4.7　組込みシステムの捉え方 基板回路

(1)　基板回路の解読

いろいろな機能実現の推測の解明は，次のステップである基板回路を解読して知る必要がある．図 4.3 は扇風機の底部に取り付けられている制御基板である．図 4.3 (a) は上面の写真で右の LSI はマイクロプロセッサである．これは 4 ビット CMOS 1 チップマイクロコンピュータ（32 ピンスモールモールドパッケージ M34513Mx-XXXSP ルネサスエレクトニクス製）である（マイクロプロセッサとしての仕様は 1978 年に設計生産された PMOSM58840-xxxp に

基づく）[6, 7]．図 4.3 (a), (b) の金属のシールドは AC 100 V のモータ切替時のノイズ発生の抑制にも有効であるが，主に筐体を通じての感電防止対策である．電気製品であるので当然と思われるが感電対策は重要である．

図 4.4 (a) は基板の金属シールドを取り去った写真画像をパソコンに取り込み，読み取った回路を順に赤の線で書き加えていった（写真は白黒であるので黒く見える）．1970〜1990 年代は写真に取り現像してから回路を読んでいたが，パソコン活用で回路読取りの正確さと読取時間の短縮につながった．図 4.4 (a) の基板はデジタルとアナログの同居基板である．右半分がマイクロプロセッサを中心のデジタル回路であり，左は AC100 V よりマイクロプロセッサ用の 5 V 電源の発生のためのアナログ回路である．図 4.4 (b) はその読み取った回路図の一部分である．

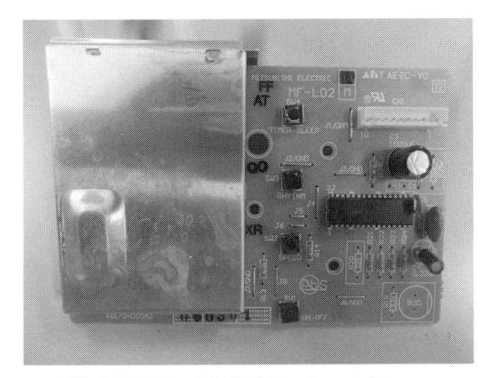

(a) 制御基板表面；左半分金属・シールド 　　(b) 制御基板裏面；(a) と同様に左下部分金属・シールド

図 4.3 扇風機制御基板

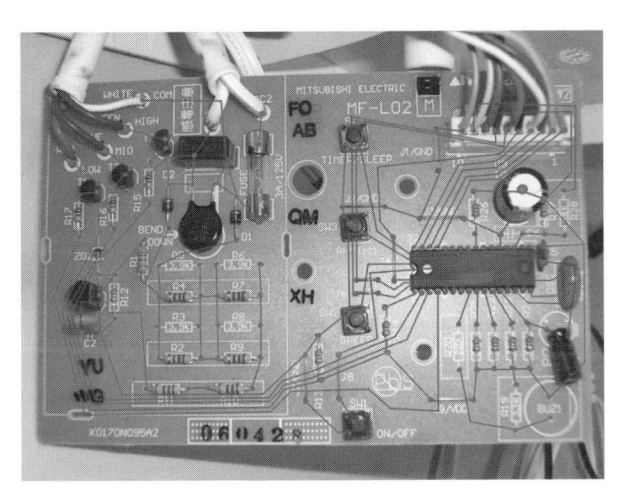

(a) パソコンに画像を取り込み，回路を読み取る 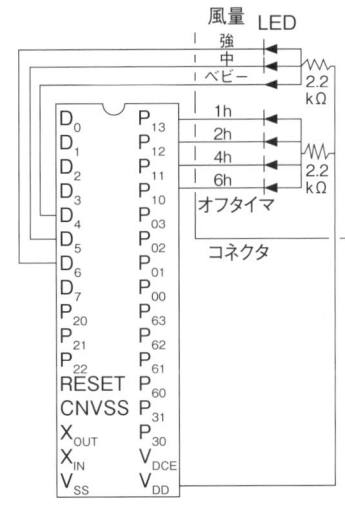　　(b) 読み取った基板の LED 表示回路部分

図 4.4 扇風機の基板回路を読む

図 4.5 扇風機の LED による表示

表 4.2 7 つの LED 表示方式一覧

			必要ポート数	最大表示数
(i)	LED －ポート個別対応方式		7	7
(ii)	ダイナミック表示	4×2	6	8
(iii)	ダイナミック表示	3×3	6	9
(iv)	ダイナミック表示	4×3	7	12
(iv)	2 線式シリアル		2	7 以上任意
(v)	1 線式シリアル		1	7 以上任意

(2) 回路を推測する

ここで，機能から回路を推測しその推測がどこまで正しいかの確認の事例を示す．この扇風機の表示はすべて LED である．図 4.5 のように，風量でベビー，中，強の 3 つの表示，またタイマ時間で 1, 2, 4, 6 時間の 4 つで合計 7 個の LED 表示が必要である．

以下 7 個の LED 表示をする場合の推測である．7 個の LED の 1 つにつき 1 つのポートを対応させると，ポートは 7 つ必要とするが最も簡明な回路とプログラムで実現できる．しかし，ポートが 7 つ確保できない場合は目の錯覚を利用して表示する時分割表示方式（一般にはダイナミック表示といわれる）が使われるか，シリアル転送で専用の表示コントローラまたは別のマイクロプロセッサに転送し表示する．これらを表 4.2 の LED 表示方式一覧に示す．(iv) のダイナミック表示 4×3 とは，7 つのポートを使い 4 LED ずつの表示グループを 3 つもち，1 周期で 3 回に分けて 12 LED を表示する．表示周期は東日本の 50 Hz と西日本の 60 Hz と室内照明との干渉をさけ，55 Hz 前後が適当である．

(3) 推測回路と実際の回路との異なり

表 4.2(i) の LED －ポート個別対応方式を 図 4.6(a) に，表 4.2(ii) のダイナミック方式 4×2 を図 4.6(b) に示す．これら 2 つが扇風機の LED 表示の推測であるが，実際の回路は図 4.4 (b) に示した回路である．推測の表 4.2(i) の LED －ポート個別対応方式と似ているが異なる．異なる点を検討する．まず，抵抗が 5 つ削減されている．すなわち風量の LED 表示はベビー，

中，強の3つであり同時に点灯をさせることはないので，3つ必要な電流制限抵抗と呼ばれる抵抗は図4.4 (b) のようにまとめることができて1本ですむ．表示，またタイマ時間表示でも同様に4つ必要な抵抗は1本ですみ，それで計7つの抵抗が2つですむことになる．

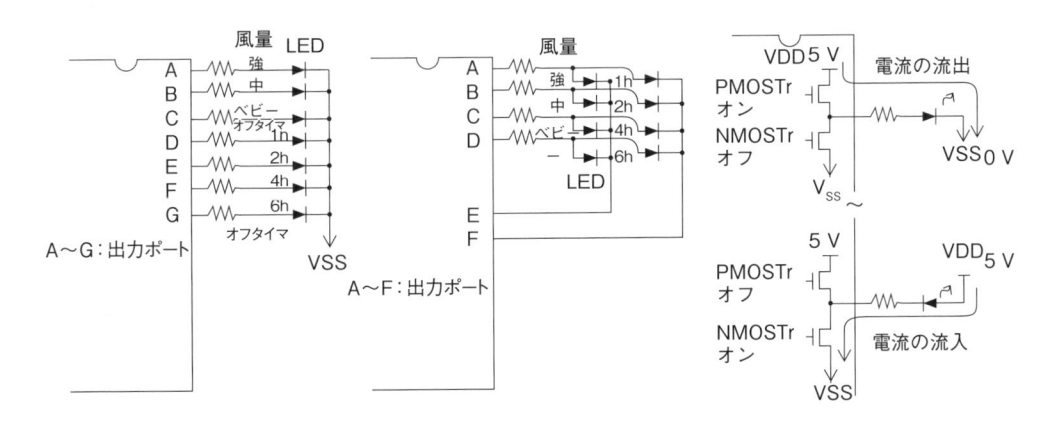

(a) LED −ポート個別対応方式　(b) ダイナミック方式 4×2　(c) 出力ポート

図 4.6　扇風機の LED 表示の推測

　そして，2つめの違いは図4.6 (a) の予測ではマイクロプロセッサから電流を流出させ，また図4.4 (b) の基板の実際の回路ではマイクロプロセッサに電流を流入させている．電流を流出させる場合は図4.6 (c) に示すように，出力ポートの MOS 回路の PMOS トランジスタをオンさせている．電流を流入させる場合は同じく，出力ポートの MOS 回路の NMOS トランジスタをオンさせている．一般に同サイズの NMOS と PMOS トランジスタでは同じ電流を流す場合電圧降下は NMOS のほうが少ない．ことにより，NMOS を働かせる電流を流入させるほうが選択される場合が多い．この場合も，そこまでの考えもなく予測した図4.6 (a) より，図4.4 (b) のほうが適切といえる．

　同じ考え方で，図4.6 (b) を吟味すると，A，B，C，D は PMOS によりスイッチされ，また E，F は NMOS によりスイッチされている．NMOS 側は A，B，C，D の最大4つから流出される電流を流入する必要があるので，NMOS 側に大きいな電流を流す構成になっているので適切といえる．ただし，電流の大きさによりマイクロプロセッサの外側にドライバ（増幅）回路を入れることの検討も必要になる場合もある．

4.8　扇風機開発/開発支援ツール

　組込みシステムの捉え方としての扇風機開発では，システム，機構部，ハードウェア部とソフトウェア部の4つの開発が必要であるが，その4つめのソフトウェア開発における扇風機プログラム開発支援システムと次項に扇風機制御プログラムの概略フローチャートを示す．

(a) 市販扇風機の内部構成　　(b) 扇風機プログラム開発支援システム

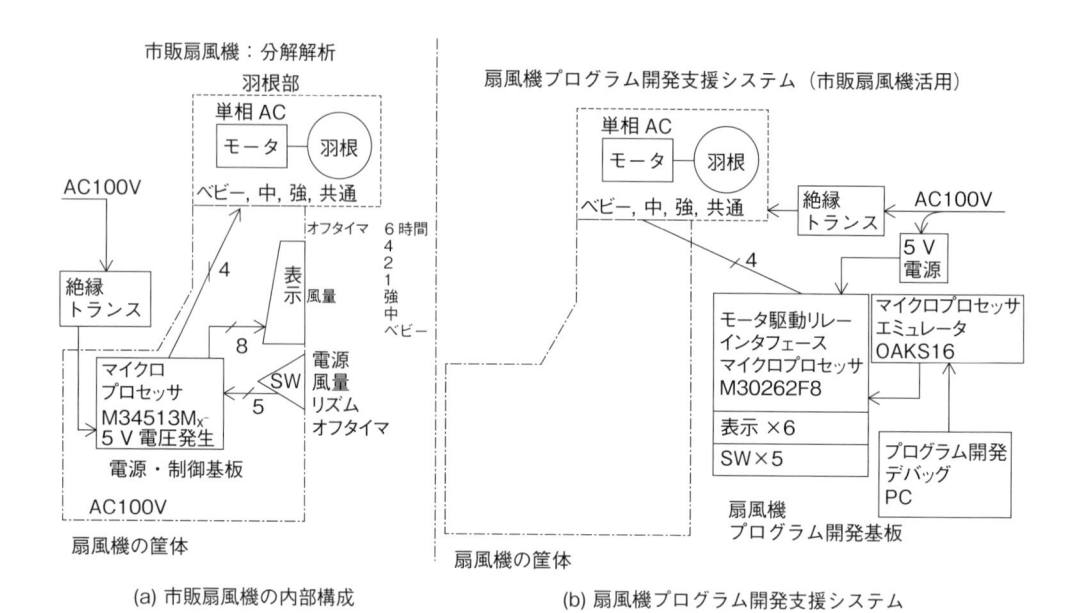

図 4.7　扇風機プログラム開発支援システム

(1)　扇風機プログラム開発支援システムの構成

　扇風機プログラム開発支援システムには，市販されている本物の扇風機の機構部，すなわち羽根，モータと筐体を備た．この扇風機は 4.7 節まで事例としてきた三菱電機の 2006 年に製造された R30J-MM で，その内部構成を図 4.7 (a) に示す．

　制御基板は電源・制御基板，LED 表示基板とスイッチ基板の 3 つより成り立っている．電源・制御基板は 4 ビットマイクロプロセッサ (M34513Mx-XXXSP) が搭載され，トライアックを通じて 100 V 単相誘導モータを，3 つのスイッチの読込みと 7 つの LED 表示の制御を行う．また，5 V 電源は AC100V からトランスを使わず 1 つのツェナーダイオードと抵抗分割によりダイオードによる半波整流をしている．他に 14 個の抵抗と 3 つのコンデンサをもち，直流変換への平滑回路には 1000 μF と大きい容量のコンデンサが使われている．5 V 電源端子は AC100 V 端子の片方と直結され，内部解析には安全のために絶縁トランスを使う理由の 1 つである．

　扇風機プログラム開発支援システムは図 4.7 (b) に示すように，モータ，羽根と筐体すべてを取り込み，また，扇風機プログラム開発基板，マイクロプロセッサエミュレータ（M16Cデバッガ），それに直結されるプログラム開発用パソコン，5 V 電源と絶縁トランスより構成される．このハードウェア内部の 5 V 電源は AC100 V の電源ラインとは絶縁されている．

　図 4.8 (a) は扇風機プログラム開発支援システムの全景の写真であり，図 4.8 (b) は左から絶縁トランス (100 v)，M16C デバッガ，扇風機プログラム開発基板である．扇風機プログラム開発基板の左は AC100 V 単相モータ駆動「リレーインタフェース」であり，その右は開発基板で下側にスイッチと LED が配置されている．

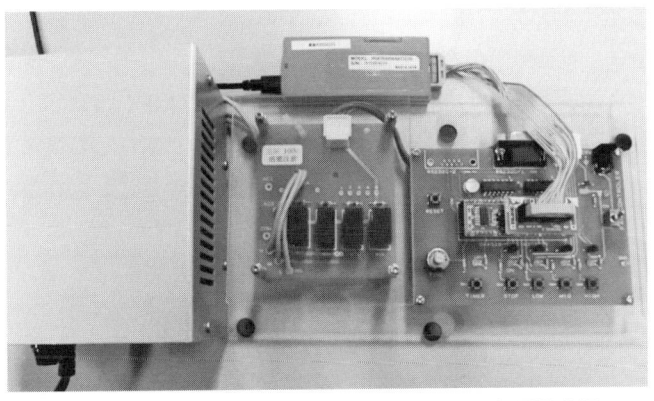

(a) 扇風機本体，ノートパソコン　　(b) 左から絶縁トランス (100 V)，M16C デバッガ，開発基板

図 4.8　扇風機プログラム開発支援システム

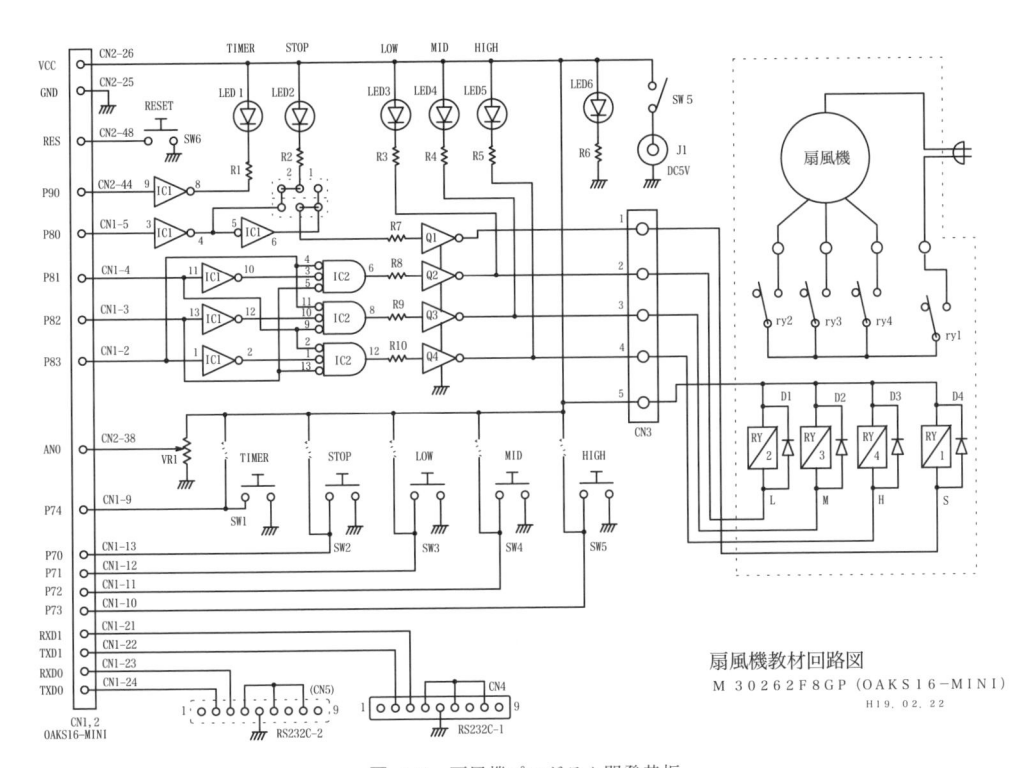

図 4.9　扇風機プログラム開発基板

(2)　扇風機プログラム開発基板回路

　扇風機プログラム開発基板の回路図を図 4.9 に示す．一番左側は M16C デバッガの接続端子でありマイクロプロセッサのポートである．その端子の P80, P81, P82, P83 は順にモータによる風量制御であり電源，ベビー，中と強である．この端子が 5 V でこれらのモータ駆動と LED 表示を実行する．安全対策の 1 つとして，ベビー，中と強のマイクロプロセッサ端子がプログラムバグや暴走で 2 端子以上が 5 V になった場合は，モータを停止する論理回路にしてい

る（3つの3入力論理回路）．AC100V のモータ駆動回路とはリレーによりマイクロプロセッサによる制御回路とは絶縁されている．

スイッチ回路は端子の P70, P71, P72, P73, P74 の順に，電源，ベビー，中，強とオフタイマに設定している．これは参考用プログラムに対応したスイッチ名で，このスイッチを検討した機能に振り分ける各々のプログラム開発をすることになる．

4.9 扇風機開発/プログラムの構成

先の扇風機プログラム開発基板に対応したプログラムの概略フローチャートを図 4.10 に示す．この扇風機制御プログラムは，プログラム開発の未経験者も含めての特別演習授業に使うものであり，これだけでプログラム開発入門を自力で行うことを促進する．このプログラムは

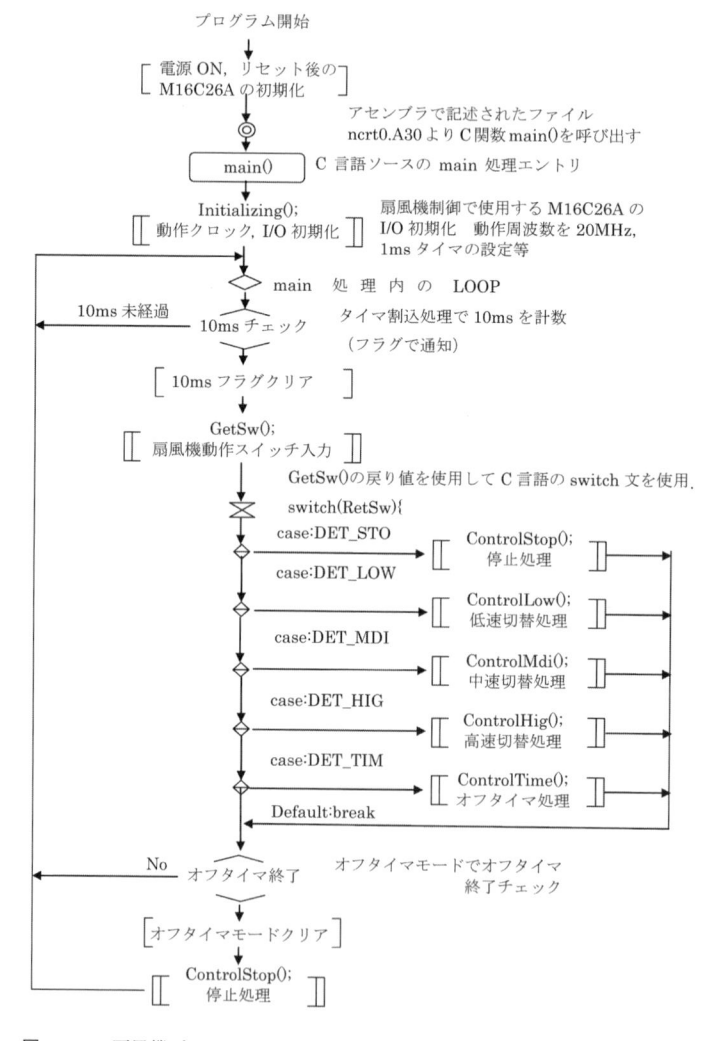

```
プログラム開始
    ↓
[電源 ON, リセット後の
 M16C26A の初期化]      アセンブラで記述されたファイル
    ↓                   ncrt0.A30 より C 関数 main() を呼び出す
  main()                C 言語ソースの main 処理エントリ
    ↓
[Initializing();        扇風機制御で使用する M16C26A の
 動作クロック, I/O 初期化]  I/O 初期化 動作周波数を 20MHz,
    ↓                   1ms タイマの設定等
  main 処理内の LOOP
    ↓
  10ms チェック          タイマ割込処理で 10ms を計数
 （10ms 未経過 →戻る）   （フラグで通知）
    ↓
[10ms フラグクリア]
    ↓
[GetSw();
 扇風機動作スイッチ入力]
    ↓                   GetSw() の戻り値を使用して C 言語の switch 文を使用．
 switch(RetSw){
   case:DET_STO → [ControlStop(); 停止処理]
   case:DET_LOW → [ControlLow(); 低速切替処理]
   case:DET_MDI → [ControlMdi(); 中速切替処理]
   case:DET_HIG → [ControlHig(); 高速切替処理]
   case:DET_TIM → [ControlTime(); オフタイマ処理]
   Default:break
    ↓
 オフタイマ終了？ — No →戻る
    ↓ Yes            オフタイマモードでオフタイマ
                     終了チェック
[オフタイマモードクリア]
    ↓
[ControlStop();
 停止処理]
```

図 4.10 扇風機プログラム開発基板に対応したプログラムフローチャート図

10 msですべての処理を実行する単純な構成をしている．スイッチの2度読みのタイミング，LEDの点滅，オフタイマの時間計数とスイッチ読込みによるコマンドの実行タイミングすべてである．授業展開誘導項目としては，モータ駆動のAC100 Vゼロクロス電源投入と遮断，AC誘導モータ解析，リモコン受信機能，数種の自作OS開発と導入や問題向き言語開発がある．

4.10 まとめ

組込みシステムの捉え方として図4.1に示したように，外と内から扇風機を見てきた．すなわち，宇宙／地球（4.3節），企業／事業（4.4節），仕様・説明書から性能の限界（4.5節），機器システム（4.6節），基板回路（4.7節），開発支援ツール（4.8節）とプログラムの構成（4.9節）の順に扇風機を検証吟味し組込みシステムに迫った．開発には技術的な問題，事業的経営的問題にとどまらず，地球規模の環境と人類の生活までもがかかわっている．

現在，単に学ぶということだけでは不足するようである．今必要なものを見定めて取りに行き形のあるものにすることが必要である．それは，学ぶ環境とサービスが過剰で学ぶ側に危機感がなくいつでも学べるが怠惰（たいだ）につながる．いろいろな技術を学び習得するには，実際の製品から学ぶことも多い．しかし，学ぼうとする側のそれらを求める要求の大きさにより得るものもまた異なってくる．今回示したように，課題に対して自ら推測し考えその結果を見つけ出す工程を取るやり方も1つの方法である．ここでは，組込みシステムの捉え方として事例を上げながら説明した．

本章では扇風機の解体解析を進め，扇風機の構造と仕組みを明らかにしようとしている．特に注意願いたいのは，このような解体解析を実施する場合は事故が起こらない最善の予防と管理である．著者の場合はこの授業の1回目に「実験室での安全」という問題でグループ討議と発表，さらにグループ安全代表による全体まとめと発表と実験室内に掲示を行う．これらは2回の授業をまたぎ，検討を2回，発表を2回と掲示物の作成と掲示で授業時間の45分をあてる（ただし，グループ安全代表者は復習として1時間を使う）．実験室での安全注意項目は感電，裂傷，火傷，棚からの異物落下，電気・電子回路の破壊と発熱などで項目も多く事故は多岐に渡る．しかし，事前に事故の予防をしてもまた知識としても考えのわくを越えることが起こる．対策が万全と考えるのでなくものごとを敬虔に対処していくことが必須である．また，扇風機の100 VのACモータはいろいろな意味で危険であると恐れていたが，このモータではAC100 Vを越えるAC160 Vくらい電圧が内部で発生している．モータの誘導起電力でACのピーク電圧としては230 Vに達している．分解する場合はたいへん危険なのでくれぐれも十分な注意が必要である．

最後に三菱電機株式会社中津川製作所の田中哲也様，島崎勉様をはじめとして多くの方々に三菱電機の扇風機を技術的に教えて頂き感謝申し上げます．また，株式会社テクノ社長小澤さんには，東海大学専門職大学院組込み技術研究科のプロジェクト基礎特別演習1で使用する扇風機プログラム開発支援ツールの開発と製造供給をご協力頂き感謝申し上げます．

> **演習問題**
>
> 設問 1　いくつかの組込みシステムの捉え方を示してその活用法を示せ．
>
> 設問 2　1つの機器でマイクロプロセッサをもたないものともつものを5例あげて，どちらが適切であるかを説明せよ．
>
> 設問 3　同じ海外で生産してもなぜか海外メーカの開発品のほうが安い理由を示せ．
>
> 設問 4　役に立つ扇風機の仕様を示せ．
>
> 設問 5　電気，電子やまた市販している組込みシステムを解体解析する場合の安全衛生における注意事項を示せ．

参考文献

[1] http://plaza.rakuten.co.jp/makiplanning/diary/201106010000/

[2] http://contest.thinkquest.jp/tqj1998/10157/history/rekisi.htm
http://kagakukan.toshiba.co.jp/manabu/history/1goki/1894fan/index_j.html

[3] http://kari-kari.net/jpview/2011/07/1000.html

[4] http://www.mitsubishielectric.co.jp/corporate/gaiyo/history/1970/index.html

[5] MITSUBISHI 三菱扇風機（リビング扇）R30-MG 取扱説明書 保証書付 0511874HA4701

[6] http:tool-support.renesas.com/jpm/toolne

[7] 松尾和義，藤田紘一，山田圀裕，磯田勝房，畑田明良："4ビットワンチップマイクロコンピュータ"，三菱電機技報，Vol.52, No.4, pp.273-277, 1978.4.

[8] ルネサス "M16C/62P グループ（M16C/62P, M16C/62PT）ハードウェアマニアル" ルネサス 16ビットシングルチップマイクロコンピュータ M16C ファミリ／M16C/60P シリーズ　株式会社ルネサステクノロジ営業企画統括部 2006.1.10 Rev.2.41

参考図書

[1] 松本平八，松本雅俊，多田哲生，益子洋治，山田圀裕，"品質・信頼性"，共立出版（2011）

[2] 小島正典，深瀬政秋，山田圀裕，"デジタル技術とマイクロプロセッサ"，共立出版（2012）

[3] 財団法人家電製品協会，"生活家電の基礎と製品技術"，NHK出版（2004）

第5章
組込みソフトウェア

☐ 学習のポイント

組込みシステムを支える組込みソフトウェアについて学ぶ.

- 組込みソフトウェアは専用に開発され,利用できる計算資源に制約があるなかで,高い信頼性やリアルタイム性が必要とされることが特徴であることを理解する.
- 組込みシステムの開発においてはソフトウェア開発の占める費用,時間が増大し,ハードウェア開発よりも費用がかかり,長期の開発が必要になっていることを理解する.
- 組込みソフトウェアの構成する要素について学ぶ.基本的な階層構造である,アプリケーション,ミドルウェア,オペレーティングシステム,デバイスドライバについて理解する.
- 組込みソフトウェアの特長であるリアルタイム性と,それを支えるオペレーティングシステム(RTOS)について理解する.
- 先進的な組込みソフトウェアの例として自動車用のAUTOSARフレームワークを理解する.

☐ キーワード

ソフトウェア開発,専用開発,リアルタイム性,ミドルウェア,リアルタイムOS,デバイスドライバ,フレームワーク,AUTOSAR

5.1 組込みソフトウェアの特徴

組込みソフトウェアはハードウェアと一体となって,組込みシステムの製品を構成する.図5.1に自動車用の組込みコンピュータであるECUに搭載されるソフトウェアを示す.ソフトウェアは基本的にECU内部のメモリ上に格納されており,マイクロプロセッサにロードされて実行される.基本的な組込みソフトウェアの機能は,センサからの入力情報を取り込み,演算を行い,アクチュエータに制御信号を出力することである.

組込みソフトウェアも基本的にコンピュータを動かすためのソフトウェアであり,普段使っているパソコンなどのソフトウェアと同じである.しかし,対象となる組込みシステムのためだけに専用に開発されるという点が大きな特徴である.例えば,携帯機器やカーエレクトロニクスでは持ち運びや移動するハードウェアという点からハードウェアの大きさや重量といった制約がある.このような組込み機器を制御するソフトウェアではCPUやメモリやバッテリと

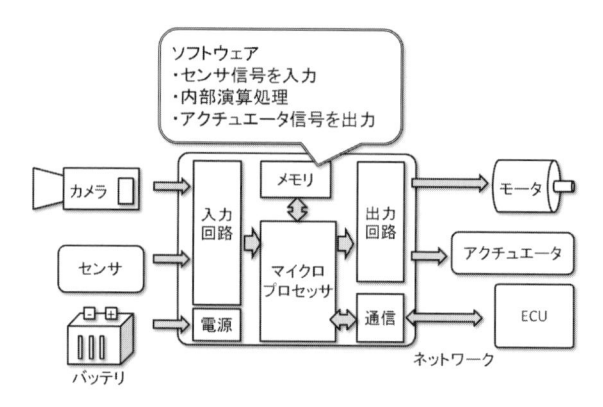

図 5.1　ECU と組込みソフトウェア

いったハードウェア制約の影響を強く受ける．それらの用途に必要十分な機能に絞り込まれた専用ソフトウェアが組込みソフトウェアである．この組込みソフトウェアの特性をリストアップすると，以下のような項目をあげることができる．

(1) 専用開発

対象の組込みシステムのために専用開発され，必要なハードウェアを制御するソフトウェアだけから構成される．汎用システムであるパソコンなどと違い，OS に関しても機能を絞り込み，必要最小限のタスク管理機能やデバイスドライバやミドルウェアだけを組込む．ソフトウェアの開発環境もパソコンなどで行い，対象となる組込みシステムにダウンロードしてデバッグを実施するというクロス開発を行うことが一般的である．ハードウェア開発と並行しながらソフトウェア開発が行われることも普通であり，開発着手の時点においては対象となるハードウェアが利用できないことも多い．

また，1つの基本となる組込みシステムから，派生システムなど多くの製品展開が行われることも多い．そのような場合は，基本となるソフトウェアを開発し，それを派生システムへの展開に対応することが開発段階から想定される．これによってユーザの多様なニーズに効率よく対応することを狙っている．また，ハードウェア革新に対応した新機能の追加や，逆に機能の削減によるコストダウンなどにも対応することも求められる．

大量生産される組込みシステムではコスト制約が厳しく，利用できるプロセッサ能力やメモリ容量は制約される．製品コストだけでなく，サイズ，重量，電力，温度などの制約もある．例えば，高機能な多機能型携帯電話（スマートフォン）でも，電池のサイズや性能には制約があるため消費電力はできるだけ低く抑えることが求められる．それらハードウェアの制約を守った上で要求仕様を満足するソフトウェアである必要がある．

(2) リアルタイム性

制御システム用の組込みソフトウェアで，制御に必要なタイミングで動作することが重要となる．高速に動作するということではなく，システムごとに定められる時間制約を守ること，いわゆる"〆切に間に合わせる"ことが求められる．そのために必要な場合には基本ソフトウェ

アとして専用のリアルタイム OS が用いられる．リアルタイム OS では時間制約を満たすためのリソース管理やスケジューリングの機能が提供されている．それらを利用した上で，さまざまな利用条件を想定したテストや検証を行って，システムの要求する時間制約を満たすことを検証する．

一方，情報機器などの組込みシステムでは，リアルタイム性はそれほど重視されない．ただし，人が操作する家電製品や情報機器では素早く応答することは求められる．

(3) 信頼性

組込みシステムを制御するソフトウェアに不具合がないことが必要である．特に航空機，自動車，鉄道などの分野では制御ソフトウェアの誤作動は重大な安全上の問題につながる恐れがあり，高い信頼性が求められる．大量生産した製品に不具合があると，リコール（無料での回収・修理）のための多額の費用が必要となる場合がある．そのような製品領域では信頼性が最も重視される．そのため組込みソフトウェアの開発において安全管理や検証が重視され，信頼性を高めるための手法やプロセスが適用される．

(4) 使いやすさ

組込みシステムの中でも，一般の消費者が利用する家電製品，携帯電話などの情報機器，車載電子システムなどでは，使いやすさが重要である．特に専門家ではない一般の消費者向けにとって，組込みソフトウェアが使いやすいことは重要な要素である．それには，直観的でわかりやすい操作体系であることが重要である．また，起こりがちな誤操作に対しても，システムが致命的な誤動作を起こさない，システムの故障に結び付かないなど頑健であることも必要である．

また，専門家が利用するプラント制御用などの組込みシステムであっても，理解しにくい操作体系では誤操作を引き起こす恐れがある．専門家向けのシステムであっても，組込みソフトウェアには，一貫性が高く理解しやすい操作体系であることが求められる．

5.2 組込みソフトウェアの大規模化

ハードウェア技術の著しい向上によって，小型の組込みシステムであっても高速な CPU や大規模なメモリを搭載できるようになってきており，それに伴って大規模で複雑なソフトウェアが搭載されることが増えてきた．また，システムの高機能化の多くをソフトウェアが担うようになっている．

例えば，最新のスマートフォンでは，1 GHz 以上のクロックで動作するマイクロプロセッサが使われ，複数 CPU コアが搭載されたマルチコア型も用いられるようになっている．また，メインメモリとして 1 GB 以上のメモリを，記憶デバイスとして数 10 GB 以上のフラッシュメモリも搭載できるようになっている．これらは 10 年ほど前のパーソナルコンピュータに匹敵する高性能な仕様である．このため，このようなシステムを制御するためのソフトウェアのソースコード総量も著しく増加しており，1,000 万行を超えるようになっている [1]．

1,000 万行のソースコードを紙に印刷するとどのぐらいの量になるか考えてみよう．1 ペー

ジ40行で印刷すると，25万ページの文書になる．これは図5.2に示すように500枚単位の紙束で計算すると500束になる．1束の重量を約2 kgとすると，1,000万行のソースコードの全体では重量は1,000 kgになる．この膨大なソースコードを印刷したところで1人の人間が理解することはできない．また，このような大規模なソフトウェアをゼロから短期間に開発することは不可能である．

そのため，このような大規模なソフトウェアは，いくつかのモジュールに分割して開発することになる．モジュールの単位としては，一人もしくは少数のチームのプログラマが管理できる規模とする．例えば，1つのモジュールを10,000行以下のソースコードに抑えれば，一人で全体を把握できる規模であるといえる．

例えば，ソフトウェアのモジュール間でどのような組合せでも実行可能であるとすると，テストしなければならない組合せは，モジュール数が3個の場合は6（3の階乗：$3 \times 2 \times 1$）ケースである．しかし，モジュール数が20個に増加すると組合せは2.433×10^{18}乗（20の階乗）に増加する（図5.3参照）．1組の組合せのテストに1秒が必要だとすると，全部の組合せをテストするには770億年が必要となる．このようなやり方ではソフトウェア開発を終了できない．

このようなテストケースの増加は情報システムの開発における組合せ爆発と呼ばれる．これを防ぐために，ソフトウェアの設計をきちんと行って各モジュールの独立性を高め，テストの必要なモジュール間の組合せをなるべく限定することが重要である．

このような大規模化に伴ってソフトウェアの開発費が増大している．ソフトウェアに関して1960年代後半から指摘されている事項であるが，大規模ソフトウェアの品質や生産性が期待されたほど向上していない．マイクロプロセッサなどのハードウェア性能はムーアの法則などに従って3年で4倍という大きな割合で発展を続けている一方で，ソフトウェアの生産性向上は

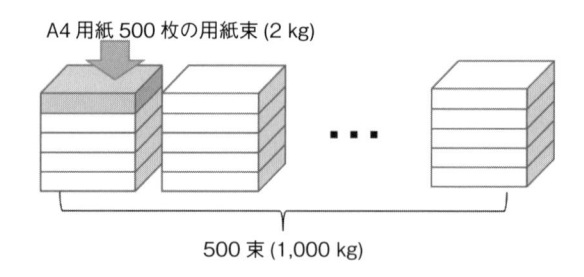

図 5.2　紙に印刷した1,000万行のソフトウェア

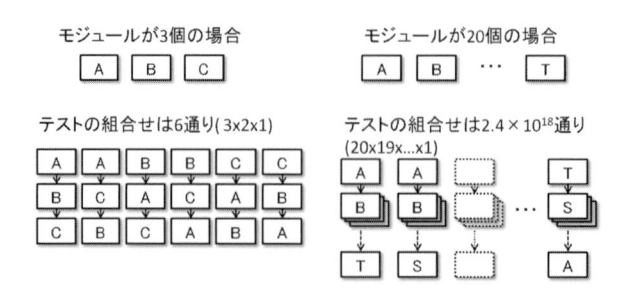

図 5.3　ソフトウェア・テストにおける組合せ

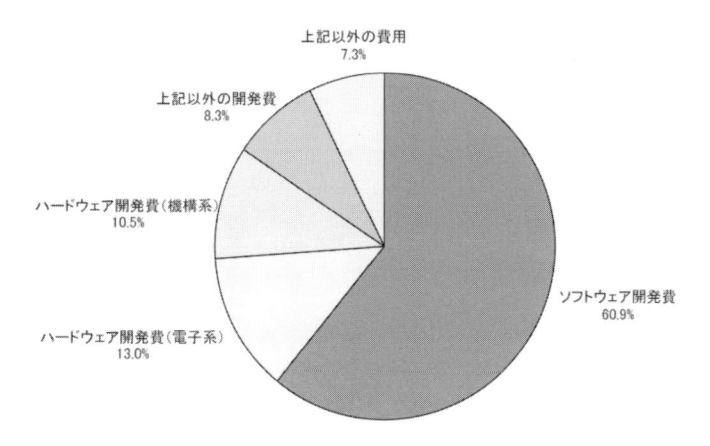

図 5.4 開発プロジェクト費用の内訳（文献 [2] から引用）

図 5.5 組込みソフトウェアの構成

低い伸びにとどまっている．

　このギャップが，ソフトウェア危機といわれるものの本質であり，特に大規模ソフトウェア開発については生産性が低くなるという問題点がある．これはソフトウェア開発が，本質的にすべて異なる処理を行うプログラムを組み合わせて開発するからである．同じプログラムは開発する必要がないため，各プログラムはお互いに決して単純なコピーにはならない．そのため，すべて開発者による設計・開発・テストが必要である．また，ソフトウェアが大規模化すると開発者同士の打合せなどのコミュニケーションの時間が増加し，プログラム間のテストの組合せが増加してテストの時間も増加するためである．図 5.4 に示すようにすでに多くの組込みシステムの開発プロジェクトでは，開発費用の 5 割以上がソフトウェア開発費に充てられている [2]．

　このようなソフトウェアの大規模化に対応するために，組込みソフトウェアの開発においても，汎用ソフトウェアと同様の階層設計が行われている．また，製品領域ごとに標準的なソフトウェアプラットフォームの導入も進んでいる．一般的に組込みソフトウェアの階層は図 5.5 に示すように 4 つに分類することができる．

　以下の節では，これらのリアルタイム OS，デバイスドライバ，ミドルウェアについて述べる．

5.3　リアルタイム OS

　OS（オペレーティングシステム）はハードウェアを抽象化し，容易に効率よく使用させるための基本プログラムである．読者の多くが普段から使用しているパソコンでも Windows や Unix

ベースの OS (Mac OS, Linux) が使用されている．これらは汎用 OS と呼ばれる．一方，組込みシステムでは汎用 OS の他にリアルタイム OS (RTOS) が用いられることが多い [3, 4]．

組込み用に利用されるリアルタイム OS の特徴は以下のようにまとめることができる．

・複数のタスクを高速に切り替えながら実行するマルチタスク
・優先度に基づいたタスクのスケジューリング
・タスク間の同期制御と排他制御
・割込み処理

以下では，これらについて述べる．

マルチタスクとは，一つのマイクロプロセッサを切り替えることで，見かけ上複数の処理を同時に行うために利用される．リアルタイム OS が切り替える処理の単位はタスクと呼ばれ，複数のタスクという意味でマルチタスクと呼ばれる．汎用 OS においてもマルチタスクが利用できるが，リアルタイム OS ではタスク切替えが高速に行われることが特徴である．

また，リアルタイム OS ではタスクの優先度に応じて実行するタスクを決定するスケジューリングが行われる．汎用 OS では一定時間を全タスクに割当て順番に実行することが多い．しかし，組込み用のリアルタイム OS で優先度が低いタスクは，優先度が高いタスクが実行可能でなくなるまでは，実行されない．設計者が組込みシステムの仕様に応じて，タスクの優先度を適切に割り当てる．基本的にすべての実行すべきタスクは設計時にわかっており，組込みシステムが全体として効率よくタスクを実行できるように，スケジューリングが適切に設計される必要がある．図 5.6 にマルチタスクと優先度に基づくスケジューリングの例を示す．

同期制御は，タスクを他のタスクや外部事象に同期させて実行させる機構である．また，一定の順序でタスクを実行する機構としても利用される．あるタスクの処理結果を待って，他のタスクが処理を行う必要がある制御などで使用される．

排他制御は，入出力機器やデータなど同一の計算機リソース（資源）を複数のタスクが利用する場合に使用される．タスクが利用したい計算機リソースを確保した上で利用することが原則である．他のタスクからの計算機リソースへのアクセスを排除することが目的である．同期制御や排他制御は，データキュー，セマフォ，ロックなどを用いて実現される．

割込み処理は，組込みシステムの環境変化を高速に取り込むために利用される．図 5.7 に割込

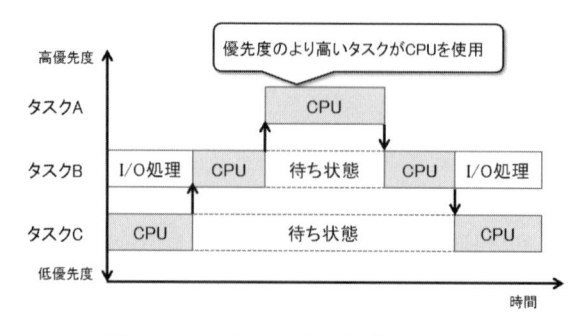

図 **5.6** マルチタスクとスケジューリング

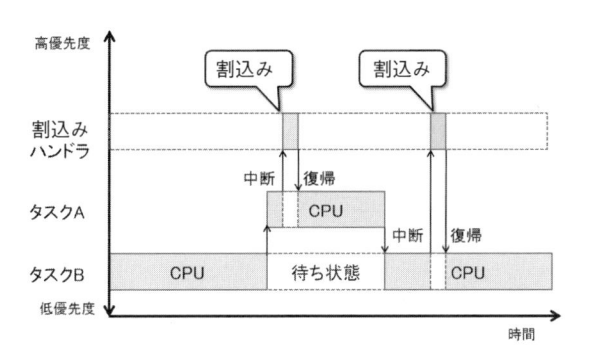

図 5.7 割込み処理

み処理の例を示す．割込み要求があった場合には，実行中のタスクはリアルタイム OS によって中断され，その実行状態は退避される．そして，割込みを起こした事象に対応する割込みベクタで指定された割込みハンドラが起動される．割込みハンドラでの処理が終了すれば，中断されたタスクの実行状態が復元されて再実行されることになる．考えられる割込み要因に対応して割込みベクタと割込みハンドラがあらかじめ設定されている必要がある．

割込み処理は外部センサなどの情報にできるだけ早く対処するために利用される．割込みハンドラは最優先で実行されるため，割込み事象が多すぎると本来のタスクの実行に支障をきたす可能性がある．組込みシステムが利用される環境で，割込み事象の発生頻度と割込み処理の時間については，設計者が適切に見積もる必要がある．例えば車両制御システムでは，車輪速センサからの車速パルスの検出などを割込み処理で行っている．これに基づいて 4 輪の車輪速を計算し ABS などのブレーキ制御に使用している．走行速度に応じて車速パルスの発生頻度は見積もることができる．

また，割込み事象の発生による割込みを禁止することが可能である．例えば割込みハンドラが処理を行っている場合には，それ以上の別の割込み（多重割込み）を禁止したいことがある．そのような場合には割込みを禁止することができる．割込みハンドラの処理が終わった場合には割込みを許可する．なお，割込みを禁止できない割込みも存在し，それらは NMI (Non Maskable Interrupt) と呼ばれる．システムで致命的なトラブルが発生した場合などには，NMI を使うことにより最優先で対処することができる．

このように割込み処理は，組込みシステムの故障検知のために利用されることもある．ウォッチドッグタイマはタイマ割込みを使用した故障検出機能であり，組込みシステムではよく利用される（図 5.8 参照）．ウォッチドッグタイマは一定時間内にリセットされることを想定しており，この条件が満たされないときシステムに故障があったとして割込み信号を発生する．このような故障状態を検出した場合，リアルタイム OS に所定の割込み処理を実施させる．また，割込み処理は，演算エラーやアクセス違反などプログラムでの違反検出にも利用される．

5.4 デバイスドライバ

デバイスドライバは，センサやアクチュエータなどハードウェア（デバイス）に密着した制

図 5.8 ウォッチドッグタイマによる故障検出

御ソフトウェアである．デバイスドライバを用いる利点は，アプリケーションから標準的なインタフェースを使って外部デバイスを制御できることである（図5.9参照）．これにより入出力デバイスの種類ごとの違いを上位階層から隠ぺいすることができ，ソフトウェア開発の効率化ができる．デバイスドライバは対象となるハードウェアに直接対応したものが使用される．

制御対象としては，まず，カメラ画像，温度センサ，圧力センサ，スイッチなどの外界の情報を取り込むための入力デバイスがある．次に対象を制御するために必要となるモータ，ソレノイドバルブ，点火コイルなどのアクチュエータがある．また，電力を供給するバッテリ，データを記録するためのメモリやハードディスクなどの記憶デバイス，情報を表示するためのメータやディスプレイなどの表示デバイスなども含まれる．

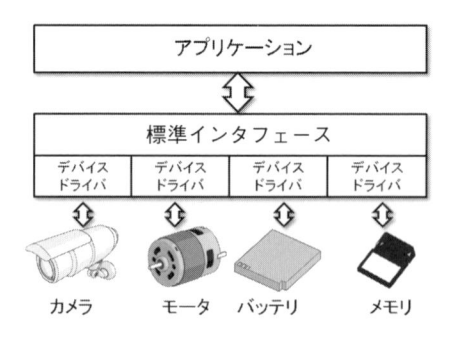

図 5.9 デバイスドライバの役割

5.5 ミドルウェア

ミドルウェアは OS 上で動作するが，アプリケーションに基本的な信号処理機能を提供するソフトウェアである．図 5.10 に示すように高機能な画像処理，音声処理，通信処理などを行う組込みシステムが増えている．これらの組込みシステムでは製品分野ごとに標準的な信号処理を行っている．このような場合，世の中でミドルウェアとして提供されている標準的な信号処理ソフトウェアを利用することが多い．

ミドルウェアの利点は性能向上と開発の効率化である．組込みシステムで使用するプロセッ

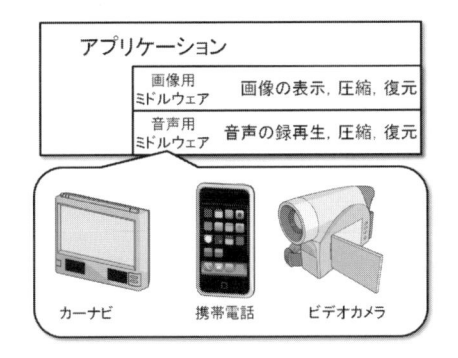

図 5.10 ミドルウェアの役割

サのアーキテクチャに最適化されたミドルウェアが提供されている．それらを用いることで高い性能を実現することができる．また，その他のミドルウェアとして，ウィンドウシステムに代表されるヒューマン・マシン・インタフェースのソフトウェアがある．組込みシステムでは使いやすいインタフェースを用意することは重要であるが，システムごとに個別に開発することは負担が大きい．広く普及しているウィンドウシステムをベースとして開発することが一般的に行われている．

5.6 ソフトウェア・アーキテクチャ

ここでは，ソフトウェア・アーキテクチャとは，ソフトウェアの構造および開発のための概念構造とする．車載電子システムで使用されるソフトウェア・アーキテクチャの例としてAUTOSARを紹介する [5]．

これまでは，組込みシステムは特定のハードウェアに向けて開発され，カスタマイズされて市場に出荷されることが多かった．このため，組込みソフトウェアについても，異なるマイクロコントローラや異なる ECU ハードウェアに移植して，そのまま再利用することが難しいという状況があった．このような事情は，同一メーカの異なる車種への製品展開であっても同じである．一つの車種向けに開発した組込みソフトウェアを他車種へそのまま移植することはできない．

その理由は，制御対象となる車両の重量，大きさ，特性などが異なるためである．また，出荷される仕向け地ごとにセンサやアクチュエータなどの入出力デバイスが異なる．想定される仕向け地での利用環境が異なるからである．これらの条件が異なってくると，マイクロコントローラや ECU ハードウェアが同一であっても，別なデバイスドライバを使用することが必要となり，ソフトウェアとしては異なる部分がでてくる．そのためまったく同じ組込みソフトウェアとして扱うことができない．

しかし，ソフトウェアの開発費用は増大しており，プロジェクト費用の大きな部分を占めるようになっている．すべての車種ごとにソフトウェアを個別開発することは，開発コストが高くなり問題がある．そのため，組込みソフトウェアを共通で基本的なソフトウェア部分と個別に変更・開発する部分に分ける．これによって開発や保守を効率化する．そのための基本的な

ソフトウェアの構成がソフトウェア・アーキテクチャである．また，一度，開発したソフトウェアから基本となる部分をソフトウェア・アーキテクチャとして設定して，他の製品向けのソフトウェアを派生的に開発する技術をプロダクトライン開発技術と呼ぶ．

5.7 AUTOSAR

AUTOSARとはAUTomotive Open System Architectureの略で，2003年7月に設立されたコンソーシアムである．中心的なメンバであるコアパートナはBMW Group, Bosch, Continental, Daimler, Ford, Opel, PSA Peugeot Citroen, Siemens VDO, トヨタ，Volkswagenである．また，欧州だけでなく米国や日本の自動車メーカ，サプライヤ，半導体メーカ，開発ツールベンダなども多く参加している．

AUTOSARでは，車載制御用システムという特定領域に対して標準的なアーキテクチャを提供することが目標である．これによって，自動車メーカ，ECUサプライヤ，半導体サプライヤ，ツールベンダなどのすべてに対して，オープンな市場を作ることを目指している．これらの参加者にとっては，AUTOSARのフレームワークに基づいて製品を開発することで，異なる車種，ECU，マイクロプロセッサであっても，開発したアプリケーション・ソフトウェアを相互に共通利用できることになる．これによって，つまり，一度アプリケーション・ソフトウェアを開発すればどんなECUでも再利用できることの実現を目指している．

図5.11にAUTOSARのソフトウェアのアーキテクチャを示す．ここでは，マイクロコントローラ（マイクロプロセッサ）やECUをハードウェアとして，それらを抽象化するソフトウェアのアーキテクチャが構築されている．ソフトウェアは，基本ソフトウェア(BSW)層，AUTOSARランタイム環境(RTE)層，アプリケーション層と3階層に分けられている．AUTOSARの基本的なコンセプトは，これらの階層化によるハードウェアの抽象化と，それによるアプリケーションの汎用化を狙っている．このようなアプリケーション・ソフトウェアとマイクロコントローラやECUハードウェアの間にある階層はハードウェアの抽象化層(Hardware Abstraction Layer)と呼ばれる．

細かく見ていくと，AUTOSARの基本ソフトウェア(BSW)層は，さらに3階層に階層化されており，それぞれ，マイクロコントローラ抽象化層，ECU抽象化層，サービス層となっている．最下層であるマイクロコントローラ抽象化層は，最もマイクロコントローラに近い層であり，マイクロコントローラ，メモリ，通信，I/Oのデバイスドライバで構成されて，それらを抽象化する役割を担っている．そのためこれ以上の階層では物理的なマイクロコントローラからは独立している．

次のECU抽象化層はマイクロコントローラを搭載するECUを抽象化している層である．この階層では，ECUハードウェアである，搭載機器抽象化層，メモリハードウェア抽象化層，通信ハードウェア抽象化層，I/Oハードウェア抽象化層から構成されている．なお，複合ドライバはこのような階層的な構成を取らないデバイスドライバのサービスをアプリケーションに提供する．この複合ドライバ層はAUTOSARのコンセプトである抽象化と階層化の点からは好ましいとはいえないが，従来ソフトウェアとの互換性やパフォーマンス改善のために用意さ

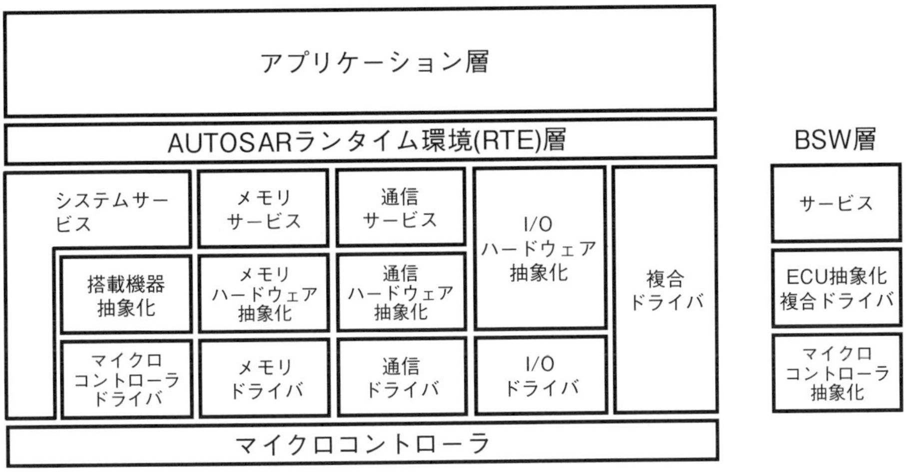

図 5.11　AUTOSAR のソフトウェア構造（文献 [5] を元に作成）

れていると思われる．

　次のサービス層は，システムサービス層，メモリサービス層，通信サービス層などからなる．これらの層は基本ソフトウェアとしてハードウェアから独立したサービスを提供する．次の層である AUTOSAR RTE 層（RTE: Run Time Environment，ランタイム環境）は，アプリケーション・ソフトウェアから基本ソフトウェアを抽象化する役割を担っている．アプリケーション・ソフトウェアは，RTE を介して基本ソフトウェアのサービスを呼び出す構造になっている．

　また，AUTOSAR では，上に示したソフトウェア・アーキテクチャとインタフェースだけでなく，アプリケーション・ソフトウェアの開発手法についても標準化が進んでいる．つまり，どのように仕様を記述し，個別のソフトウェアを開発して，実装するかについても標準的な手順を決めて勧めるようにしている．方向としてはハードウェアとは独立したアプリケーション・ソフトウェアの開発である．マイクロコントローラや ECU のハードウェアを制約条件としてとらえて，その制約を満足するアプリケーション・ソフトウェアの実装はツールチェーンを用いた標準的な手順で行うことを目的としている．

演習問題

設問 1　最近の組込みソフトウェアの特徴について説明せよ．

設問 2　組込みシステムに使用するリアルタイム OS と汎用 OS の違いを説明せよ．

設問 3　組込みシステムでのデバイスドライバの利点と欠点について説明せよ．

設問 4　スマートフォンで利用されているミドルウェアを説明せよ．

設問 5　スマートフォンのソフトウェアプラットフォームについて説明せよ．

参考文献

[1] 日経 BP：たたいてつくるソフトウェア，日経エレクトロニクス，2007/04/23 号，pp. 50-59 (2007)

[2] 経済産業省：2010 年版組込みソフトウェア産業実態調査報告書 — プロジェクト責任者向け調査 — (2009)

[3] 坂村健 監修：μITRON4.0 標準ガイドブック，パーソナルメディア (2001)

[4] 高田広章，岸田昌巳，宿口雅弘，南角茂樹：リアルタイム OS と組み込み技術の基礎，CQ 出版社 (2003)

[5] AUTOSAR: AUTOSAR Enabling Technology for Advanced Automotive Electronics, Media Release, October (2006)

第6章
組込みソフトウェアの開発技術

□ 学習のポイント

　組込みソフトウェアの大規模化に伴って開発技術が重要になっている．それはプログラミング言語やコンパイラといった開発ツールだけではない．開発技術は要求仕様書の作成，ソフトウェアの基本設計から詳細設計，プログラム言語による実装，正しさを確かめるテスト，リリース後の運用・保守というすべての段階で使用されるようになっている．開発技術を無視しては組込みソフトウェアの効率的な開発はできない．
　この章では組込みソフトウェアの開発技術について紹介する．

- ソフトウェア工学とはソフトウェアを正しく効率よく開発するための学問領域であることを理解する．
- 組込みソフトウェアでも開発技術が重要な役割を担っていることを理解する．
- 大規模ソフトウェアを開発するにはソフトウェア開発技術についての理解と知識が重要であることを理解する．
- ソフトウェア開発技術において抽象化と自動化が重要な概念であることを理解する．
- 開発を効率化するためのさまざまなソフトウェア開発ツールがあることを理解する．

□ キーワード

　ソフトウェア危機，大規模ソフトウェア，ソフトウェアの品質，開発プロセスモデル，要求分析，アーキテクチャ設計，プログラミング，開発環境，テストと検証

6.1 ソフトウェア工学

　第5章で述べたように組込みソフトウェアは大規模化しており，大規模なソフトウェアを効率的に開発するための技術体系がソフトウェア工学である．ソフトウェア工学の目的は，大規模なソフトウェアを高い品質で開発することである．
　しかし，「人月の神話」[1]に述べられているように，ソフトウェア開発の効率と信頼性を劇的に改善する手法は見つかっていない．1970年代からいわれているソフトウェア開発の問題とは，大規模ソフトウェアの品質や生産性の向上の割合が，ハードウェア技術の向上に比べて相対的に低いことである．現代はソフトウェア開発技術も進歩しているものの，ムーアの法則に代表されるハードウェアの指数関数的な発展に比べると，その発展の速度は控えめであるといわざるをえない．その理由はソフトウェアの本質が，抽象的な概念構造を表現し操作すること

表 6.1 ソフトウェア品質（ISO9126 による）

品質特性	概要
機能性 (Functionality)	ソフトウェアの機能が正確で適切に提供されること ソフトウェアが安全であること
信頼性 (Reliability)	ソフトウェアが信頼できること ソフトウェアが誤りから容易に復旧できること
使用性 (Usability)	ソフトウェアが習得しやすいこと ソフトウェアの運用が容易なこと
効率性 (Efficiency)	ソフトウェアの処理時間や，消費電力など資源利用が効率的であること
保守性 (Maintainability)	ソフトウェアの解析や変更が容易であること ソフトウェアのテストがしやすいこと
可搬性 (Portability)	ソフトウェアが移植しやすくさまざまな環境へ適用できるようになっていること

である．ソフトウェア開発の困難な部分はその仕様作成，設計，テストであり，単純な自動化が難しいことによる．そのため，ソフトウェアの開発者には大きな問題が依然として残されている [2]．

それではソフトウェアの品質とは何であろうか．ソフトウェア品質については国際標準化機構によって定められた規格 ISO9126 がある [3]．それによれば，ソフトウェア品質には表 6.1 に示すような 6 つの特性，すなわち機能性，信頼性，使用性，効率性，保守性，可搬性がある．組込みソフトウェア開発でもこれらの品質を達成することは同じである．組込みソフトウェアでは，利用される分野によって，このうちのどれをより重視するかという点が異なる．

例えば，一般の利用者が使用する音楽プレーヤなどでは，使いやすさが重要となるため使用性が重視される．また，消費電力の面から効率性も重視される．

一方，ソフトウェアを開発する側からは異なった点が重要になる．例えば，社会的なインフラとして利用される電力システム，人命を預かる自動車，鉄道，航空機などを開発する上では，第一に安全で故障しないという点で信頼性が高いことが重要であり，信頼性を保つために保守性も重要になる．

高い品質のソフトウェアを開発するための技術が，ソフトウェア工学であることは前に述べた．それでは組込みソフトウェアは，具体的にどのような開発プロセスによって支えられているのであろうか．ここでいう開発プロセスとは，複数人のチームで分担してソフトウェアを開発するための決められた手順である．大規模なソフトウェアでは，メンバは全体で決められたルールに従ってチームでステップを踏んで仕事を進めていく必要がある．そのためのまとまった仕事がプロセスの各段階に相当する．

まず，前提条件として組込みシステム全体の開発目的が明確であることが必要である．次にそのために必要となるシステムの概要や，利用期間，利用形態などが定められる．開発目的を達成するためのハードウェアとソフトウェアの切り分けが行われ，それぞれの開発計画が策定される．ここでは開発に使用する開発期間，開発用に使える費用を見積もった開発予算，開発後の維持管理の方法なども含まれる．

表 6.2 ソフトウェアの開発プロセス

項目	概要
要求分析	ソフトウェアに必要な機能を調査分析し，それを明確に要求仕様として記述すること
設計	要求仕様を実現するための基本構造であるソフトウェア・アーキテクチャを設計すること アーキテクチャに基づいてプログラムの詳細仕様を設計すること
実装	プログラミング言語を使用して詳細仕様を満足するプログラムを記述すること
テスト・検証	ソフトウェアが正しく動作することを確認すること 小さなプログラム単位で行う単体テスト，システムとして統合した上で行うシステムテスト，納入後の受入れテストなどがある
運用・保守	ソフトウェアを運用して，正しく動作し続けるように維持管理すること 運用中に不具合や問題が生じた場合に，ソフトウェアを修正したり，改良すること

　このような開発計画に基づいて組込みソフトウェアが開発される．その開発プロセスを示したものが表 6.2 である．

　表 6.2 は一般的なソフトウェア開発の工程を示している．しかし，組込みソフトウェア開発技術の特性としては以下のような項目があり，注意が必要となる．

・専用ハードウェアに特化したソフトウェア開発

　組込みシステムの開発ではハードウェアが専用開発される場合が多い．そのため実装時やテスト・検証時にハードウェアが用意できていない場合があり，ソフトウェアのテストができないこともある．その場合には，ソフトウェア開発が専用のハードウェア開発と並行して行われることになる．実装以降の段階で開発中のハードウェアを使用しながらソフトウェアとハードウェアのテスト・検証が並行して行われることになる．

・クロス開発環境

　組込みシステムの開発ではターゲットとなるハードウェアでは開発システムが利用できない場合が多い．このような場合には，組込みソフトウェアの開発では，汎用コンピュータなどを利用してソフトウェア開発環境が構築される．デバッグ時には開発環境となるパソコンとターゲットとなるハードウェアが接続された開発環境を使用することが一般的である．開発中のソフトウェアをダウンロードして組込みシステムを動作させながらソフトウェアのテスト・検証を行うことが多い．そして開発終了後には，ソフトウェアからテスト・検証用の機能が除かれたものがターゲットとなるハードウェアに実装されることになる．

・運用・保守

　組込みシステムではソフトウェアの保守・運用が簡単に行えない場合が多い．例えば，自動車などの車載システムの組込みソフトウェアの場合には，車載の組込みコンピュータである ECU 上のソフトウェアとして実装されている場合が多い．このような場合にはソフトウェアに不具合が見つかった場合，基本的には修理工場に自動車を持ち込み，そこで ECU を取り出しソフトウェアを修正する必要があるからである．何十万台という自動車の制御ソフトウェアに不具合がある場合には，その修正を行うために必要な費用が多額になる．そのような不具合を起こさないためにもテスト・検証の作業が徹底的に実施される．

6.2 ソフトウェア開発プロセス

本節ではソフトウェアの開発プロセスについて説明する．組込みソフトウェアの開発でも大規模な場合には適切な開発プロセスを使用することが重要になる．

図 6.1 に示した開発プロセスは「ウォータフォールモデル」と呼ばれるモデルである．このウォータフォールモデルでは，各段階のプロセスが終了した段階から，次のプロセスに移行する．順番に次の段階にプロセスが進んでいくことが基本の考え方である．この考え方ではソフトウェア開発をプロセスごとに順番に実施するため，各プロセスが終了した段階での成果物がはっきりしている．

例えば，要求仕様書が成果物としてまとまった段階で要求分析が終了することになる．次にソフトウェアのアーキテクチャや詳細設計に関する設計仕様書がまとまった段階で設計が終了することになる．このウォータフォールモデルでは進捗具合がわかりやすく，工数管理も容易であるという特徴がある．

しかし，このウォータフォールモデルは前の段階のプロセスの成果物が完全であることを仮定している点で，現実のソフトウェア開発では問題がある．現実の開発では，後の段階のプロセスに入った後に，前の段階での不完全さや矛盾する点が明らかになることが多い．例えば，設計仕様書に曖昧さがあると，実装段階に入ってプログラム開発の段階で問題が発生することがある．このように前の段階に戻って修正を行うことが必要である．

このような問題に対処するために，ウォータフォールモデルの改良版として利用されているのが V 字モデルである（図 6.2 参照）．このモデルではテストを重視し，左側の分析や設計のプロセスと対応させる．例えば，要求分析に対してはシステムテストが配置され，実装に対しては単体テストが配置されている．これは，プログラム作成などの実装の正しさを単体テストによって確認し，要求分析の正しさをシステムテストで確認することを示している．そして，右側のテストの各プロセスで不具合が見つかった場合には，左側の対応するプロセスに戻って修正を行うことになる．

実装の段階での不具合が単体テストで見つかった場合には，実装を修正することで不具合の修正が可能である．このような修正作業は開発現場では手戻りと呼ばれる．手戻りのための作業に必要な工数は，単体テストでの不具合は 1 つ前のプロセスで修正可能であり，手戻りの工

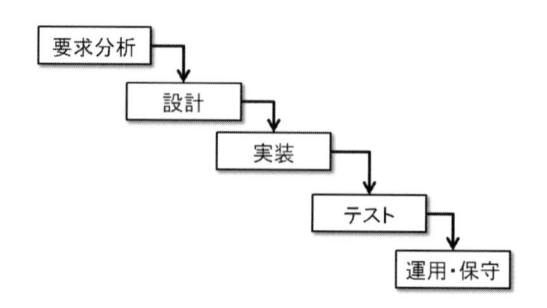

図 **6.1**　ウォータフォールモデル

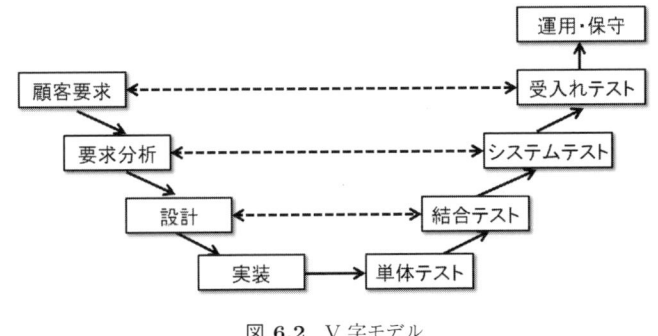

図 6.2　V字モデル

数は小さい.

一方，システムテストで不具合が見つかった場合には，要求分析の段階での不具合を修正し，該当する設計仕様を修正し，実装するプログラムを修正する必要がある．このように修正のために必要なプロセスが多くなる．上位のプロセスは抽象度が高いため，そこでの修正は，下位のプロセスに大きな変更が必要になる．そのため手戻りのための工数は飛躍的に大きくなる．これはウォータフォールモデルでも同様である

このようにウォータフォールモデルにしても，V字モデルにしても次のような問題があることがわかる．

・開発の各プロセスでの不具合を抑えられることを想定しているが，ソフトウェア開発ではこれは現実的ではない．

・現実のソフトウェア開発では顧客要求が確定しておらず，仕様自体が開発プロセスの途中で変更されることがある．

このような問題に対処するためのソフトウェア開発プロセスのモデルとして，進化型の開発プロセスのモデルが提案されている．進化型の開発プロセスでは，開発の初期段階から実行可能なプロトタイプを作成することが特徴である．プロトタイプ (Prototype) とは試作品を意味しており，実行可能な試作品のプログラムによって早い段階から機能確認しながら開発を進めていくことで，大きな手戻りがないようにできると考えられる．

進化型の開発プロセスのモデルでも，プロトタイプの作り方などによってさまざまなモデルが提案されている．ここでは，そのうち機能を徐々に追加していくプロトタイピング型モデルについて紹介する．また，スパイラル状に開発プロセスを繰り返すスパイラル型モデルについても紹介する．最後に，変化する環境や顧客の要求に対する柔軟性を保つためのアジャイル型モデルを紹介する．

プロトタイピング型モデルを図 6.3 に示す．このモデルでは要求分析の次の段階で試作品であるプロトタイプを作り，顧客からの評価を受けることが特徴である．機能するソフトウェアを早い段階で顧客や利用者に提示し，要求分析の妥当性を評価することができる．また，その結果を受けて要求仕様にフィードバックすることも可能になる．このような早期の段階で仕様を確定させることで，大きな手戻りにつながる不具合を減少させることができる．

このプロトタイプは要求仕様が確定した後には捨ててしまうこともできる．要求仕様に基づ

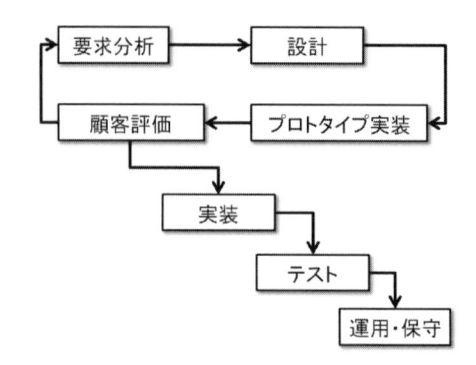

図 6.3 プロトタイピング型モデル

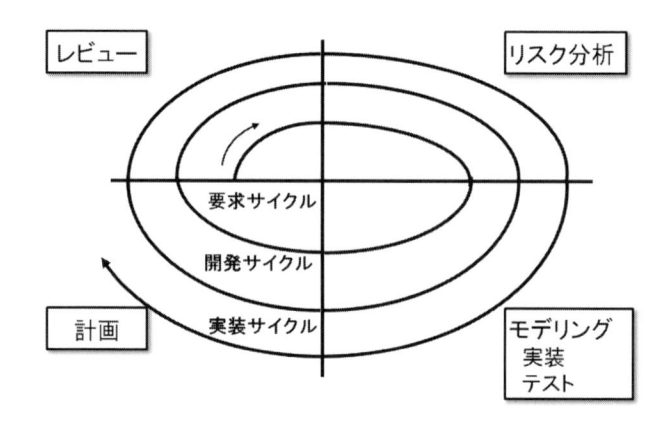

図 6.4 スパイラル型モデル

いて新しく設計や実装を行うのである．このような開発プロセスは使い捨て型プロトタイピングと呼ばれる．一方，このプロトタイプに少しずつ機能を追加して，徐々に完成システムに近づけていくことができる．このような開発プロセスはインクリメンタル型（漸増型）プロトタイピングと呼ばれる．また，プロトタイプ全体に改良を繰り返し行う開発プロセスもあり，こちらはイテラティブ型（反復型）プロトタイピングと呼ばれる．

次にスパイラル型モデルを図 6.4 に示す [4]．このモデルではらせん状の開発プロセスを取ることが特徴である．開発プロセスの各段階で計画立案後にリスク分析を行い，評価用プロトタイプを作ってリスク評価と軽減を行い，その結果を生かして次の開発プロセスを次の段階に進める．ここでリスクとは各段階での失敗につながる要因である．従来のウォータフォール型モデルの要求分析，設計，実装とテストの各段階を，1 サイクルに適用することができる．最も内側のサイクルで要求分析のプロセスを行い，次のサイクルでは設計のプロセスを行い，そして最も外側のサイクルで実装とテストを行っている．このサイクルを実行することでソフトウェアの完成度を上げていくことができる．

アジャイル型モデルについて紹介する（図 6.5）．アジャイル (Agile) とは「敏しょうで，素早く動く」という意味である．アジャイル型モデルは迅速に要求されるソフトウェアを開発する手法の総称である．動作するソフトウェアを部分的であっても早い段階から顧客に継続的に

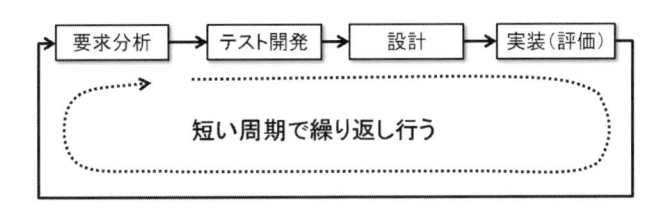

図 6.5 アジャイル型モデル

ソフトを引き渡して，顧客の評価を受けながら開発を進める．

そのために，開発すべきソフトウェアを多数の小さな機能に分割し，その機能単位ごとに動作するソフトウェアを短期間に開発する．機能単位の開発には通常の開発プロセスを用いることで，アジャイル型モデルはプロトタイプ型のソフトウェア開発プロセスを何度も繰り返すことであるともみなすことができる．

アジャイル型モデルを用いることで，要求仕様の曖昧さという問題に対して，動作するソフトウェアで顧客に確認しながら開発を進めることができる．顧客や開発チーム内でのコミュニケーションを重視し，協調しながら開発することで顧客の満足度を高め，要求の変化にも柔軟に対応することを狙っている．

エクストリームプログラミング (XP) はそのようなアジャイル型モデルの一つである．エクストリームプログラミングでは，顧客の要求が変化することに対処するため，動くシステムを素早く提供することを優先し，そのために設計，実装，テストを短期間で繰り返す．また，開発方法としてペアプログラミングによるプログラム開発が推奨されている．ここでは，一人がプログラミングを担当し，もう一人は横でそのプログラムのレビューを行うという分担で共同作業を行って開発する．二人の共同作業によって作業効率が向上し，プログラム品質が向上するなどの長所がある．また，要求分析の後，顧客の協力を得ながら機能テストを作成し，その後に実装を行うという方法が採用される．これによって，顧客との関係を常に良好に保ちながら開発を進めることができるという利点が期待できる．

6.3 要求分析

本節では，ソフトウェア開発における要求分析について紹介する．要求分析では，ソフトウェアに必要な機能を調査分析し，それを明確に要求仕様として記述する．

ソフトウェア開発の要求分析には次の三者が参加する．

(1) 顧客（利用者）：要求の決定や開発したソフトウェアの受入れの権限を持つ人である．一般消費者向けの組込みシステムでは，市場での販売担当者がなる場合もある．

(2) 開発者：実際にソフトウェアを開発する人である．技術的な観点から要求を実現可能な範囲に収める役割を担う．

(3) 分析者（アナリスト）：実際の要求仕様書をまとめる責任を持つ人である．顧客と開発者の調整を行う．

この要求分析では，顧客からの要求をソフトウェアで必要な機能や性能などを決めるための

条件や制約を仕様という形でまとめることが目標である．分析者が調整を行い，最終的な要求仕様に関して顧客および開発者が合意できることが必要である．

要求仕様は，例えば IEEE Std 830-19098 などで示された品質特性を満たすことが望ましい [5]．そこには，(1) 妥当性，(2) 曖昧でないこと，(3) 完全性，(4) 無矛盾性，(5) 重要度と安定性の順位付け，(6) 検証可能性，(7) 変更可能性，(8) 追跡可能性，の 8 項目が上げられている．

これは一般的な計算機システムでのソフトウェア開発での要求仕様に関することであるが，組込みソフトウェアの開発であっても基本的に同じである．組込みシステムでは，上に上げた性能や機能に関する機能要求のほか，リソース制約，信頼性，使いやすさなどといった非機能的な要求が取り上げられる点が特徴的である．

要求分析の具体的な作業は以下の 3 つの段階で行う．

(1) 要求獲得：顧客や利用者のニーズを要求としてまとめる．これらを要求記述として文書化する．

(2) 要求仕様化：顧客や利用者の要求記述から，誤りや曖昧さなどを修正して要求仕様書としてまとめる．

(3) 要求確認：要求仕様が正しいか，先にあげた品質特性などを考慮して，要求仕様書を担当者がレビューして確認する．

要求分析では，抽象化の考え方が重要である．抽象化とは対象から本質的でない部分を捨て去って，広く利用できる共通のものを抽出することである．ソフトウェア開発での抽象化とは，検討すべき主要な事項だけを取り出して記述を行うことである．そのために要求分析には，大きく分けて構造化分析とオブジェクト指向分析の 2 つの手法がある．構造化手法はトップダウンの手法であり，オブジェクト指向手法はボトムアップの手法といえる．

(1) 構造化分析

構造化とは機能に基づいてシステムを分割して，詳細化を行っていく考え方である．構造化分析 (Structured Analysis) は，構造化の考え方に基づいて分析を行う手法である．構造化分析ではデータフロー図，データ辞書，プロセス仕様書などを用いる．飛行船自律航行システムの分析のためのデータフロー図の例を図 6.6 に示す．

(2) オブジェクト指向分析

オブジェクト指向とは，システムにおいて操作されるオブジェクト（対象物）を面から分割して詳細化を行っていく考え方である．オブジェクト指向分析 (OOA：Object-Oriented Analysis) とは，オブジェクト指向の考え方に基づいて分析を行っていく手法である．オブジェクト指向分析ではユースケース図などを用い，分析の例を図 6.7 に示す．

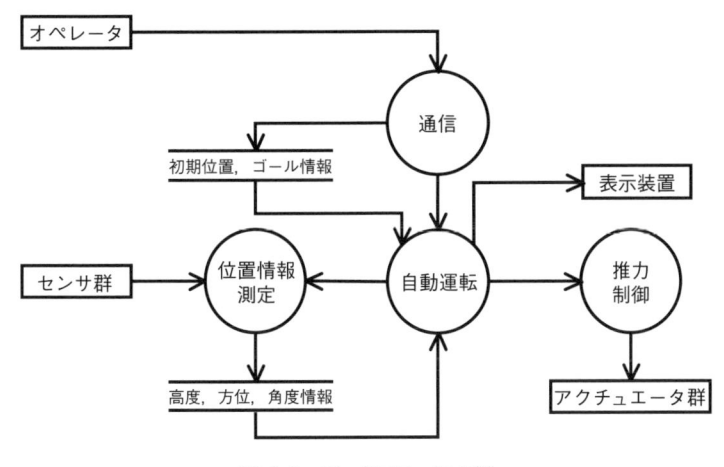

図 6.6　データフロー図の例

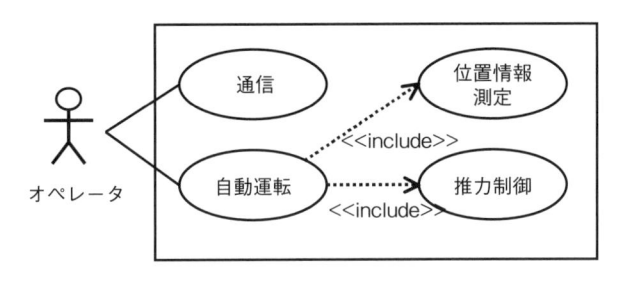

図 6.7　ユースケース図の例

6.4　設計

ソフトウェアの設計は 2 つの段階に分類されることが多く，基本設計では要求仕様を実現するための基本構造であるソフトウェア・アーキテクチャを設計する．次の詳細設計ではアーキテクチャに基づいて，インタフェース，コンポーネント，データ構造，アルゴリズムなどのプログラムの詳細仕様を作成する．

6.4.1　アーキテクチャ設計

ソフトウェア・アーキテクチャとは，ソフトウェアの基本構造である．アーキテクチャ設計では，実行時や開発時の品質特性を考慮しながらソフトウェア全体を分割し構造化を行っていく．

まったく新しいアーキテクチャを採用することには未経験のリスク要因がある可能性がある．そこで，これまで開発された類似のソフトウェアを参考にしてアーキテクチャを設計することが多い．組込みシステムで利用されるソフトウェアのアーキテクチャとして，以下のようなさまざまなモデルがある．

(1) 階層モデル：機能を階層的に配置したモデル．上位にはアプリケーションが，下位には基本ソフトウェアやハードウェアが配置される（図 5.5，図 5.11 参照）．

(2) データフローモデル：データ処理の流れを配置したモデル．入力データを上位に，出力

表 6.3　アーキテクチャ設計で決定される事項

項目	概要
基本構造	基本機能の分割と構造化方針の決定
開発手法	開発に利用するプログラムやツールの決定
品質特性	重視する品質特性とその評価方法の決定

データが下位に配置される．

　(3) コントロールモデル：システム間の制御に基づいて配置したモデル．上位にメインの制御を担うコントローラやプログラムを配置し，下位にはサブコントローラやサブプログラムが配置される．

　アーキテクチャ設計では，ソフトウェアの基本構造が決定されるため，その後の開発プロセスに大きく影響を与える．アーキテクチャの設計で決定される事項を示すと表 6.3 になる．

　アーキテクチャ設計では，基本構造を評価する視点が重要である．これらに関しては開発者が共通の認識を持てることが重要である．ここで設計された基本構造については，その後での詳細設計を進めたときや，修正や拡張したときでも不変であることが望ましい．

6.4.2　詳細設計

　前節で決定されたソフトウェアの基本構造であるアーキテクチャに基づいて，詳細設計を行う．ここではインタフェース，コンポーネントなどのプログラムの詳細を設計することを詳細設計とする．

(1) インタフェース設計

　システムの使いやすさを決定する重要な要因であるユーザとのインタフェースを設計する．一般消費者向けの組込みシステムの設計では特に重要な項目である．また，社会インフラを担う輸送システムでは，使いづらいインタフェースでは安全性に重大な影響を与えることも考慮する必要がある．

　ユーザインタフェースの設計では人間の認知機能に基づいた注意深い設計と，ユーザの声に基づいてインタフェースを評価する仕組みが重要になる．設計評価の基準としては，ユーザインタフェースの親しみやすさ，操作方法の一貫性，学びやすさ，などがある．

(2) コンポーネント設計

　ソフトウェアが提供する機能を，より小さな機能単位であるコンポーネント（モジュールやオブジェクト）からなる構造体として設計することである．コンポーネントとはより大きな構造を構成するために利用される独立した機能を持つ部品である．ソフトウェア以外でもハードウェアでもコンポーネントを用いて開発することが一般的である．

　ソフトウェアをコンポーネントで分割して設計することの利点は，他のコンポーネント内部の詳細を把握していなくてもよいということである．これはソフトウェア開発における抽象化である．独立したコンポーネントの開発後に，コンポーネントを結合することによって，大規模なソフトウェアを効率よく開発することを目指している．

　ソフトウェア開発では，コンポーネント同士の機能の独立性が重要である．これは，各コン

ポーネントの機能が明確に分かれていることであり，設計変更や修正の影響が他のコンポーネントに及ばないという利点がある．また，コンポーネント自体の評価基準としては情報隠ぺいがある．これは，外部インタフェースと内部構造が分離されており，外部からはインタフェースだけが見えて，内部構造が隠されていることである．

(3) データ構造とアルゴリズム設計

プログラムとして実装されるデータ構造や，機能を実現するためのアルゴリズムなどを詳細に設計する．データ構造に関してはコンポーネントの機能に基づいて入力データと出力データの構造を設計することが重要である．

アルゴリズムは一定の機能を果たすための処理手順のことである．データの並べ替え，グラフの探索など，大量のデータを扱う処理などでは各種のアルゴリズムが研究されている．しかし，どのような処理にも高い性能を持つ万能アルゴリズムは存在しない．アルゴリズムの長所，短所を十分に理解した上で，目的に合ったアルゴリズムを選択することが重要である．

6.5 実装

本節では，ソフトウェア開発における実装（プログラミング）技術について説明する．実装とは，要求分析や設計で作成された仕様書に基づいてプログラム言語を用いてソースコードを記述してシステムにソフトウェアをプログラミングすることである．

組込みシステムの実装用プログラミング言語としては，C言語やC++言語を利用する割合が高い．また，4ビットや8ビットのプロセッサを用いた小規模の組込みシステムでは効率を重視してアセンブラを利用した開発も行われている [6]．

プログラミングでは，各種ツールが使用される．それには，コンパイラ，アセンブラなどの言語処理系のほか，デバッグツール，シミュレータ，プロファイラ，構成管理ツールなど，多数のソフトウェアツールが含まれる．

組込みソフトウェアの開発でもこれらのツール類を使用して実装を行う．ただし，目的とする組込みシステム（ターゲット）では，これらの開発ツールが利用できないことが多い．そこで，開発専用のコンピュータ（ホスト）を用意して，ホスト側で開発したソフトウェアをターゲット側にダウンロードしてデバッグするクロス開発を行うことが一般的である（図6.8参照）．

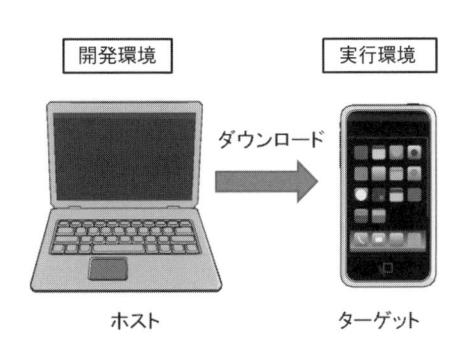

図 **6.8** クロス開発環境

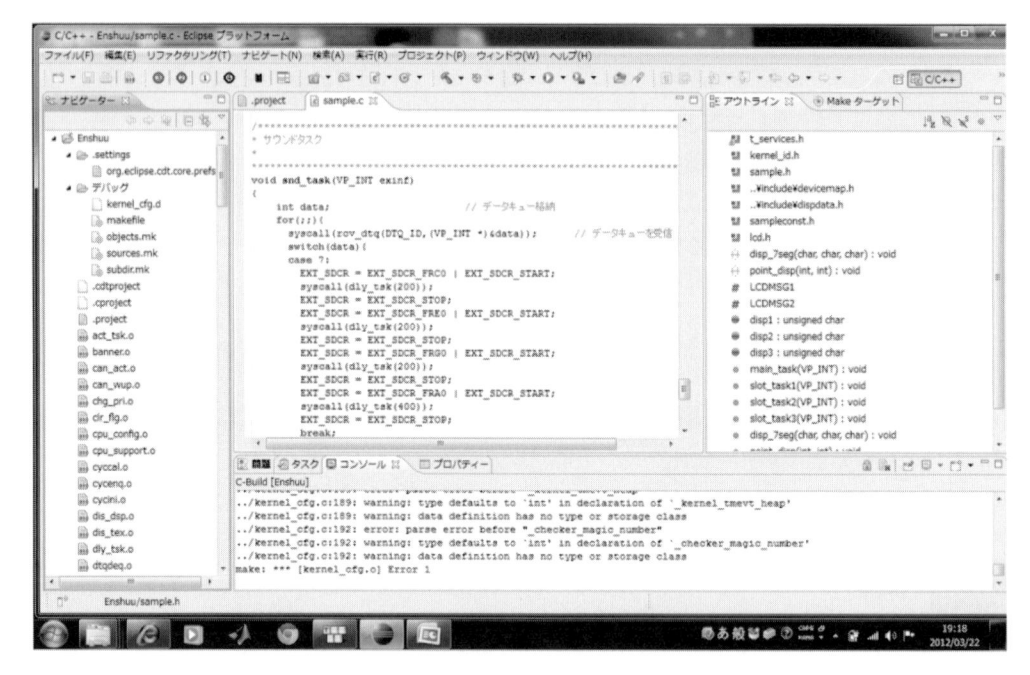

図 6.9 統合開発環境 Eclipse の画面例 (Eclipse Foundation)

ソフトウェア開発環境として，コンパイラ，デバッガ，プロファイラ，シミュレータなどの開発ツールが利用できる統合開発環境が使用されることが多い（図 6.9 参照）．開発用の 1 台のコンピュータから，これらの開発ツール類を統一されたユーザインタフェースのもとで使うことができるため，学習しやすく開発効率を上げることができる．

6.6 テスト・検証

テスト・検証では実装したソフトウェアが正しく動作することを確認する作業を行う．テストには，小さなプログラム単位で行う単体テスト，システムとして統合した上で行うシステムテスト，納入後の受入れテストなどがある（図 6.2 参照）．具体的なテスト結果を通して，実装されたソフトウェアと設計仕様との間に食い違いがないことの確認は，システムテストまでに実施される．一方，顧客から見てソフトウェアが妥当であることは，受入れテストとして実施される．

ソフトウェアのテスト・検証技術は大きく分類すると，動的検証と静的検証の 2 種類に分類することができる（図 6.10 参照）．

動的検証とは，ソフトウェアに入力となるテストデータを用意して動作させ，その結果からソフトウェアの正しさを検証する方法である．ソフトウェアの内部仕様書やコードに基づくテストは，ホワイトボックステストと呼ばれる．また，要求仕様書に記述された外部から見たソフトウェアの振る舞いに基づくテストは，ブラックボックステストと呼ばれる．これら多くのテストは動的検証に含まれる．

図 6.10 ソフトウェアのテスト・検証の技術

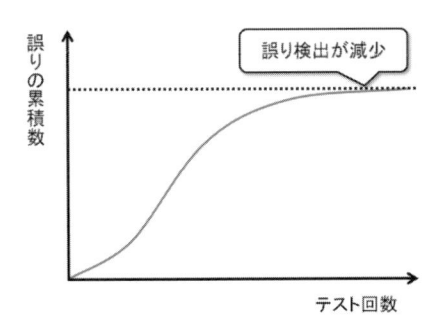

図 6.11 信頼性成長曲線

　テストによってソフトウェアの誤りは修正されていく．しかし，テストでは誤りを完全に検出することは保証されない．そこで，テストを終了する1つの基準として信頼性成長曲線が使用される（図 6.11 参照）．一般的に，テストの初期段階では多くの誤りが見つかり，テストの回数の増加とともに検出される誤りの数が減少することが知られている．そこで，新たな誤り検出が減少し，誤りの総数がほぼ収束したと判断される時点でテストを終了させる．

　一方，静的検証では，入力となるテストデータを使用しない．ソフトウェア自体が入力として扱われる．静的解析ツール [8] はソースコードを入力として，構文解析上の違反だけでなく，実装された条件ではまったく使用されないデッドコードや，コードの抽象解釈によって0による割り算などの可能性を指摘することができる．また静的検証では，アーキテクチャ記述や，設計仕様などのそのままでは動作しないドキュメントもレビューを行うことで検証することができる．レビューとは，対象となるソースコードや仕様書などに対して，設定した検査項目について誤りを指摘する関係者による作業である．この作業を通してソフトウェアの検証を行う．

演習問題

設問1 ソフトウェアの開発規模が大きくなると開発工数はどのように増加するか．両者の関係について説明せよ．

設問2 ソフトウェアの開発で最も費用がかかる不具合とは何か説明せよ．

設問3 ウォータフォールモデルとV字モデルを比較しその違いについて説明せよ．

設問4 アーキテクチャの設計ではトレードオフが問題になる．これについて説明せよ．

設問5 コンポーネント開発における情報隠ぺいの重要性について説明せよ．

参考文献

[1] Brooks, F. P.: The Mythical Man-Month: Essays on Software Engineering, Addison Wesley, 1975.（滝沢　徹・牧野　祐子・富澤　昇訳：人月の神話）

[2] ロジャー S. プレスマン：実践ソフトウェアエンジニアリング，ソフトウェアプロフェッショナルのための基礎知識，日科技連 (2005)

[3] ISO/IEC 9126-1, Software engineering - Product quality - Part1: Quality model, (2001)

[4] Boehm, B. W.: "A Spiral Model of Software Development and Enhancement", IEEE Computer, Vol.21, No.5, pp.61-72 (1988)

[5] IEEE Std. 830-1998, IEEE Recommended Practice for Software Requirements Specifications (1998)

[6] 経済産業省：2010年版組込みソフトウェア産業実態調査報告書 — プロジェクト責任者向け調査 — (2009)

第7章
簡単なマイクロプロセッサ　"小マイクロプロセッサ"

---□ 学習のポイント──────────────

　マイクロプロセッサ／コンピュータの働きとその仕組みを知る．マイクロプロセッサの仕組みは，「繰り返し使われるハードウェア」により「連続する命令を実施させる」ことである．「繰り返し使われるハードウェア」を"データ転送処理系"，「連続する命令を実施させる」を"順序処理系"と名づける．これら2つのハードウェアブロックで構成され，ある考えの元作られたプログラムは"順序処理系"により"データ転送処理系"の動きを制して各命令を実行していくことでプログラムの機能を実現していく．

- マイクロプロセッサは"データ転送処理系"と"順序処理系"の2つより構成．
- マイクロプロセッサの働きの仕組みは，"順序処理系"が"データ転送処理系"を制御して命令を実行．
- "順序処理系"は"順序処理系"自身も制御する．

---□ キーワード──────────────

　マイクロプロセッサの基本構造，マイクロプロセッサの仕組み，順序処理系，データ転送処理系，コンピュータアーキテクチャ，命令

7.1　マイクロプロセッサの構造

(1)　マイクロプロセッサの働く仕組み

　マイクロプロセッサ／コンピュータの仕組みは「繰り返し使われるハードウェア」・"データ転送処理系"と，「連続する命令（プログラム）の実施」・"順序処理系"のこれら2つのブロックで構成され，"順序処理系"がデータ転送処理系を動かし必要な機能を実現していく．"順序処理系"が図 7.1(a)で"データ転送処理系"が図 7.1(b)である．

　"データ転送処理系"ではデータが「取込み」，「演算を行い」，「データを蓄え」そして「出力」する．図 7.1(b)に示す"データ転送処理系"において，ゲート A, B, C, D, IN, OUT の2つのゲートを開くことによりデータ転送が可能になる．入力（入力命令）は図 7.2 に示すようにゲート IN と C を開くと入力ポートよりゲート IN と C を通りデータが ALU の一方のレジスタ C（ゲートと同じ C をレジスタ名としている）に転送される．ゲート IN と C を同時に開く信号を図 7.1 (a) の"順序処理系"が発生させる必要がある．この場合ゲート C の代わりにゲート B, D, OUT が開かれると入力ポートのデータはそれぞれのレジスタや出力ポートに

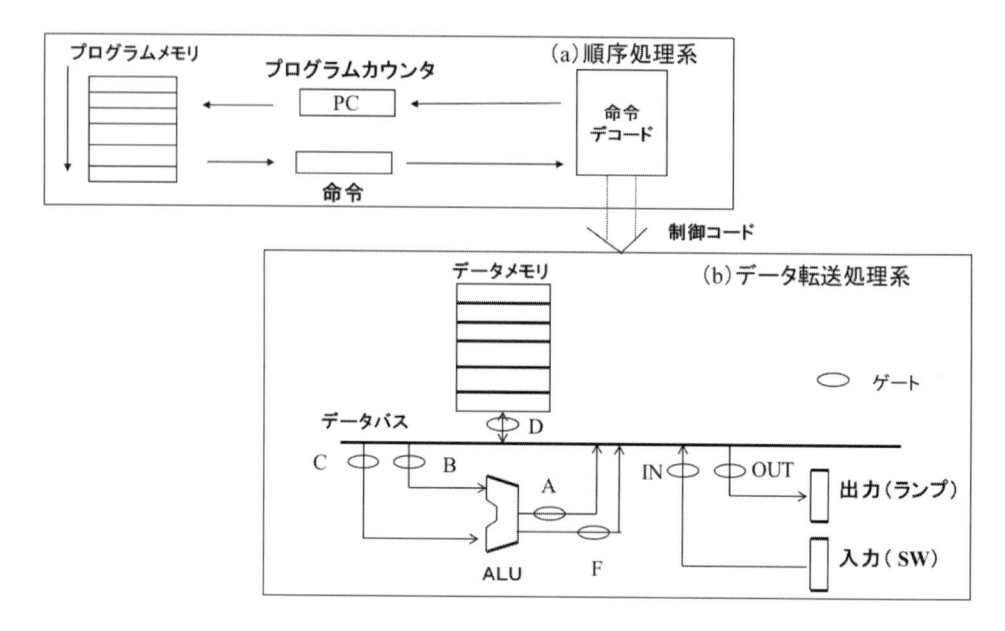

図 7.1 マイクロプロセッサの仕組み

ゲート		B	C	A	D	IN	OUT
クロック		ALUI1	ALUI2	ALUO	メモリ	IO 入力	出力
入力	Cn		*			*	
出力	Cm			*			*
演算	C1	*				*	
	C2		*		*		
	C3			*	*		

図 7.2 命令の実行; 順序処理系からの制御コードとデータ転送処理系

転送される．また，複数のゲート B, C, D, OUT が開かれるとそれぞれの開かれたレジスタや出力ポートのすべてに入力ポートのデータが転送される．

　出力（出力命令）は図 7.2 に示すように，ゲート A と OUT を開くとデータメモリのデータがゲート A と OUT を通り出力ポートに転送され出力されることになる．ゲート A と OUT を同時に開くには図 7.1 (a) の "順序処理系" が同時に開く信号を発生させる必要がある．

　次に，入力ポートの値をデータメモリの値と加算し，再びデータメモリに書き込むにはこのマイクロプロセッサでは 3 つの命令を必要とする．1 つめの命令は，入力命令で入力ポートよりレジスタ B に入力する．図 7.2 のクロック C1 時に 2 つのゲート IN と B を同時に開く信号を図 7.1 (a) の "順序処理系" が発生させる必要がある．2 つめの命令は，転送命令でありデータメモリよりレジスタ C に転送する場合で，図 7.2 に示すようにクロック C2 時に 2 つのゲート D と C を同時に開く信号を図 7.1 (a) の "順序処理系" が発生させる必要がある．3 つめの命令も転送命令でレジスタ A よりデータメモリに転送する場合で，図 7.2 のクロック C3 時に 2 つのゲート A と D を同時に開く信号を図 7.1 (a) の "順序処理系" が発生させる必要がある．このマイクロプロセッサで演算を実行させるには，レジスタ B とレジスタ C の 2 つの数値が

設定されればその演算結果がレジスタ A とレジスタ F に設定される．レジスタ F は演算の結果のオーバフロー値である．必要に応じて読み出すことになる．（データメモリについてその仕組みはここでは省いているがデータメモリのアドレスを示すレジスタ（ポインタ）が必要となる．また，データメモリに対して書き込むか読出しかの信号を"順序処理系"は発生する必要がある．）

(2) コンピュータアーキテクチャ

　コンピュータの話のなかではアーキテクチャといえばコンピュータアーキテクチャになるが，一般に話をする場合はコンピュータアーキテクチャというべきである．アーキテクチャ (architecture) を辞書で調べると順に，① 建築，② 建築様式，③ 建築物，④ 構成，構造，⑤ コンピュータアーキテクチャと並べられ，5 つめにコンピュータアーキテクチャが示されている [1]．また，Architecture の arch はアーチ構造，首位の，主，初期，原点の意味があり，語源は教会の天井部であり [2]，なにか象徴的な意味合いがあるように思われているようである．

　アーキテクチャの言葉がコンピュータに使われたのは，1961 年 IBM スーパコンピュータ "STRETCH" と 1964 年の IBM SYSTEM/360 の時からで，コンピュータアーキテクチャとはソフトウェアプログラマから見た時のハードウェアの論理的な性質・属性（機能的な構造・動作）のこと，と定義付けしている [3, 4]．

　この章で取り扱うマイクロプロセッサの構造は図 7.3 であり，コンピュータアーキテクチャは図 7.4 になる．

　コンピュータやマイクロプロセッサの構造やアーキテクチャが述べられる時の多くは制御装置，主記憶装置，入力装置，出力装置といわれている場合が多く，すべて装置という言葉が使われている．しかし，マイクロプロセッサ，パソコンや現代コンピュータでは不適当な場合も多いので図 7.3 に示す CPU 部，メモリ部，入出力部やバス部と部としている．図 7.3 は「マイクロプロセッサの構造」や「マイクロプロセッサ構成のブロック図」と呼ばれる．

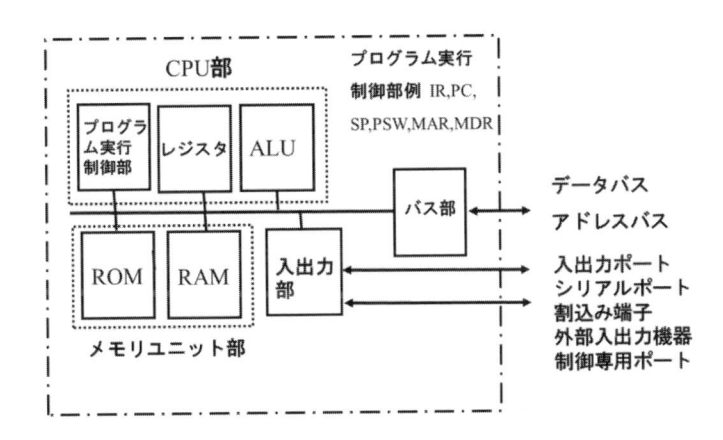

図 7.3 マイクロプロセッサの構造
マイクロプロセッサには付加機能として，タイマ，カウンタや AD・AD 変換器を各複数個もつ．また，専用機能部として外部機器制御部（SW マトリクス入力制御，各表示制御，HDD，DVD，マウス等）を必要に応じてもつ．

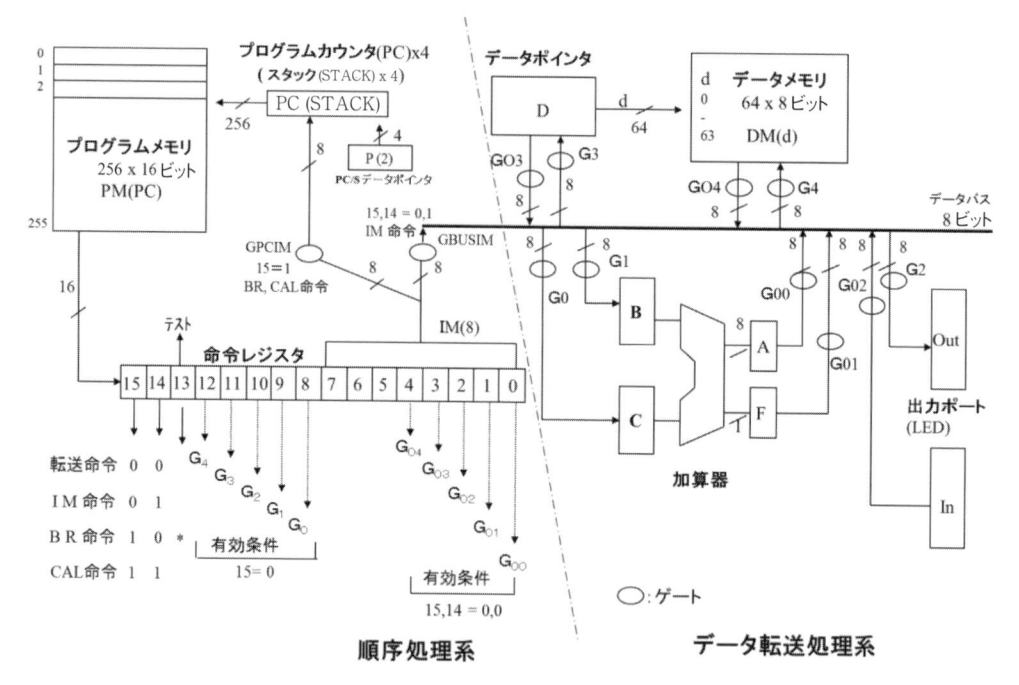

図 7.4 小マイクロプロセッサのアーキテクチャ

図 7.4 は「プログラマ（ソフトウェア）から見た時のハードウェアの論理的な性質・属性」を表しているので，まさに「コンピュータアーキテクチャ」である．ソフトウェアプログラマが使う言語，OS やソフトウェア開発ツールによりコンピュータアーキテクチャも変わることもその定義より当然のことである．

7.2 命令セットをつくる；どんな命令が必要か

(1) ハードウェアとその機能

図 7.4 に示す対象になるマイクロプロセッサのハードウェアは次のとおりであり，それらを説明する [5]．

i) プログラムメモリ；256 語　語長 16 ビット

命令を格納する専用のメモリで 0 番地より 255 番地までで 256 語の命令を格納できる．1 語は 16 ビットで構成されている．この命令を格納する専用のメモリの番地指定 (addressing) は，プログラムカウンタ（program counter:PC，以後 PC と示す）により行われる．この PC は 8 ビットである．

ii) データメモリ；64 語　語長 8 ビット

データを格納する専用のメモリで 0 番地より 63 番地までで 64 語のデータを格納できる．このデータの番地指定は，レジスタ D により行われ PC と区別する上にもデータポインタと呼ばれる．レジスタ D は 8 ビットであるが，下位 6 ビットでデータメモリの番地指定にこのマイクロプロセッサでは使われている．

データメモリは1語は8ビットで構成されている．また，マイクロプロセッサ内での各データを保持するレジスタ，加算器，入力ポートIや出力ポートOはすべて8ビット構成である．データ転送は8ビットで，データメモリ専用のアドレス空間をもつ．

iii) 加算器

8ビットの加算器でレジスタBとレジスタCの値を加算して，結果をレジスタAに，またそのオーバフローはレジスタFの0ビット目に入る．

加算器；B＋C＝A，オーバフラグFの0ビット目

iv) 入出力ポート

入力ポートI（8ビット），出力ポートO（8ビット）の各1ポートずつもつ．

v) レジスタ

8ビットレジスタを5組もつ．

それぞれの機能は次のとおりである．

	ビット幅（ビット）	書込み	読出し	
レジスタ A	8	不可	可	加算器の加算結果を格納
レジスタ B	8	可	不可	加算データを保持
レジスタ C	8	可	不可	加算データを保持
レジスタ D	8	可	可	データメモリポインタ
レジスタ F	8	不可	可	加算器のオーバフローを格納

vi) プログラムカウンタ　PC 8ビット

vii) サブルーチンコール　3段

(2) 命令セットがもつべき必要機能

マイクロプロセッサの命令として必要とする機能をまとめる．

i) マイクロプロセッサ内部と外部の間でのデータの交換

ii) マイクロプロセッサ内部に定数をプログラムにより設定

iii) マイクロプロセッサ内部でデータの移動

iv) プログラム実行はプログラムメモリより命令を順番に読み出し実行されるが，任意のメモリ番地に飛越すまたは，条件に合えば飛越す

v) プログラム実行はプログラムメモリより命令を順番に読み出し実行されるが，任意のメモリ番地のプログラム（サブルーチン）を挿入する

以上5項目の働きの組合せで，いろいろな機能を実現できる（もちろん，論理的で必要な条件が与えられている場合である．「光の速度を出す車」，「必ずもうかる株の買い方」などではない）．もし，不可なら命令実行速度が遅いか，プログラムまたはデータ用のメモリが不足か，付加されている入出力ポートの不足による．もちろん命令の工夫で高速処理やメモリの削減ができるが，実現しようとする仕様に対してマイクロプロセッサを正しく設計または選択することが重要である．ソフトウェア開発におけるいくつかの問題はソフトウェア設計が不十分であることによる場合が最も多い．

(3) 命令セットの作成

先の項 (2) で示した命令セットがもつべき 5 つの必要機能 i)～v) を実現する命令セットを次に示す．この対象となるマイクロプロセッサの構成物であるハードウェアの条件においてもいくつもの命令セットを作ることができる．ここではなるべく単純な命令を示す．命令を表すのに一般にニーモニックを使う．命令を人間がわかりやすくするために簡略化した単語や記号の組合せで表した記号をニーモニック (mnemonic) という．

また，先述の必要とする機能 i)～v) は各命令の中に括弧にナンバーを示す．

a)　　　入力命令　　　　　　　　；ポート I より各レジスタに転送　　　　　　　「必要とする機能 i)」
　　　　ニーモニック　　　IN R (INPUT to R)　　（命令数 4）
　　　　　　　　　　　　　IN R　　R= B, C, D, M　　例；IN B, IN C, IN D

b)　　　出力命令　　　　　　　　；各レジスタよりポート O に転送　　　　　　　「必要とする機能 i)」
　　　　ニーモニック　　　OUT R (OUTPUT from R)　（命令数 4 + 256 = 260）
　　　　　　　　　　　　　OUT R　　R= A, F, D, M, n　　n= 0–FF
　　　例；R= A, F, D, M はレジスタ等のもつデータを出力．OUT A, OUT F, OUT M,
　　　　　R=n は設定された定数の出力．OUT 5, OUT 9 Ah
　　　　　　　（h は 16 進数であることを示す．またわかりきっている場合は略する場合もある．）

c)　　　データ転送命令　　　　　；レジスタと RAM 間のデータ転送　　　　　　「必要とする機能 iii)」
　　　　ニーモニック　　　TR1R2(Transfer R1 to R2)　（命令数 16）
　　　　　　　　　　　　　TR1R2　　R1= A, F, D, M　　R2=B, C, D, M
　　　例；TAB, TFC, TDM, TDD, TMM,
　　　ただし，R1=R2 となる TDD, TMM は各レジスタ D と M は変化せず，PC が +1 される．一般に不実行命令 (no operation instruction) といわれる．1 命令時間のタイマになる．

d)　　　定数設定命令　　　　　　；各レジスタに定数 n を設定　　n= 0–FF　　　「必要とする機能 ii)」
　　　　ニーモニック　　　SR n (SET R n)　　（命令数 4 × 256 = 1024）
　　　　　　　　　　　　　SR n　　R= B, C, D, M　　n= 0–FF　　例；SB 1Fh, SC 77h, SM 3
　　　(n; 即値, immediate data という，IM と表記する場合もある)

e)　　　分岐命令　　　　　　　　；0–FF の指定する番地に分岐する　　　　　　「必要とする機能 iv)」
　　　　ニーモニック　　　BR n (Branch address n)　（命令数 256）
　　　　　　　　　　　　　BR n　　n= 0–FF　　例；BR 2Dh, BR A7h, BR ABC　（ABC はシンボル）

f)　　　条件分岐命令　　　　　　；F=1 の時 0–FF の指定する番地に分岐する　　「必要とする機能 iv)」
　　　　ニーモニック　　　BRF n (Branch address n　if F=1)　（命令数 256）
　　　　　　　　　　　　　BRF n　　n = 0–FF　　例；BRF 23h, BRF F0h, BRF 91h

g)　　　サブルーチン呼出し命令　；0–FF の指定する番地にサブルーチンコールする　「必要とする機能 v)」
　　　　ニーモニック　　　CAL n (subroutineCALL address n)　（命令数 256）
　　　　　　　　　　　　　CAL n　　n = 0–FF　　例；CAL 100, CAL FCh, CAL ABC

h)　　　戻り（リターン）命令　　；サブルーチンより呼出し番地に戻る　　　　　「必要とする機能 v)」
　　　　ニーモニック　　　RT (RETurn address STACK)　（命令数 1）
　　　　　　　　　　　　　RT

7.3 各部の構成と仕組

(1) 各部の構成

図 7.3 は一般的なマイクロプロセッサの構造であるが，それと今回対象にしている図 7.4 の小

マイクロプロセッサのアーキテクチャのハードウェアの関係を示す．図 7.3 のメモリユニットの ROM (Read Only Memory) は図 7.4 のプログラムメモリ，また RAM (Random Access Memory) はデータメモリである．ALU (Arithmetic Logic Unit) は算術と論理演算部であるが加算器しかもたない．また，レジスタは加算器のデータ設定のレジスタ B，C および加算結果の値格納用のレジスタ A, F それにデータメモリのポインタの役割も兼ねるレジスタ D である．他にレジスタと名づけている命令レジスタは次のプログラム実行制御部に属する．

プログラム実行制御部はプログラムカウンタ，命令レジスタと命令デコーダである．また，入出力部は 1 つの出力ポート（8 ビット）と 1 つの出力ポート（8 ビット）をもつ．バスは 8 ビット内部バスをもつが，外部との接続は省略している．外部との接続は ROM, RAM, レジスタ，ポートや専用回路の増設や，また動作テストに使われる．

(2) プログラムカウンタ (PC), プログラムメモリ

プログラムカウンタはマイクロプロセッサのリセット信号で 0 番地に設定され，その後 1 命令の実行周期ごとに +1 されていく．この小マイクロプロセッサではすべての命令が同じクロック数で，すなわち 1 クロックで 1 命令実行することを想定している．プログラムカウンタの値を PC で表すとすると，毎時間（1/1 命令の実行周期）PC+1=PC が実行される．

1970 年後半の 1 チップマイクロコンピュータ（マイコン）は 400 kHz や 600 kHz のクロック発信をさせ，そのクロックを 4 つや 6 つで 1 命令を実行させて，命令の実行時間は 10 μs であるのがこの頃の典型であった [6]．この小マイクロプロセッサでは簡単な仕組みにするために，1 クロックで 1 命令実行する設計とする．1970 年代当時の 400 kHz のクロックを動かすと，1 命令を 2.5 μs で実行することになる．また，この場合 4×10^5 回/秒の命令の実行ができる．

(3) 命令の読出しの順番（シーケンス）

毎時間ごと図 7.5 の命令実行のタイミングのように，命令が実行されていく．これらを箇条書きで示す．

i) プログラムカウンタの値が n であったとすると，その時にクロックの初めからがプログラムメモリの n 番地をアドレシングされる (a), (b)

ii) n 番地のメモリからその番地のデータ，すなわち命令コードが読み出される (c)

iii) 命令コードは命令レジスタに読み込まれ，1 クロックの間保持される (d)

iv) 命令実行制御は一部を除き命令レジスタの各ビットより直接実施

v) 命令レジスタ，データバスからの書込みは (e) の信号でクロックの前半で行われ，命令レジスタ，データバスのデータは (f) のようにほぼ 1 クロックの間保持

vi) レジスタ等に書き込まれたデータは (g) のようにクロックの前半でデータを読み取り，クロックの後半は読み込みを中止し保持

(4) 命令の実行

命令の実行の仕組みを説明する．各命令ごとにビット対応の命令レジスタとゲート制御信号の関係図を示す．ビットが 1 のゲート制御信号が有効になりゲートが開きデータが伝わることになる．すなわち，G_0, G_1, G_2, G_3, G_4 の 5 つはバスからレジスタ等へデータを読み込むゲー

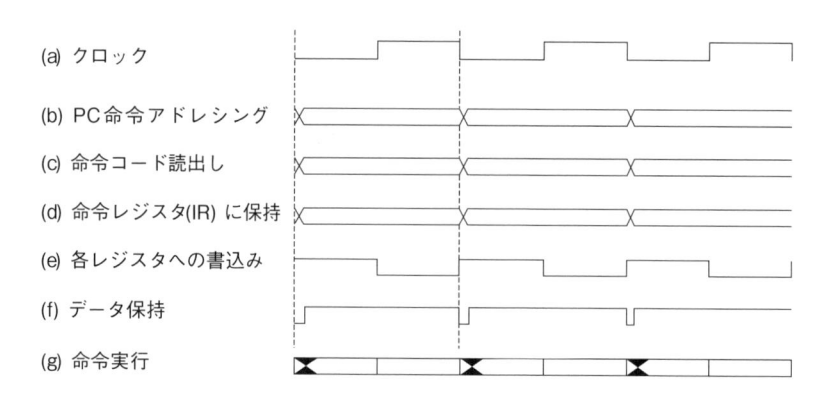

```
                                      ___       ___       ___
(a) クロック                      ___|   |_____|   |_____|   |___

(b) PC命令アドレシング     ==X=========X=========X=========

(c) 命令コード読出し        ==X=========X=========X=========

(d) 命令レジスタ(IR) に保持 ==X=========X=========X=========
                                ___       ___       ___
(e) 各レジスタへの書込み    ___|   |_____|   |_____|   |___
                            _____   _____   _____
(f) データ保持                   |_|       |_|       |_|

(g) 命令実行                 ==X=========X=========X=========
```

図 **7.5** 命令実行のタイミング

トを有効にする信号であり,複数のゲートを有効にすることは可能である.また,G_{00},G_{01},G_{02},G_{03},G_{04} の 5 つはレジスタ等からバスにデータを書き込むゲートを有効にする信号であり,データ転送の 1 つの送り元を決めるものである.

i) 入力命令;プログラムメモリから 0204 h の命令が読み出されたとする.命令レジスタに格納される.そして,G_{02} と G_1 のゲートが開かれることになる.G_{02} は入力ポートのゲートであり,G_1 は加算器のレジスタ B に読込みのゲートであるので,結局入力ポート In の値がレジスタ B に転送されたことになる.

Ins n		**命令レジスタ**							**IM(8)**							
bit		15	14	13	12	11	10	9	8	7	6	5	4	3	2	1	0
0204h		0	0	0	0	0	0	1	0	0	0	0	0	1	0	0
転送命令	0 0				G_4	G_3	G_2	G_1	G_0			G_{04}	G_{03}	G_{02}	G_{01}	G_{00}
IM 命令	0 1															
BR 命令	1 0			有効条件 15=0							有効条件 15,14=0,0					
CAL 命令	1 1															

ii) 出力命令;プログラムメモリから 0408 h の命令が読み出されたとする.G_{03} と G_2 のゲートが開かれることになる.G_{03} はデータポインタの読出しゲートであるので,レジスタ D の値が読み出され,また,G_2 は出力ポート Out の出力ゲートである.結局,データポインタ・レジスタ D の値がポート Out に出力される.

Ins n		**命令レジスタ**							**IM(8)**							
bit		15	14	13	12	11	10	9	8	7	6	5	4	3	2	1	0
0408h		0	0	0	0	0	1	0	0	0	0	0	0	1	0	0	0
転送命令	0 0				G_4	G_3	G_2	G_1	G_0			G_{04}	G_{03}	G_{02}	G_{01}	G_{00}
IM 命令	0 1															
BR 命令	1 0			有効条件 15=0							有効条件 15,14=0,0					
CAL 命令	1 1															

iii) データ転送命令;図 7.4 の小マイクロプロセッサのアーキテクチャ図において,プログラムメモリから 0801 h の命令が読み出されたとする.命令レジスタに格納され,先ほど述べたように命令レジスタから直接ビット対応でマイクロプロセッサの命令が実行される.そして,G_3

と G_{00} のゲートが開かれることになるので，G_{00} は加算器のレジスタ A のゲートで，その値がバスに出力され，そのバスの値を G_3 すなわちレジスタ D の入力ゲートであるので，レジスタ D に読み込まれることになる．結局レジスタ A の値がレジスタ D に転送されたことになる．

Ins n	命令レジスタ								IM(8)							
bit	15	14	13	12	11	10	9	8	7	6	5	4	3	2	1	0
0801h	0	0	0	0	1	0	0	0	0	0	0	0	0	0	0	1

転送命令 0 0 　G_4 G_3 G_2 G_1 G_0 　　G_{04} G_{03} G_{02} G_{01} G_{00}
IM 命令 0 1
BR 命令 1 0 　有効条件 15=0　　有効条件 15,14=0,0
CAL 命令 1 1

iv) 定数設定命令（即値命令：Immediate Data Instruction）；プログラムメモリから 42CAh の命令が読み出されたとする．上位 4 ビットの 4h はデータ設定命令（出力命令を含む）を表し，16 ビットの命令コードの下記 8 ビットが，命令レジスタより図 7.4 のゲート GBUSIM を通りデータバスに出力される．それを G1 ゲート，すなわち加算器のレジスタ B に CAh のデータが設定される命令である．

Ins n	命令レジスタ								IM(8)							
bit	15	14	13	12	11	10	9	8	7	6	5	4	3	2	1	0
42CAh	0	1	0	0	0	0	1	0	1	1	0	0	1	0	1	0

転送命令 0 0 　G_4 G_3 G_2 G_1 G_0 　　G_{04} G_{03} G_{02} G_{01} G_{00}
IM 命令 0 1
BR 命令 1 0 　有効条件 15=0　　有効条件 15,14=0,0
CAL 命令 1 1

v) 加算の実行；先ほどの入力命令に引続き，プログラムメモリから 0110h の命令が読み出されたとする．G_{04} と G_0 のゲートが開かれることになる．G_{04} はデータメモリ DM の読出しゲートであり，G_0 は加算器の演算用レジスタ C である．データメモリ DM のデータがレジスタ C に転送され，先の命令でポート In から読み込んで現在レジスタ B にあるデータと加算しその演算結果が，レジスタ A ともしオーバフローしていればその値がレジスタ F の 1 ビット目に格納されていることになる．また，このマイクロプロセッサでは，加算は常にレジスタ B + レジスタ C で実行されていることになる．

Ins n	命令レジスタ								IM(8)							
bit	15	14	13	12	11	10	9	8	7	6	5	4	3	2	1	0
0110h	0	0	0	0	0	0	0	1	0	0	0	1	0	0	0	0

転送命令 0 0 　G_4 G_3 G_2 G_1 G_0 　　G_{04} G_{03} G_{02} G_{01} G_{00}
IM 命令 0 1
BR 命令 1 0 　有効条件 15=0　　有効条件 15,14=0,0
CAL 命令 1 1

vi) 分岐命令；プログラムはメモリに格納されている命令の順番に実行されるが，その順序を変えるのが分岐命令で，このマイクロプロセッサの場合 0-FF の指定する番地に分岐することができる．

この小マイクロプロセッサの 16 ビット命令コードについて，その構成を説明する．命令コードの上位 2 ビット，すなわち 15 ビットと 14 ビットにより命令は 4 種類に大別している．下

記図にも示すように 15 ビット:14 ビットが 0;0 が入力命令,出力命令を含めたデータ転送命令,0;1 が定数設定命令,1;0 が分岐命令 (BR) そして 1;1 がサブルーチン呼出し命令 (CAL) である.

プログラムメモリから 808 Eh の命令が読み出されたとする.分岐命令の場合,命令コードの 15 ビット:14 ビットが 1;0 であり,さらに条件分岐命令の識別のために 12 ビットを使いこのビットが 0 が分岐命令で,また 1 が条件分岐命令とする.これらが確定すると分岐命令であり,G_4-G_0,G_{04}-G_{00} の制御線を無効にし,また 7-0 ビットの即値 IM (8) をプログラムカウンタに設定するためにゲート GPCIM を有効にしてデータ転送を可能にする.すなわち,分岐命令の実現はプログラムカウンタに 7-0 ビットの即値 IM (8) を設定し,この値で次のアドレシングを行うことによる.次の図の 7-0 ビットの即値 IM (8) が図 7.4 に示すように,プログラムカウンタ (PC (STACK)) に転送され設定されることがわかる.

次の命令レジスタの例;BR 8Eh　　8Eh 番地に分岐する.

Ins n bit	15	14	13	12	11	10	9	8	7	6	5	4	3	2	1	0
808Eh	1	0	0	0	0	0	0	0	1	0	0	0	1	1	1	0
転送命令	0	0			G_4	G_3	G_2	G_0		G_{04}		G_{02}		G_{00}		
IM 命令	0	1					G_1				G_{03}		G_{01}			
BR 命令	1	0		0					有効条件							
CAL 命令	1	1		有効条件 15=0					15,14=0,0							

vii) 条件分岐命令;プログラムメモリから 90B2h の命令が読み出されたとする.条件分岐命令とは,分岐命令を実行するのに条件がありそれはレジスタ F=1 である.分岐命令との識別は先に示したように命令コードの 12 ビットが 1 である.

次の命令レジスタの例;BRF b2h　　もし,レジスタ F=1 であれば,b2h 番地に分岐する.

Ins n bit	15	14	13	12	11	10	9	8	7	6	5	4	3	2	1	0
90B2h	1	0	0	1	0	0	0	0	1	0	1	1	0	0	1	0
転送命令	0	0			G_4	G_3	G_2	G_0		G_{04}		G_{02}		G_{00}		
IM 命令	0	1					G_1				G_{03}		G_{01}			
BR 命令	1	0		1					有効条件							
CAL 命令	1	1		有効条件 15=0					15,14=0,0							

viii) サブルーチン呼出し命令;この命令はサブルーチン命令または CAL 命令と呼ばれる場合もある.この命令で指名された番地からサブルーチンを実行する.そして,その終了はサブルーチンの最後のリターン (RT) 命令により,CAL 命令の次の命令に戻り,サブルーチン実行前のプログラムの続きが実行される.以上の機能実現の仕組みを次の命令レジスタ図,表 7.1 の CAL 命令,RT 命令の例題プログラムリストと図 7.6 の CAL 命令,RT 命令の実行の仕組で説明する.

プログラムメモリから C078h の命令が読み出されるとそのコードは,下図に示すように命令レジスタに入り,サブルーチンの先頭番地からの実行のため 78h のコードをアドレシングする.

次の命令レジスタの例;CAL 78h　　78h 番地にサブルーチンコールする.

7.3 各部の構成と仕組 ◆ 117

	Ins n bit	命令レジスタ								IM(8)						
		15	14	13	12	11	10	9	8	7	6	5	4	3	2	1	0
	C078h	1	1	0	0	0	0	0	0	0	1	1	1	1	0	0	0
転送命令	0 0			G_4	G_3	G_2	G_1	G_0		G_{04}		G_{02}		G_{00}		
IM命令	0 1										G_{03}		G_{01}			
BR命令	1 0		有効条件							有効条件						
CAL命令	1 1		0				15=0			15,14=0,0						

　図 7.6 に示すプログラムカウンタ (PC (STACK))（以降 PC/S と示す）は 4 組ある．その中の 1 つが PC の役割を果たし，他は CAL 命令が実行された時の戻り (RT) 番地を格納する．この小マイクロプロセッサは 3 段のサブルーチンに対応するため 4 組の PC/S が必要になる．この PC/S は 0, 1, 2, 3 と名づけられ，2 ビットの PC/S ポインタにより，現在実働中の PC/S を指定している．これが PC/S0 であったとすると，次に CAL 命令により PC/S ポインタは +1 され，新たな実働中の PC/S は PC/S1 となり，また PC/S0 は戻り (RT) 番地を保持する．

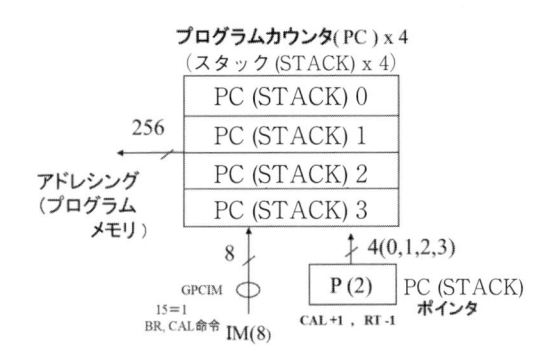

図 7.6　CAL 命令，RT 命令の実行の仕組

　CAL 命令の実行時の PC/S の仕組みを，今度は表 7.1 のプログラムリストで説明する．CAL 命令の実行前のプログラムを主プログラムと一般に呼び，CAL 命令から RT 命令までをサブルーチンと呼ぶ．41h 番地のサブルーチン CAL 命令実行前のレジスタ類の状況は，PC/S ポインタの値は 0，実働 PC/S は PC/S0 である．CAL 命令実行後は，まず現在の PC/S0 は何時の場合も +1 され PC/S0=42h の値，PC/S ポインタの値は +1 され 1，PC/S ポインタ = 1 であるので実働 PC/S は PC/S1 に変更され，PC/S0 は PC/S2, PC/S3 とともに待機 PC/S のグループになる．そして，実働 PC/S1 には命令レジスタの下位 8 ビット (70h) がゲート GPCIM より格納され，次にこの番地がアドレシングされ，70h 番地からサブルーチンプログラムが 81h 番地まで実行される．

　81h 番地は RT 命令であり，RT 命令実行前のレジスタ類の状況は，PC/S ポインタの値は 1，実働 PC/S は PC/S1 である．RT 命令実行後は，まず現在の PC/S1 は何時の場合も +1 され PC/S1=82 h の値，PC/S ポインタの値は −1 され 0，PC/S ポインタ = 0 であるので実働 PC/S は PC/S0 に変更され，PC/S1 は PC/S2, PC/S3 とともに待機 PC/S のグループに

表 7.1 CAL 命令，RT 命令の例題プログラムリスト

番地	命令	16進表示	PC/S.P.	実働 PC/S	待機 PC/S
40h	OUT A	0401h	0	PC/S 0 = 41h	1, 2, 3
41h	CAL 70h	C070h	1	PC/S 1 = 70h ← IM	0=42h ,2,3
42h	IN B	0204h	0	PC/S 0 = 43h	1,2,3
70h	SD 10h	4210h	1	PC/S 1 = 71h	0=42h ,2,3
71h	IN D	0802h	1	PC/S 1 = 72h	0=42h ,2,3
.	.	.	1	PC/S 1 = 73h	0=42h ,2,3
80h	OUT D	0408h	1	PC/S 1 = 81h	0=42h ,2,3
81h	RT	D000h	0	PC/S 0 = 42h	PC/S 1 = 82h
82h	.	.			

なる．そして，実働 PC/S0 はサブルーチン実行前の CAL 命令実行時に +1 され PC/S0=42h の値を保持しているので，次にこの番地がアドレシングされ，42h 番地から主プログラムに復帰実行する．

表 7.1 のプログラムリストで 1 つめのサブルーチン中にさらに CAL 命令が実行されると実働 PC/S は PC/S2 になり 2 つめのサブルーチンが実行される．さらに同じことを繰り返すと 3 つめのサブルーチンが実行され実働 PC/S は PC/S3 になる．サブルーチンが 3 段ということはこのことである．

ix) サブルーチン戻り命令；リターン命令または RT 命令と呼ばれることが多い．この命令はプログラムメモリから D000h の命令が読み出されたとする．命令コードにより，PC/S= PC/S−1 にすることにより PC/S が CAL 命令実行時に格納された戻り番地に復帰する．vi) サブルーチン呼出し命令の項に RT 命令を具体的に説明している．

次の命令レジスタの例；RT

Ins n bit	命令レジスタ							IM(8)							
	15	14	13	12	11	10	9	8	7	6	5	4	3	2	1	0
D000h	1	1	0	1	0	0	0	0	0	0	0	0	0	0	0	0

転送命令　0　0　　　　G_4 G_3 G_2 G_1 G_0　　　　G_{04} G_{03} G_{02} G_{01} G_{00}
IM 命令　　0　1
BR 命令　　1　0　　　　有効条件　　　　　　　有効条件
CAL 命令　1　1　　　1　　15=0　　　　　15,14=0,0

> **演習問題**
>
> 設問 1　マイクロプロセッサを構成しているハードウェアにはどのようなものがあるか示せ．
>
> 設問 2　マイクロプロセッサを構成しているハードウェアについて，そのコンピュータにおける役割を示せ．
>
> 設問 3　7.2 (3) に示した命令セットは 8 種類の命令で構成している．異なる命令セットを構成せよ．
>
> 設問 4　7.2 (3) に示した命令セットは 8 種類の命令で構成している．これらの 8 種類のニーモニックを異なるニーモニックにせよ．
>
> 設問 5　7.2 (3) 項に示した命令の機能が異なる命令を示せ．ただし，図 7.4 のコンピュータアーキテクチャで実現できるものに限るとする．

参考文献

[1] ジーニアス英和辞典（大修館書店）

[2] コンサイス英和辞典（三省堂）

[3] IBM J. R&D. Vol.8, No.2, pp.88-101, April 1964

[4] 中沢喜三郎著「計算機アーキテクチャと構成方式」より pp.1

[5] 山田圀裕；"メモリ・アナログ・マイコン・DSP 技術" VLSI 基礎講座　システム LSI 学院 2001, pp.23-34.

[6] 松尾和義，藤田紘一，山田圀裕，磯田勝房，畑田明良："4 ビットワンチップマイクロコンピュータ"，三菱電機技報，Vol.52, No.4, pp.273-277, 1978.

参考図書

[1] 高橋秀俊：情報科学の歩み，岩波講座情報科学 1，岩波書店 (1983)

[2] 中沢喜三郎：計算機アーキテクチャと構成方式，朝倉書店 (1995)

[3] 小島正典，深瀬政秋，山田圀裕：デジタル技術とマイクロプロセッサ，共立出版 (2012)

第8章
現在のマイクロプロセッサ/マイクロコンピュータ M16C

── □ 学習のポイント ──

　第8章では第7章で示したマイクロプロセッサの基本構成とその仕組みをもとに焦点を絞り，まさに実用されているマイクロプロセッサに迫る．

- 現在のマイクロプロセッサ/マイクロコンピュータ M16C の機能の多さと複雑さは，いくつもの応用システムに適応できるようにしてきた結果であり，また，それを可能にしたハードウェア，ソフトウェアと半導体の成せる技である．
- 1チップマイクロコンピュータのもつハードウェアは2種類に大別できる．1つはコンピュータ構成に必須のハードウェアであり，他はコンピュータ構成に必須でないが制御システムが構成上必要で，1チップマイクロコンピュータに内蔵されないと外部ハードウェアとして必要になるタイマ，A/DやD/Aなどのコンピュータ内蔵付加機能といわれるハードウェアである．これはプログラムではできても効率が悪くこれらをハードウェアで処理させる．
- マイクロプロセッサの端子は2種類に大別できる．1つは電源，クロックやリセットなどでハードウェアとしての動きを維持する端子でM16Cでは制御端子と名づけられている．また，2つめは入力ポートや出力ポートなどで，マイクロプロセッサの本来の目的であるプログラムによる対象への制御を実現するための端子で機能端子と名づける．
- プログラムカウンタを含む CPU を1つのアドレス空間とし，さらにプログラムメモリ (ROM)，データメモリ (RAM)，各種制御レジスタ，入出力ポートを2つめのアドレス空間としている．すなわち，CPU のアドレス空間にはプログラムカウンタ，スタックカウンタ，インデックスレジスタやベースレジスタなどデータ処理領域をいくつかの方法で指し示すレジスタをもつ．これに対してデータとしての処理を受ける ROM，RAM，入出力ポート，各種制御レジスタなどのすべてが同一アドレス空間に配置することにより，これらのハードウェアや各種の処理プログラムの供用化をすることが可能であり開発効率の向上が図れることになる．

── □ キーワード ──

　命令セット，ポートの汎用性，サブルーチン実行，プログラムスタート，ポートの汎用性，割込み機能，付加機能

8.1　マイクロコンピュータ M16C のもつ機能

　マイクロプロセッサの事例として，多くの市場分野で使われ現在現役のルネサスエレクトロ

ニクス株式会社の M16C を選ぶ．M16C はそのマニュアルにおいて，「ルネサス 16 ビットシングルチップマイクロコンピュータ M16C」と名づけられている [1]．

第 7 章ではマイクロプロセッサの名前に統一していたがこの章ではマイクロコンピュータの名前も含める．またシングルチップとは，1 つのチップ（半導体ウエハの 1 欠片）に CPU (Central Processor Unit)，ROM，RAM，IO，クロック発信回路などのコンピュータとしての必須機能を搭載していることをいう．その場合タイマ，A/D，D/A などハードウェアの内蔵付加機能も合わせて内蔵している場合が多い．また，ワンチップマイコン，1 チップマイクロコンピュータ，1 チップマイコンやマイクロコントローラと呼ばれ書かれることも多い．いくつもの名前が使われていることは，そのものが現在まさに活躍している証でもあり無理に統一すると誤る可能性もあり，またその必要もなくそれらを許容していくことが必要である．

M16C マニュアルの性能概要（仕様や機能の特性という意味）をもとに，それに小マイクロプロセッサ（第 7 章）を加え性能概要として表 8.1 に示す [1,2]．この表の前半はマイクロコンピュータの基本機能でコンピュータとしての必須機能であり，後半は内蔵付加機能と呼びシ

表 8.1 1 チップマイクロコンピュータ性能概要（M16C，小マイクロプロセッサ）

	項目	M16C シングルチップマイクロコンピュータ 62P グループ	小マイクロプロセッサ（第 7 章）
マイクロコンピュータ基本機能	電源電圧	2.7 〜 5.5V	左項に準ずる
	パッケージ（ピン数）	100 ピンプラスチックモールド LQFP	28 ピン
	動作周波数	10 MHz	100 kHz
	最短命令実行時間	100 ns	10 μs（全命令）
	基本バスサイクル	内部メモリ：100 ns	内部メモリ：10 μs
	内部メモリ	ROM 容量：320 K バイト，RAM 容量：31 K バイト	ROM：256 バイト RAM：64 バイト
	動作モード	シングルチップモード，メモリ拡張モード，マイクロプロセッサモード	1 チップモード
	外部アドレス空間	1 M バイト（リニア）/ 64 K バイト アドレスバス：20 ビット / 16 ビット	無（対応無し）
	外部データバス幅	8 ビット /16 ビット	無（対応無し）
	バス仕様	セパレートバス/マルチプレクスバス（チップセレクト信号 4 本内蔵）	無（対応無し）
	クロック発生回路	2 回路内蔵（セラミック共振子または水晶発振子外付け）	無（外部クロック入力）
	割込	内部 17 要因，外部 5 要因，ソフトウェア 4 要因，7 レベル	外部 1 要因
	プログラマブル入出力	87 本	入力 8 本，出力 8 本
	入力ポート	1 本（P85，NMI 端子と兼用）	無
内蔵付加機能	多機能 16 ビットタイマ	タイマ A 5 本 + タイマ B 3 本	無
	シリアル I/O	2 本（非同期 / 同期 切り替え可能）	無
	A-D 変換器	10 ビット，8 + 2 チャネル入力（10 / 8 ビット切り替え可能）	無
	D-A 変換器	8 ビット，2 チャネル出力	無
	DMAC	2 チャネル，15 要因	無
	CRC 演算回路	1 回路内蔵	無
	監視タイマ	15 ビットカウンタ	無

ステム構成に有効なハードウェアである．これらは，1971年の1チップマイクロコンピュータの誕生（第2章で示したTI社のTMS1802C）以後，各マイクロプロセッサ開発メーカと顧客が厳選して内蔵させてきたハードウェアである [3,4]．

当初はそれらの多くはプログラムや外付けのハードウェアで実現していたが，半導体の微細化と40年の経験でいわばハードウェアとソフトウェアの役割分担した成果でもある．しかし，技術というものは今後その可能性からもまた経済的市場適応からも成長と改革がある [5]．

表8.1に示すM16CはM16Cファミリがもつ10のグループの1つのM16C/62Pグループのなかの100ピン，320Kバイト ROM，31Kバイト RAMの1品種である．このグループは動作温度が広いバージョンももち80ピン，2種類の100ピンと128ピンと4種類のパッケージをもつ．さらに，プログラムメモリはマスクROM，フラッシュメモリと外付けメモリの3種類，そしてメモリの容量ROM，RAM組合せが最少ROM48Kバイト/RAM4Kバイトから最大が512Kバイト/RAM31Kバイトであり，M16Cのハードウェアマニュアルによると100品種ある．

M16Cファミリは10グループをもつため単純に各グループが100品種ずつもつとすれば1,000品種をもつことになる [1]．表8.1に示すM16Cと小マイクロプロセッサの性能概要に基づき以下に説明を進める．

8.2 電源電圧

M16Cは2.7～5.5Vで広い動作電源電圧領域をもつ．1チップマイクロコンピュータの電源電圧を振り返ると，1971年の最初の1チップマイクロコンピュータTMS1802Cはそのウエハプロセスは PMOS であり15Vであった．PMOSの1チップマイクロコンピュータの電源電圧はマイナス電源であり −12V，−10Vや −8Vと年々下がっていった．1971年代の後半までに1チップマイクロコンピュータは PMOS 以外に NMOS と CMOS とが開発された．CMOSのものはその消費電力の小さいことにより，時計や携帯機器に電池駆動で使われ電源電圧は5V以下であった．また，この時代の動作電源電圧領域は ±10 %が実力であったが，現代は冒頭でM16Cは2.7～5.5Vと示したように大きくなり使いやすくなっている．

現在量産されている1チップマイクロコンピュータはほとんどがCMOSウエハプロセスによるものである．PMOS，NMOSに比べCMOSウエハプロセスのLSIは必要とするMOSトランジスタの数が多くウエハプロセスも複雑になるが，半導体の微細化技術の進歩がこれらを十分補っている．現在の1チップマイクロコンピュータの電源電圧は5Vと3.3Vが主流で，先に述べた時計や携帯機器に電池駆動で使われる1チップマイクロコンピュータとしては，その最低電源電圧は0.9V，1.8V，2.0Vや3.0Vなどが存在し，また最高電源電圧は3.6V，5.5Vや6.4Vなどと動作電源電圧領域が広い [6,7]．

次に小マイクロプロセッサのほうはFPGA (Field-Programmable Gate Array) による試作であり，もし商品にすればM16Cと同等という意味で左項に準ずる電源電圧とした．

8.3 パッケージと端子

M16C の 100 ピンのフラットパッケージ (FP) を図 8.1 に示す．

そのパッケージの大きさは 20 mm × 14 mm でパッケージ図は実際の大きさになるように印刷している．M16C の 100 ピンのパッケージにはもう 1 つゼネラルパッケージ (GP) がある．フラットパッケージ (FP) は図 8.1 に示すように長方形で長辺が 30 端子で短辺が 20 端子であるがゼネラルパッケージ (GP) は正方形で各辺は 25 端子ずつである．基板設計において使いやすくより小さく安くなる方法が選択される．小マイクロプロセッサは LSI として完成すれば 28 ピンのパッケージに入れたい．

このような小さいパッケージに 100 本の端子をもたせるパッケージ技術も，それを基板に取り付ける（アセンブリ）技術も地味ながら重要な技術である．

端子のもつ機能の一部を表 8.2 に示す [1]．学習のポイントで述べたように，端子のもつ役割は 2 種類に大別でき，1 つは制御端子で 2 つ目は機能端子であった．制御端子は表 8.2 の 1 番左の行に示されている．この表は一部分の 8 端子を示しているがすべてで 14 端子ある．制御端子は電源，クロックとリセット等の端子からなる．

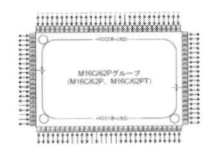

(20 mm × 14 mm × 2.8 mm：長辺，短辺，厚み)

図 8.1　M16C の 100 ピンのフラットパッケージ (FP)

表 8.2　端子と機能

| Pin No. | | 制御端子 | ポート | 割込み端子 | タイマ端子 | UART 端子 | アナログ端子 | バス制御端子 |
FP	GP							
1	99		P9_6			SOUT4	ANEX1	
2	100		P9_5			CLK4	ANEX0	
3	1		P9_4		TB4IN		DA1	
4	2		P9_3		TB3IN		DA0	
5	3		P9_2		TB2IN	SOUT3		
6	4		P9_1		TB1IN	SIN3		
7	5		P9_0		TB0IN	CLK3		
8	6	BYTE						
9	7	CNVSS						
10	8	XCIN	P8_7					
11	9	XCOUT	P8_6					
12	10	RESET						
13	11	XOUT						
14	12	VSS						
15	13	XIN						

電源が計 7 端子でシステム用は VCC1 と VCC2 が正電源，2 本の VSS が負電源であり，アナログ用電源が AVCC，AVSS，アナログ比較電源が VREF である．クロックは計 4 端子でシステム用が XIN，XOUT，時計用が XCIN，XCOUT である．リセット等制御端子は計 3 端子で RESET，BYTE，CNVSS である．BYTE はチップ外部でのバス使用時にセパレートバスかマルチプレクサバスかの選択機能である．CNVSS はマニュアルには明記されていない．読者は単に使う側に立つだけでなく設計し量産する立場で考えることも重要である．

次いで機能端子は表 8.2 の制御端子以外のポート，割込み，タイマ，UART，アナログとバス制御の 6 項目の端子である．これも学習のポイントで述べたように，1 チップマイクロコンピュータのもつハードウェアは 2 種類に大別できるとし，1 つはコンピュータ実現の必須機能で 2 つめは内蔵付加機能であった．表 8.2 において，コンピュータ実現の必須機能は制御，ポート，割込みとバス制御の 4 項目であり，また内蔵付加機能はタイマ，UART とアナログの 3 項目である．

現在のマイクロコンピュータは機能の多さと複雑さは，いくつもの応用システムに適応できるようにしてきた結果であると学習のポイントで述べたが，その努力の 1 つを紹介する．表 8.2 において，フラットパッケージ (FP) のほうのピンナンバ（PN と以下表す）7 から PN1 はポート 9 の 0 ビットから 6 ビットまでの 7 つのビットである（ポート 9 の 7 ビット目は PN100 に存在するが表 8.2 からは見えない）．PN1 と PN2 はさらに UART とアナログの機能を兼ね，PN3 と PN4 はタイマとアナログの機能を兼ね，また PN5，PN6 と PN7 はタイマと UART の機能と兼ね，この 7 つの端子はそれぞれ 3 つの機能を兼ねる端子になっている．各種のシステムにおいてそれぞれ機能は選択され使われることになる．

表 8.2 は一部の端子のみしか示していないが，すべて 100 端子の兼用を調べた結果を表 8.3 に示す．制御端子は 14 端子中 12 端子が兼用なしの独立端子である．2 端子の兼用端子は時計用の発振端子 XCIN，XCOUT で不要の時はポートとして使える．制御端子以外で独立端子はなくすべて兼用端子である．兼用端子のもつそれぞれの機能を端子機能とすると，兼用端子と独立端子の端子機能数の総数は 222 で 100 端子の 2.22 倍でありこれだけの機能を各システムに提供していることになる．兼用の機能は表 8.3 より明らかなように，ポートが兼用の要になっている．言い換えればそれらの機能が不要ならどれも最も基本なポートとして使えるということである．

表 8.3 M16C マイクロコンピュータ 100 ピン端子の兼用状況

機能	端子数	独立	兼用端子グループ				
			A	B	C	D	E
制御端子；電源，クロック，リセット	14	12	V	V			
ポート；入力，出力	87	0	V	V	V	V	V
割込み端子	11	0			V		
タイマ入出力	16	0			V	V	
シリアルポート；UART，クロック同期	17	0				V	
アナログ	29	0				V	
バス制御	48	0					V
合計	222	0					

8.4 M16Cマイクロコンピュータのハードウェアの構成

表 8.1 の性能概要をもとに M16C と小マイクロプロセッサのハードウェアの構成を図 8.2 に機能ブロック図として示す．各レジスタやポートなどのビット数はその大きさに比例させ示した．M16C データレジスタは 16 ビットのものが 4 セットでそのうちの 2 つが用途の多いバイ

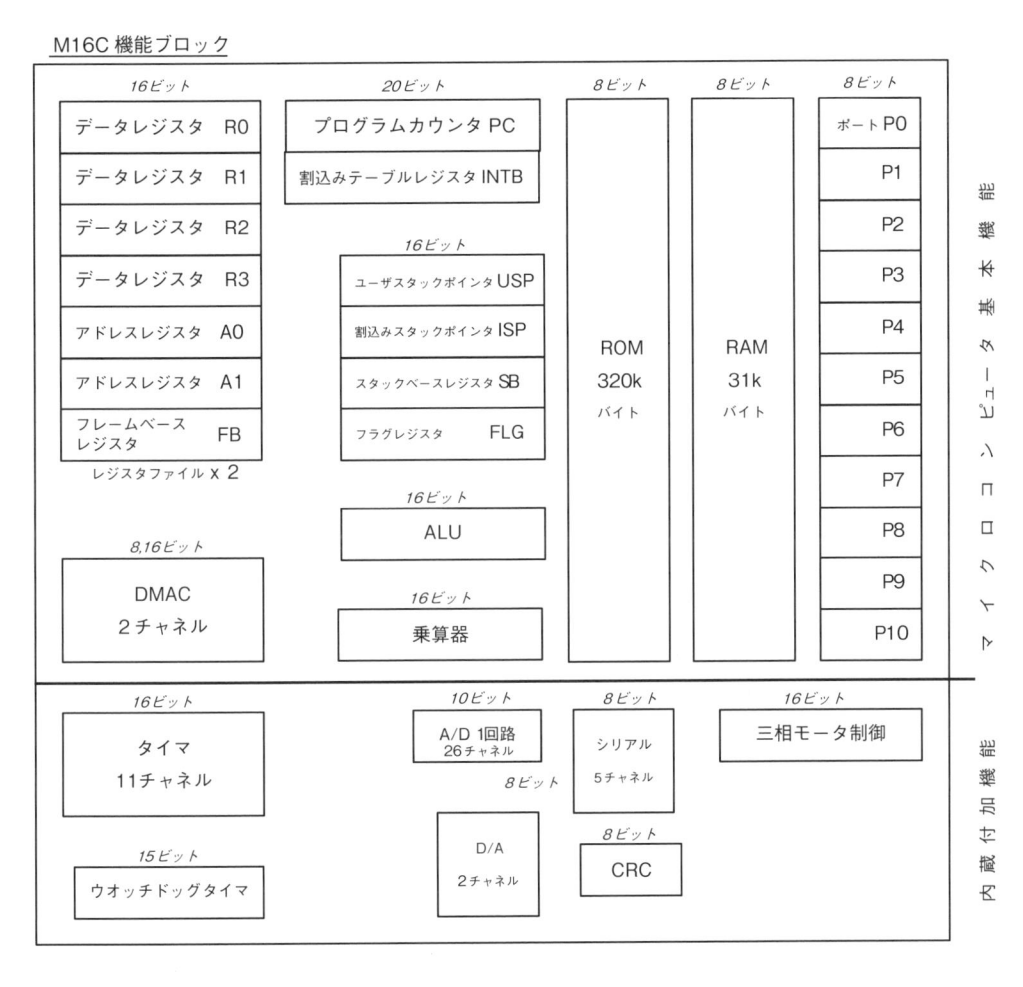

M16C 機能ブロック

16ビット	20ビット	8ビット	8ビット	8ビット
データレジスタ R0	プログラムカウンタ PC			ポート P0
データレジスタ R1	割込みテーブルレジスタ INTB			P1
データレジスタ R2				P2
データレジスタ R3	16ビット			P3
	ユーザスタックポインタ USP			
アドレスレジスタ A0	割込みスタックポインタ ISP	ROM	RAM	P4
アドレスレジスタ A1	スタックベースレジスタ SB	320k バイト	31k バイト	P5
フレームベースレジスタ FB	フラグレジスタ FLG			P6
レジスタファイル × 2				P7
	16ビット			P8
8,16ビット	ALU			P9
DMAC 2チャネル	16ビット 乗算器			P10

内蔵付加機能

16ビット	10ビット	8ビット	16ビット
タイマ 11チャネル	A/D 1回路 26チャネル	シリアル 5チャネル	三相モータ制御
	8ビット		
15ビット	D/A 2チャネル	8ビット CRC	
ウオッチドッグタイマ			

マイクロコンピュータ基本機能

小マイクロプロセッサ機能ブロック

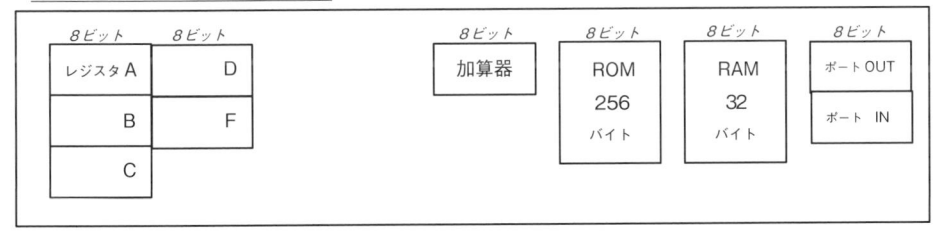

8ビット	8ビット	8ビット	8ビット	8ビット	8ビット
レジスタ A	D	加算器	ROM 256 バイト	RAM 32 バイト	ポート OUT
B	F				ポート IN
C					

; DMAC (Direct Memory Access Controler), CRC (Cyclie Redundancy Check)

図 **8.2** M16C と小マイクロプロセッサの機能ブロック図

ト（8 ビット）で L と H に分かれ取扱いができるようになっている．また，アドレスの指定に使うアドレスレジスタとフレームレジスタを含め 1 つのレジスタファイルを構成し，それを 2 ファイルもつことで割込み時のレジスタの退避と復帰の応答時間の短縮が可能である．プログラムカウンタ (PC) は 20 ビットで 1 M バイトのアドレス空間をアクセスできる．

内蔵付加機能は 16 ビットタイマが 11 個，A/D 変換端子が 26 個，D/A 変換端子が 2 個，シリアルポートは UART とクロック同期式合わせて 5 個と汎用のマイクロコンピュータとして充実している．また，三相モータ制御回路は専用用途であり，専用用途向きのこのような専用回路はカスタムマイクロコンピュータを含め 1970 年代から市場要求の反映として開発されている．専用用途制御回路としては LCD や FLD などの表示制御，三相モータも含め各種モータ制御，画像圧縮伸長機能などがある．また，HDD や DVD のすべての制御を 1 チップに盛り込んだものはシステム LSI やシステムオンチップと呼ばれる．汎用のマイクロコンピュータに専用用途向き制御回路も取り込まれていき，それらの制御プログラムも提供されることもある．

小マイクロプロセッサはあくまで基本機能学習用であるが，少し性能を高めた小マイクロプロセッサ複数個を M16C に内蔵させ，内蔵付加ハードウェアや専用用途制御回路の制御や，また，ハードウェアを使わずプログラムだけで制御することもマイクロプロセッサの次世代を進めるものである．

8.5 命令セット

M16C，小マイクロプロセッサの命令セットを表 8.4 に示す [2]．M16C の命令は 91 種類，小マイクロプロセッサはわずか 8 種類である．小マイクロプロセッサの 8 種類の命令で M16C のプログラムで果たす機能がすべて実現できるかについての一番大きい問題は処理速度である．処理速度の問題とは，表 8.1 で示すように M16C の動作周波数が 2 桁早いがこのことをいっているのではなく，動作周波数を同じにしても必要な機能を最低限の命令でプログラムとして実現するために，多くの命令ステップが必要になることを指している．改めて第 7 章で示したマイクロプロセッサの命令として最少限必要とする機能を再提示する．

 i) マイクロプロセッサ内部と外部の間でのデータの交換
 ii) マイクロプロセッサ内部に定数をプログラムにより設定
 iii) マイクロプロセッサ内部でデータの移動
 iv) 演算
 v) プログラム実行はプログラムメモリより命令を順番に読み出し実行されるが，任意のメモリ番地に飛越すまたは，条件に合えば飛越す
 vi) プログラム実行はプログラムメモリより命令を順番に読み出し実行されるが，任意のメモリ番地のプログラム（サブルーチン）を挿入する

i) は入出力命令で M16C の命令セットでは，表 8.4 のデータ転送が対応する．M16C では ROM, RAM, 各種レジスタ，入出力ポートはすべて同一空間であり，入出力ポートのアドレスに転送は出力命令に，また，入出力ポートのアドレスからレジスタなどのアドレスへの転送

は入力命令になる．

ii) は定数の設定命令で，同じく表 8.4 のデータ転送が対応する．データ転送命令のオペランドにデータの転送元 (source:src) と転送先 (destination:dest) を示す箇所がありデータの転送元に定数または定義されたシンボルを記述する．

iii) は RAM と各種レジスタでのデータ転送命令で，同じく表 8.4 のデータ転送が対応する．データ転送命令のオペランドにデータの転送元のアドレスまたは定義されたシンボルと転送先

表 8.4 MM16C，小マイクロプロセッサの命令セット

命令セット	命令種別	命令	小マイクロプロセッサ
		M16C	
データ転送命令 14 命令	・転送 ・プッシュ，ポップ ・拡張データ領域転送 ・4 ビット転送 ・データ交換；レジスタ，メモリ ・条件ストア	MOV, MOVA PUSH, PUSHM, PUSHA, POP, POPM LDE, STE MOVDir XCHG STZ, STNZ, STZX	TR1R2 OUT R IN R SR n
演習命令 31 命令	・加算命令減算 ・乗算命令除算 ・10 進加算 ・インクリメント／デクリメント ・積和演算 ・比較 ・その他（絶対値 2 の補数，符号拡張） ・論理演算 ・テスト，シフト／ローテート	ADD, ADC, ADCF, SUB, SBB MUL, MULU, DIV, DIVU, DIVX DADD, DADC INC / DEC RMPA CMP ABS, NEG, EXTS AND, OR, XOR, NOT TST, SHL, SHA/ROT, RORC, ROLC	4 命令
分岐命令 10 命令	・無条件分岐 ・条件付き分岐 ・間接ジャンプ ・スペシャルページ分岐 ・サブルーチンコール ・間接サブルーチンコール ・スペシャルページサブルーチンコール ・サブルーチン復帰 ・加算（減算）結果後の条件分岐	JMP JCnd JMPI JMPS JSR JSRI JSRS RTS ADJNZ, SBJNZ	BR n BRA n CAL n RT 4 命令
ビット操作命令 14 命令	・ビット操作 　レジスタ，メモリ，IO	BCLR, BSET, BNOT, BTST, BNTST, BAND, BNAND, BOR, BNOR, BXOR, BNXOR, BMCnd, BTSTS, BTSTC	
ストリング命令 3 命令	・ストリング	SMOVF, SMOVB, SSTR	
その他の命令 19 命令	・専用レジスタ操作 ・フラグレジスタ操作 ・OS サポート ・高級言語サポート ・デバッグ装置サポート ・割込み関連 ・外部割込み待ち ・ノーオペレーション	LDC, STC, LDINTB, LDIPL, PUSHC, POPC FSET, FCLR LDCTX, STCTX ENTER, EXITD BRK REIT, INT, INTO, UND WAIT, NOP	

のアドレスまたは定義されたシンボルを記述することになる．

　iv) の演算命令は，表 8.4 の演算命令が対応する．演算命令の最少限必要機能とはバイトでの加算演算のみである．M16C では加算，減算，乗算と除算を符号付きでバイト長とワード長（2バイト）で演算ができる．また，除算はマイクロプログラムで実行され最大 24 サイクルと速く，また乗算は図 8.2 に示すように乗算器をハードウェアで内蔵しているので 5 サイクルと他の転送命令と変わらない速さを実現している．2 進数の四則演算以外に 10 進加算，積和演算，比較，シフトと論理演算など多彩な演算判定命令をもつ．

　v) は命令実行の番地をプログラムで任意に決める方法は飛越し命令，分岐命令やジャンプ命令と呼ばれる．表 8.4 の分岐命令に対応する．無条件分岐，条件付き分岐間接ジャンプと，さらにスペシャルページ分岐と命令コード数を削減する命令がある．

　vi) はサブルーチン呼出し命令は表 8.4 の分岐命令が対応する．サブルーチンコール，間接サブルーチンコールと，さらにスペシャルページサブルーチンコールと分岐命令と同様，命令コード数を削減する命令がある．

8.6　アドレシングモード

　先の項で示したように M16C は使いやすくプログラムメモリを有効に使う命令セットをもつが，さらに命令はアドレシングモード（Addressing Mode）を適切に選択することが重要である [2]．なお，アドレシングモードとは，命令実行時における対象とするデータの存在する場所，処理後のデータの格納場所，またはそれらの両方の決め方のことを指す．転送命令を例にするなら，データの転送元と転送先を決める方式のことである．この場合は 2 つの場所であるが，3 つでも 4 つでもよい．M16C の場合同一空間であるので，ROM，RAM，各種レジスタや入出力ポートなどすべてが対象になる．唯一異なる空間をもつものは即値 (immediate) と呼ばれ，命令が具体的な値をもちそれがデータでありまたアドレスである場合である．

　M16C の主要アドレシングモードを以下示していく．アドレシングモードは他のコンピュータとも基本は同じであるが，ハードウェア構成や考え方の相違等からその呼び名は異なる場合がある．

(1)　即値アドレシング

　即値のデータビット数は 3 種類で 8，16，20 ビットである．

```
    8 ビット    16 進表示：#73H,    10 進表示：#115,2 進表示：#01110011B
               （# は M16C のアセンブラ言語では即値であることを示す）
    8 ビット    16 進表示：#-1H,    10 進表示：#255,2 進表示：#11111111B
   16 ビット    16 進表示：#1187H,  10 進表示：#4487,2 進表示：#0001000110000111B
   20 ビット    16 進表示：# 11187H,10 進表示：#70023,2 進表示：#00010001000110000111B
```

　命令に書かれた即値が，命令実行時における対象とするデータである．
　　例；　　MOV.W　　#1,R2
　　　　；ワード (W:2 バイト) データの 0001H を 16 ビットレジスタである R2 に転送（設定）
　　例；　　MOV.W　　#-1,R2

；ワードデータの -1(FFFFH) を 16 ビットレジスタである R2 に転送（設定）
　例； JMP　　ABC
　　　；ABC はラベル．ABC はアセンブラで具体的な数値に設定されている．
　　　　例えば ABC=100H　　(ABC .EQU 100H) のように．
　　　　アセンブル時点で　 JMP 100H が決まるので，これは即値である．

(2) レジスタ直接アドレシング

命令に示させている 2 つのレジスタ名が転送元と転送先になる．
　例； 　MOV.B　　R0L,R1H
　　　；レジスタ R0L の 1 バイトのデータを，1 バイトのレジスタ R1H に転送する．
　　　　R0L　→　　R1H
　例； JMP1.W　　R0
　　　；レジスタ R0 の 2 バイトのデータとプログラムカウンタ (PC) の加算された値にジャンプ（分岐）する．
　　　　PC + R0 →　　PC

(3)　絶対アドレシング
　例； 　MOV.B　　8000H,R1H
　　　；8000H のメモリの 1 バイトのデータを，1 バイトのレジスタ R1H に転送する．
　　　　[8000H]　→　　R1H　　　；[8000H] は 8000H のメモリ番地の内容を表す

(4)　アドレスレジスタ間接アドレシング

2 つのアドレスレジスタ A0 と A1 のどちらか一方，または両方を使いメモリの値を操作（転送，演算など）する．
　例； 　MOV.B　　A0,R1H
　　　；アドレスレジスタ A0 の示すアドレスの値の 1 バイトデータを，1 バイトの容量のレジスタ R1H（2 バイトの R1 レジスタの上位 1 バイト）に転送する．
　　　　[A0]　→　　R1H

(5)　アドレスレジスタ相対アドレシング

変化値（ディスプレースメント:displacement:dsp）で与えた値にアドレスレジスタ (A0/A1) の内容を符号なしで加算した結果が対象の実行アドレスとなる．加算結果が 0FFFFH を超える場合，17 ビット以上は無視され 00000H 番地に戻る（以下同様の断りは略する）．
A0, A1 の変化値は 8 ビットまたは 16 ビットが取れる．
　例；MOV.B R0H,7[A1]
　　　A1=7387H の場合　 7387H+7=738EH　で 738EH 番地に R0H=42H　の値が転送される．

(6)　SB 相対アドレシング

変化値で与えた値にスタティックベースレジスタ (SB) の内容を図 8.3 に示すように符号な

しで加算した結果が対象の実行アドレスとなる．変化値は 8 または 16 ビットが取れる．

例；MOV.B　#55H,　5[SB]

SB=0100H の場合，0100H+5=0105H で 00105H 番地に即値 =55H の値が転送される．

00105H の表記は 00000〜FFFFFH のメモリ空間のためである（以下同様の断りは略する）．

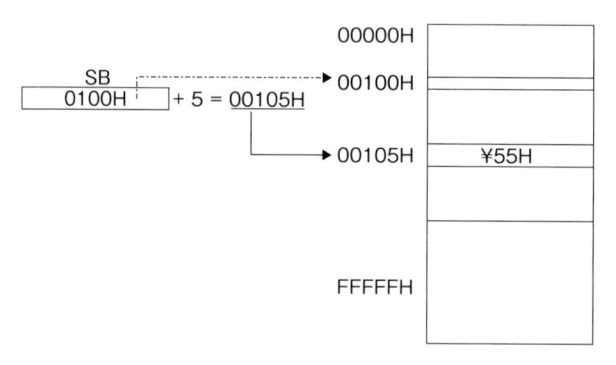

図 8.3　アドレスレジスタ相対アドレシング

(7)　FB 相対アドレシング

フレームベースレジスタ (FB) の内容で示したアドレスに変化値で与えた値に符号付きで加算した結果が図 8.4 に示すように対象の実行アドレスとなる．変化値は 8 ビットが取れるが 16 ビットは取れない．

例；MOV.B　#55H,　5[FB]

FB=1000H の場合，1000H-5=0FFBH で 00FFBH 番地に即値 =55H の値が転送される．

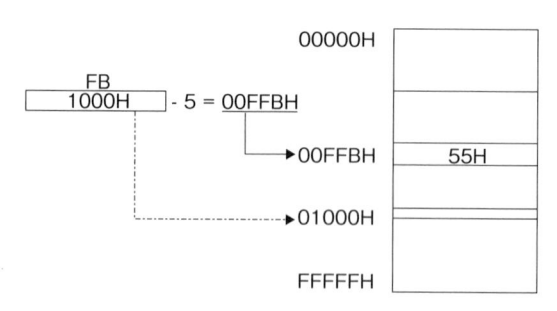

図 8.4　FB 相対アドレシング

(8)　スタックポインタ相対アドレシング

スタックポインタ (SP) の内容で示したアドレスに変化値で与えた値に図 8.5 に示すように符号付きで加算した結果が対象の実行アドレスとなる．変化値は 8 ビットが取れるが 16 ビッ

トは取れない．

スタックポインタ (SP) は，U フラグで示すスタックポインタが対象となる．

例；MOV.B　R0L, 5[SP]

SP=0100H の場合，0100H+5=0105H で 00105H 番地にレジスタ R0L=55H の値が転送される．

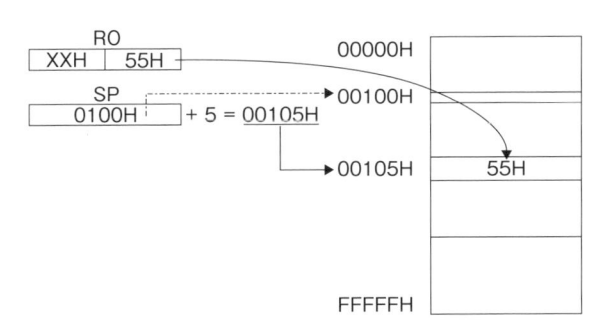

図 8.5 スタックポインタ相対アドレシング

(9) プログラムカウンタ相対アドレシング

ジャンプ (JMP) 命令とジャンプサブルーチン (JSR) 命令（以下ジャンプ命令と代表させる）ではこのアドレシングが使える．変化値が 3 ビット，8 ビットと 16 ビットの 3 つの実行形態があり，各分岐距離指定記号は.S，.B，.W である．

分岐距離指定記号が.S（変化値が 3 ビット）の場合は，この命令の読み出された番地をプログラムカウンタ (PC) とすると，PC+2 に変化値で与えた値を符号なしで加算した結果が対象の実行アドレスとなる．すなわち，ジャンプ命令の実行番地 +2 より前方の 0〜7 番地にジャンプができることになる．

例；JMP.S 5+*

このジャンプ命令の実行番地が 100 であるとすると，107 番地 (100+2+5=107) にジャンプすることになる．分岐距離指定記号が.B，または.W（変化値が 8 または 16 ビット）の場合は，この命令の読み出された番地をプログラムカウンタ (PC) とすると，PC+2 に変化値で与えた値を符号付きで加算した結果が対象の実行アドレスとなる．すなわち，ジャンプ命令の実行番地 +2 より.B の場合は −128 から +128 番地に，また.W の場合は −32768 から +32767 番地にジャンプができることになる．

8.7 動作周波数，最短命令実行時間，基本バスサイクル

動作周波数とは命令実行の最少基本の周波数である．基本バスサイクルは 100 ns であるので動作周波数と等しく設計されていることになる．また，周波数の逆数は 1 周期の時間であり，1 周期をサイクルという．一般にサイクルを使い命令の実行時間を表す．最短命令実行時間は 100 ns であるので，1 サイクルで実行される命令があることになる．M16C の命令は豊富なア

ドレシングモードにより強力である．

　加算命令；ADC（キャリーを含めて）もその対象データはメモリ，レジスタ，入出力と即値である．これらの組合せにより命令の必要バイト数と必要なサイクル数は異なり，それらの値は2～6バイトと2～4サイクルになる．1バイト1サイクルで実行する命令は少なく減数命令；DEC，加数命令；INC，ノーオペレーション命令；NOP，反転命令；NOTがある．また，サイクル数を多く必要な命令には割算命令；DIV（符号付き）がある．4バイト24サイクルを必要とする．割算の機能をハードウェアでもたせるか，プログラムで実行する場合はC言語等の関数を使うかアセンブラではサブルーチンとして使う．M16Cの場合は命令としてもちマイクロプログラムで実行しているので，関数やサブルーチンに比べて高速実行が可能となる．また，シフト命令；SHA（算術）などはシフト量により必要サイクルが異なる．サイクル数は3+mになり，mはシフト対象データがワード（2バイト）の場合論理的に1～15の値を取ることができるので，4～18サイクルとなる．

　小マイクロプロセッサ動作周波数は100 kHzで1サイクルは10 μsで，最少命令実行時間は1サイクルで10 μsである．また，すべての命令実行は同一で1サイクル10 μsで実行する．先の第7章の図7.5「命令実行のタイミング」を参照してほしい．

8.8 動作モード，外部アドレス空間，外部データバス幅，バス仕様

　M16Cの動作モードはシングルチップモード，メモリ拡張モード，マイクロプロセッサモードと3つある．シングルチップモードは内蔵しているメモリで必要とするプログラムメモリとデータメモリを賄うことのできるシステムであり，ほとんどの1チップマイクロコンピュータの応用がこれにあたる．メモリ拡張モードのシステムは内蔵メモリで不足するプログラムメモリ，データメモリまたはそれらの両方を1チップマイクロコンピュータの外に拡張する．また，マイクロプロセッサモードは内蔵メモリを使わず，すべてメモリを新たに外付けとするシステムである．メモリ拡張モードのシステムもマイクロプロセッサモードのシステムも比較的生産数の少ないシステムである場合が多い．

　これら2つのシステムを構成設計するために，外部アドレス空間，外部データバス幅，バス仕様が必要になる．外部アドレス空間は1Mバイトと64Kバイトの選択が可能で，それに対応してアドレスバスは20ビットと16ビットを選択が可能である．また，外部データバス幅を8ビットと16ビットに選択することが可能である．8ビットにすると，入出力ポートの数を8本増加することができるが16ビットデータを2回に分けて処理することから処理が遅くなる．バス仕様はセパレートバスかマルチプレクスバスの方式を選択できる．セパレートバスは外部回路が簡単になるが，入出力ポートの数が減ることになる．

　小マイクロプロセッサの動作モードは1チップモードのみである．ただし，両者にはもう1つマイクロコンピュータの機能と特性が十分かどうかを検査するモードが必要であることは自明である．読者は使うほうのみの見方だけでなく，開発し創る側の見方もできる必要がある．

8.9 クロック発生回路

M16C はクロック発生回路として 2 回路内蔵している．1 つはメインクロックと呼ばれ 16 MHz 以下の発振子で発振させ M16C のシステムクロックになる．2 つめはサブクロックと呼ばれ主な使い方は時計用の時間回数用で，32.768 kHz の発振子で発振させる．32.768 kHz はちょうど $32768 = 2^{15}$ で 2 の逓倍の数であるので簡単な論理回路で 1 秒を得ることができるので，以前から電子時計に使われていた．M16C の場合もカウンタに入力させ時間回数用やさらに低電力消費のためにメインクロックを停止させシステムクロックとしても活用させることができる．小マイクロプロセッサではクロック発生回路はもたず，外部で発振させたクロックを入力させる．

8.10 アドレス空間

M16C はプログラムメモリ，データメモリ，各種制御レジスタと入出力ポートなどは同一アドレス空間に割り当てられている．プログラムを開発する人から見えるレジスタ類でこのアドレス空間に入っていないものは CPU にある 20 個のプログラムカウンタ，レジスタとフラグ類である．小マイクロプロセッサは 4 つのアドレシング空間をもつ．CPU 部はプログラムカウンタ類とレジスタとポートの 2 つに分かれる．3 つめはプログラムメモリと 4 つめはデータメモリである．これらの詳細を表 8.5 に示す．

表 **8.5** M16C，小マイクロプロセッサのアドレシング空間

M16C アドレシング空間 CPU とメモリの 2 アドレシング空間	
A.	CPU アドレシング空間；8 種類　20 レジスタ
	プログラムカウンタ，データレジスタ，アドレスレジスタ，フレームレジスタ，割込みテーブルレジスタ，ユーザスタックポインタ，割込みスタックポインタ，スタテックベースレジスタ，フラグレジスタ
B.	メモリアドレシング空間
	B1. 00000H-00400H 1k バイト；各関連レジスタ (229 バイト)
	ポート，クロック，シリアルインタフェース，タイマ・カウント，A/D，D/A，割込み，DMA，ウォッチドッグタイマ，プロセッサモードレジスタ，チップセレクト，アドレス一致，プロテクト，データバンク，フラッシュメモリ，三相モータ制御，CRC，
	B2. 00400H-07FFFH　31k バイト　RAM
	B3. B0000H-FFFFFH　320k バイト ROM
小マイクロプロセッサアドレシング空間 CPU とメモリの 2 アドレシング空間	
A.	CPU アドレシング空間；2 種類　4 レジスタ
	プログラムカウンタ，スタックレジスタ
B.	レジスタアドレシング空間；2 種類, 7 レジスタ (7 バイト)
	レジスタ，ポート
C.	プログラムメモリアドレシング空間；00h-FFh 256 バイト ROM
D.	データメモリアドレシング空間；00h-1Fh 32 バイト RAM

8.11 まとめ

本章では第 7 章で示した小マイクロプロセッサの基本構成とその仕組みをもとに焦点を絞り，現代 16 ビットマイクロプロセッサの機能を示した．M16C が複雑であるのは機能の多さといくつもの応用システムに適合させようとしたためであり，その情報化社会への貢献は大きいが，またマイクロプロセッサを難解にしているともいえる．

演習問題

設問 1　1 チップマイクロコンピュータのもつハードウェアを 2 種類に分類して，その機能を説明せよ．

設問 2　1 チップマイクロコンピュータのもつ端子を 2 種類に分類して，その機能を説明せよ．

設問 3　プログラムメモリ (ROM)，データメモリ (RAM)，各種レジスタ，入出力ポートなどに割り当てられるアドレス（番地）空間は M16C の場合すべて同一である．この場合同一空間であるという．同一空間であることによるメリットを説明せよ．

設問 4　さらに設問 3 において同一空間であることによるデメリットを説明せよ．

設問 5　1 チップマイクロコンピュータ性能概要の表 8.1 の前半はマイクロコンピュータ基本機能でコンピュータとしての必須機能であり，後半は内蔵付加機能と呼びシステム構成に有効なハードウェアである．これらは半導体の微細化と 40 年の経験でいわばハードウェアとソフトウェアの役割分担した成果でもある．しかし，技術というものは今後その可能性からもまた経済的市場適応からも成長と改革がある．この成長と改革を説明せよ．

参考文献

[1] ルネサス "M16C/62P グループ (M16C/62P, M16C/62PT) ハードウェアマニュアル" ルネサス 16 ビットシングルチップマイクロコンピュータ M16C ファミリ/M16C/60P シリーズ　株式会社ルネサステクノロジ営業企画統括部　2006.1.10. Rev.2.41

[2] ルネサス "M16C/60, M16C/20, M16C/Tiny シリーズソフトウェアマニュアル" ルネサス 16 ビットシングルチップマイクロコンピュータ　株式会社ルネサステクノロジ営業企画統括部　2006.1.10. Rev.4.00

[3] TMS1000 Series Data Manual　December 1975 Texas Instruments Incorporated

[4] 松尾和義，藤田紘一，山田圀裕，磯田勝房，畑田明良："4 ビットワンチップマイクロコンピュータ"，三菱電機技報，Vol.52, No.4, pp.273-277, 1978.4.

[5] Katunao Toraguchi ,Yuta Kenmochi, Kunihiro Yamada, "Controlling multimicro-

processor memory competition and noise", Advances in Knowledge-Based and Intelligent Information and Engineering Systems M. Graña et al. (Eds.) IOS Press, 2012 ⓒ2012 The authors and IOS Press.

[6] 富士通セミコンダクター; http://www.jp.fujitsu.com/group/relese/20100420.html
[7] EPSON; http://www.epson.jp/device/semicon/product/mcu.hum

参考図書

[1] ルネサス"M16C/62P グループ (M16C/62P, M16C/62PT) ハードウェアマニュアル" ルネサス 16 ビットシングルチップマイクロコンピュータ M16C ファミリ/M16C/60P シリーズ 株式会社ルネサステクノロジ営業企画統括部 2006.1.10. Rev.2.41

[2] ルネサス"M16C/60, M16C/20, M16C/Tiny シリーズソフトウェアマニュアル" ルネサス 16 ビットシングルチップマイクロコンピュータ 株式会社ルネサステクノロジ営業企画統括部 2006.1.10. Rev.4.00

[3] 松本平八, 松本雅俊, 多田哲生, 益子洋治, 山田圀裕:品質・信頼性, 共立出版 (2011)

[4] 中澤喜三郎:計算機アーキテクチャと構成方法, 朝倉書店 (2011)

第9章
車載ネットワーク

□ 学習のポイント

　現代の自動車の制御ではカーエレクトロニクスが不可欠となっていることは第3章で述べた．それを支える要素技術の1つが車載ネットワーク技術である．カーエレクトロニクスの発展に伴いECU間を結ぶワイヤー量が増加し，当初は，省スペース化，軽量化するためにネットワークが採用された．しかし，ECUがネットワーク化されることで，従来は難しかった統合的な制御や安全支援システムなどを実現できるようになった．現在は，車の知能化のための神経系という役割を担っている．この章では車載ネットワークについて概観する．

- 現在のカーエレクトロニクスは多数のECUとそれらを結合する車載ネットワークで構成されている．
- 車載ネットワークには，用途に応じた通信速度を備えた上で，低コストと高い信頼性が必要であることを理解する．
- 車載ネットワークは，大きく分けて，制御系，ボディ系，マルチメディア系という3つの種類に分類されることを理解する．
- 次世代の制御系ネットワークではより高速で信頼性の高い通信技術が開発され，Drive-by-Wireを支える技術となることを理解する．
- 今後，無線通信によって自動車が外部のネットワークと接続されることを理解する．

□ キーワード

制御系，ボディ系，マルチメディア系，CAN，LIN，MOST，Drive-by-Wire，FlexRay，Bluetooth

---

9.1　車載ネットワーク採用の背景

　第3章で述べたように，自動車の制御のエレクトロニクス化に伴って，一般的な乗用車でたくさんのECUが搭載されるようになった．本来，各ECUは基本的に独立した制御を担当して動作するように個別に開発されてきた．そのため単に「走る・曲がる・止まる」という基本的な機能に関しては，各ECUが相互通信を行う必要はあまりなかった．

　しかし，高度な安全性，利便性，環境性能などの高い要求を実現するために，個別ECUの働きだけでなくECUが相互に通信することが必要になっている [1]．例えば3.3節で述べた，走行環境認識に基づく運転支援システムを考えてみよう．このようなシステムでは，自動車が走行する間に変化する走行状況に対して，カメラECUが認識結果を送信し，その結果をエンジ

ンECUやブレーキECUが受信し，それに応じた加減速の指令を出力する．これらの状況は高速で走行することができる自動車では刻々と変化し続ける．このようなシステムではECU間の高速で確実な通信が不可欠となっている．

このように自動車ではECU間の通信のニーズが時代とともに高まっている．当初，通信の必要なECUだけが相互に接続されて通信を行っていた（図9.1参照）．しかし，これらの通信の増加につれECU間を接続するための車内の配線であるワイヤーハーネスの長さも伸びることになった．ワイヤーハーネスの増加は，車全体の重量増加につながるため燃費の低下を招き，省エネルギーの観点からは好ましくない．また，それらの膨大な配線を生産ラインで組み付ける必要があるため，生産上での面でも問題になった．

それらの問題を解決するために開発されたのが，車載ネットワークである．ネットワークでは，一組の物理的な配線であるケーブルを用いながら，時分割で多重通信を行うことで多数の情報をやり取りできる．これによってECU間の接続のために必要な複数のワイヤーハーネスを，一組のネットワークケーブルで置き換えることができる．これによって上記の問題点が緩和されている．

現在のカーエレクトロニクスでは数10個のECUが使用されており，通信ニーズに応じた特定の車載ネットワークに接続される．それらのネットワーク同士はゲートウェイとなるECUを介して接続されており複合的なネットワークを構成している（図9.2参照）．

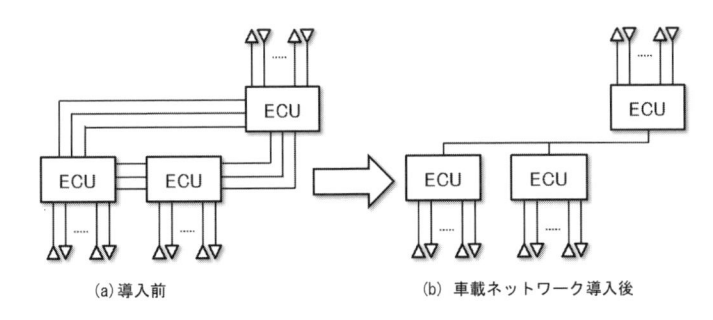

図 9.1 ネットワーク化によるワイヤーハーネス低減

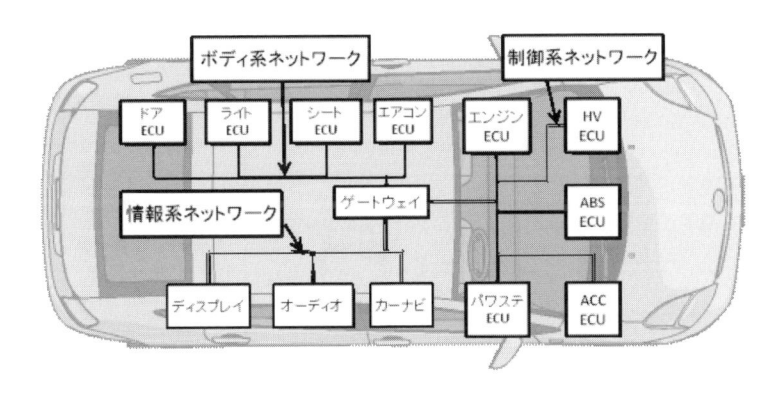

図 9.2 車載ネットワークの例

9.2 車載ネットワークに求められること

車載ネットワークに求められる要件をまとめると以下のようになる．

(1) 信頼性
- 自動車の使用される厳しい温度や湿度の環境でも信頼性の高い通信ができること
- 制御に必要なリアルタイム性を満足するため通信遅延時間を一定に抑えること
- 耐故障性があり，1つのノードの故障がネットワーク全体の故障にならないこと

(2) コスト
- 低コストで実現できること．機器の価格だけでなく，工場の配線を含めた生産コスト
- 仕向け地やオプション品による変更に対しても低コストで追加拡張できること

また，車載ネットワークによる自動車の保守や診断の容易化も重要である．従来は，個別のECUごとに診断を行う必要があった．最近の制御システムでは複数のECUが関係するため，故障診断や故障箇所の特定には複数のECUを調べる必要がある．車載ネットワークの導入後，このような故障診断をネットワーク経由で行うことができるようになっている．

現在，車載ネットワークの接続用コネクタが装備されているのが多くの自動車で一般的である．図9.3に示すように，専用の診断ツールを車載ネットワークに接続することで，ネットワーク経由でECUの状態を計測することができる [3]．診断用のダイアグコードは基本的にはSAE J2012規格として標準化されている [4]．故障個所の診断では記録された診断コードやそのときの車両状態を記録したデータ（フリーズフレームデータ）を調べることで，ECUおよび故障個所の特定を行うことが容易になっている．また，走行中の車載ネットワークに流れる情報も端末を接続して記録することができる．

さらに，自動車のソフトウェア保守の面でも車載ネットワークが利用されるようになっている．従来は，あるECUのソフトウェアに不具合が見つかった場合，そのECUを取り出してプログラムROMのデータを修正する必要があった．しかし，現在は車載ネットワーク経由で特定のECUにアクセスしてそのプログラムを修正することが可能である．これによってソフトウェアの不具合修正や機能向上の作業が格段に容易になっている．

また，ECU間で情報通信を行うことで新しい制御が可能になる．例えば，第3章で紹介した

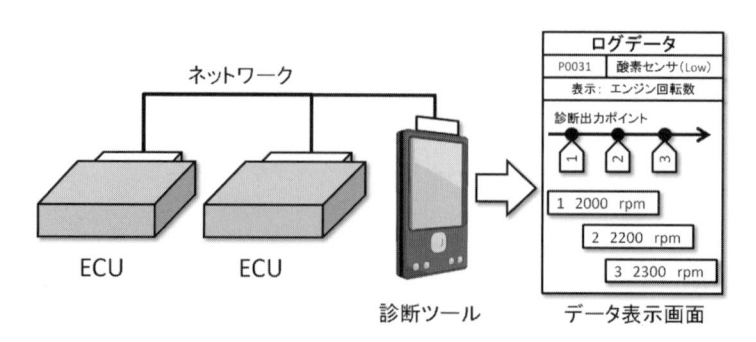

図 9.3　ネットワーク接続による ECU 診断

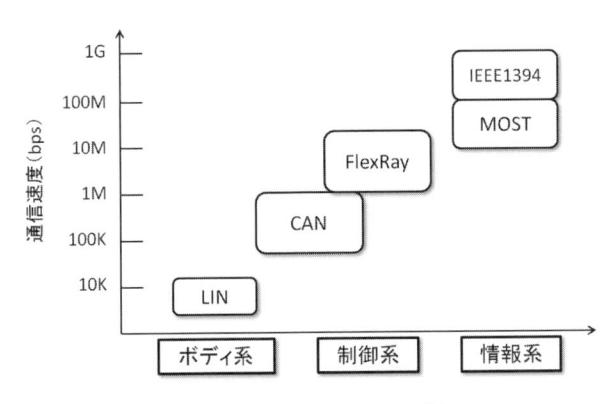

運転支援システムなどは，ステレオカメラを搭載した ECU と，エンジン制御 ECU，ブレーキ制御 ECU，トランスミッション制御 ECU が相互に情報を通信する．これによって，車間距離を保ちながら設定された速度で走行し，前車が減速した場合には，ぶつからないようにブレーキをかけて停止し，前車が発進した場合には自車も発進するようにエンジンやトランスミッションを制御するような機能を実現している．

9.3 車載ネットワークの種類

車載ネットワークは 1 種類のネットワークだけで実現されているのではない．これは求められる通信容量，信頼性，コストなどの要件が制御システムによって異なるためである．車載ネットワークは大きく分けて，制御系ネットワーク，ボディ系ネットワーク，情報系ネットワークの 3 種類に分類される（図 9.4 参照）．

この 3 種類の車載ネットワークの代表的な規格である CAN，LIN，MOST をあげて比較した結果を表 9.1 に示す [2]．

9.3.1 制御系ネットワーク

自動車の走る，曲がる，止まるといった基本的な制御を行うために用いられる制御のためのネットワークである．求められている要件は高い信頼性，低い通信遅延時間，125 kbps〜1,000

図 9.4 車載ネットワークの種類

表 9.1 車載ネットワークの比較

規格名	CAN	LIN	MOST
分類	制御系	ボディ系	情報系
用途	エンジン 変速機 ブレーキなど	ドア ミラー スイッチなど	ナビ オーディオ など
トポロジ	バス	バス	リング
通信媒体	メタル（2 線式）	メタル（1 線式）	光ファイバ
フレームデータ長	0〜8 バイト	8 バイト	64 バイト
最大ビット・レート	10 kbps〜1 Mbps	1 kbps〜20 kbps	25 Mbps〜100 Mbps

kbps 程度の通信容量である．現在，CAN が制御系の車載ネットワークでは標準的に使用されている（図 9.5 参照）．また，CAN は国際標準化機構である ISO によって ISO11898（1 Mbps までの高速規格），ISO11519（125 kbps までの低速規格）として規格化されている [5,6]．CAN はバス型のトポロジを構成し，通信媒体は 2 線式のバスなどを使用する．プロトコルはマルチマスタ方式である．どの通信ノードでもバスに空きがあれば即座に送信を開始できる．このため複数のメッセージが衝突することが発生するが，そのときはメッセージにつけられた識別用の ID で調停を行う（CSMA/CA 方式）．調停で残ったメッセージが通信され，そうでない通信ノードはメッセージを取り下げて，空きができるまで待ってから再送信を行う．このため，優先度の低いメッセージの通信は衝突によって遅延を伴うことになり，通信スケジュールは確定しない．なお CAN に関しては，第 12 章で詳しく述べる．

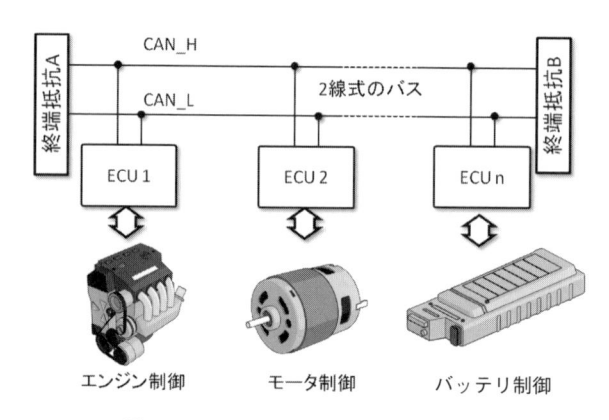

図 9.5 CAN による制御系ネットワーク

9.3.2 ボディ系ネットワーク

空調，ドア，シート，ワイパー，ミラー，ルーフなどのスイッチのオンオフを中心とした制御に用いられる．制御系ネットワークよりも低速で安価なネットワークとして使用される．求められる要件は低コスト，省配線，20 kbps 程度の通信容量である．代表的なボディ系ネットワークの規格に LIN (Local Interconnect Network) がある．LIN では，ほとんどのマイクロプロセッサに内蔵されているシリアル通信ポート（UART: Universal Asynchronous Receiver Transmitter）を利用して通信を実施する．このため，通信速度は低速ではあるが，他の規格のような専用のコントローラを必要とせず低コストで通信が実現できるというメリットがある．LIN はマスタスレーブ方式の通信方式である（図 9.6 参照）．通信ネットワーク全体をマスタが統括し，マスタの指示に従って 1 台ずつ通信ノードがメッセージを送信する．マスタにより通信スケジュールが決められているため，CAN のような衝突は発生しない．

9.3.3 情報系ネットワーク

主に車室内でのナビゲーションやエンターテインメント機器（DVD，オーディオなどのマル

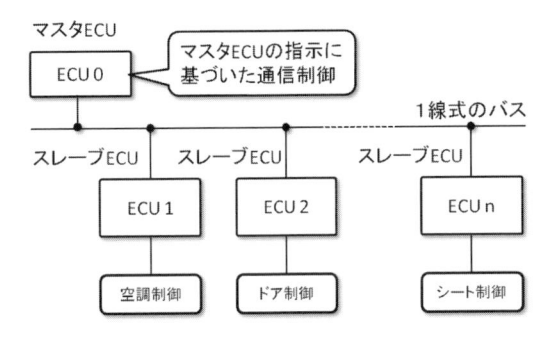

図 9.6 LIN によるボディ系ネットワーク

チメディア機器）で利用される．この情報系ネットワークでは大量の画像や音楽などのメディア情報が通信され，カーナビゲーション用地図表示，動画再生や音楽再生などに用いられる．求められる要件は，高速通信，1～100 Mbps 程度の通信容量である．

代表的な規格に MOST (Media Oriented Systems Transport), IDB1394 (IEEE1394) などがある．MOST は光ファイバ (POF, Plastic Optical Fiber) を用いたリング型のトポロジでネットワークを構成する（ツイストペア線による仕様もあり）．また，IDB1394 は，パソコンやビデオカメラなどの民生機器で利用される IEEE1394 をベースとしているため，既存の民生品との接続性が考慮されている．また，最近，同様な理由により，パソコンなどで主流となっているイーサネット規格を自動車の情報系ネットワークに接続することが検討されている．

通常，これら 3 種類のネットワークは相互にゲートウェイと呼ばれる ECU を介して結合されており，必要な情報を相互に通信できる構造になっている．ただし，これら 3 種類は必要とされる品質や通信速度などは異なる．そのため，各制御システムは種類ごとに閉じているのが基本であり，種類をまたいで制御を行うことはない．

9.4 次世代の車載ネットワーク

現状では，自動車の制御用のネットワークとしては CAN が標準的に使用されている．しかし，車載エレクトロニクスの高度化に伴って，搭載される ECU 数が増加しており，100 個の ECU が搭載される自動車も生産されるようになった．それに伴って，以下のような課題が出てきた．

- ネットワークの通信容量の増加
  CAN では最高で 1 Mbps であり，それ以上の高速化は難しい．
- ネットワークの複雑化への対応
  最近では複数の CAN バスを使用する車載システムも一般的であり，そのような場合 ECU をゲートウェイとして使用することが出てきた．
- ネットワークのトポロジの複雑化
- X-by-Wire システムや，安全にかかわる運転支援システム，電動駆動のシステムの増加

より高速で確実な通信が必要となっており，CAN のイベントトリガ方式では通信遅延の見積もりが難しくなってきた．

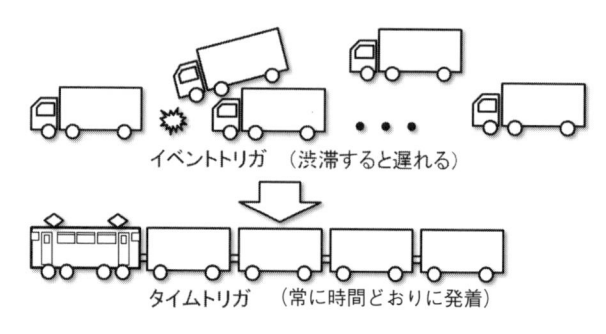

図 9.7 イベントトリガとタイムトリガの比較

基本的にイベントトリガ方式では，ネットワークに流れるデータ量が増えてくるとデータが衝突するケースが増加する．衝突したデータは再送信が必要になり，通信遅延時間の最悪値の見積もりが難しくなってくる．現在，主流となっている CAN では優先度に応じて調停されるためデータの衝突は発生しない．しかしながら，優先度の低いデータの通信は調停によって後回しにされるため，混雑すると同様な問題が発生する．

図 9.7 の上部に示すようにイベントトリガ方式は，自由に走行可能な道路とトラックによる貨物の輸送に例えることができる．空いているときは自由に走行して貨物であるデータを運ぶことができる．しかし，混雑してくると道路に渋滞（データフレームの衝突）が発生して自由に走行ができなくなり，予期できない遅れにつながる．これに対して同図の下部に示したタイムトリガ方式は，スケジュールに従って運行される貨物列車に例えられる．あらかじめ決まったスケジュールに従って貨物であるデータが輸送される．基本的に渋滞は発生しないためデータは時間どおりに到着するというメリットがある．

そこで制御系ネットワークの次世代規格としてタイムトリガに基づいた通信規格が開発されている．90 年代の終わりごろから CAN のタイムトリガ仕様である TTCAN (Time Triggered CAN) や，TTP/C (Time Triggered Protocol/C-class) などが提案された．また 2000 年代には安全性が重視される分野へ向けて Byteflight が提案され，一部車種のエアバッグに実用化された．Byteflight では同期通信部と非同期通信部からなるフレームから構成されており，非同期通信部はイベントに応じてデータ通信を行うように使うことができる．また，物理層としてプラスティック光ファイバ (POF, Plastic Optical Fiber) を採用し通信の高速化 (10 Mbps) を図っている．また，障害に対して強いスター型のトポロジを採用している．この Byteflight を参考として FlexRay が開発された．

FlexRay は，最大で 10 Mbps/チャネルと CAN の 10 倍の高速通信が可能であり，タイムトリガに基づく通信規格を採用している．このため遅延時間の見積もりが容易である．通信の物理層は光ファイバだけでなくメタルも想定している．光ファイバを使う場合にはスター型の

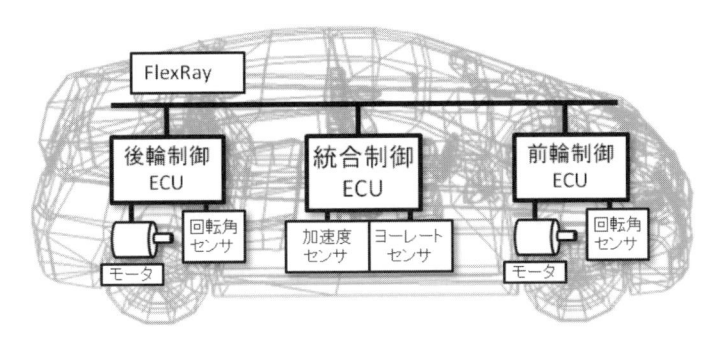

図 **9.8** FlexRay を使用した4輪操舵制御の例

トポロジを使うことになるが，メタル配線を使うことで CAN と同じバス型の構成も可能である．また，信頼性の向上のために，デュアルチャネル（二重化）の利用，バスガーディアンなどのエラー検出機構の強化，通信ノード間でのクロックの同期メカニズムが導入されている．

2000年代の前半に各種の次世代の制御系規格の間でデファクトスタンダードをめぐって標準化活動が行われた．現在は大半の車両メーカ，サプライヤ，半導体メーカが参加するかたちで FlexRay が規格化され支持されている．FlexRay によって Drive-by-Wire がより進展すると期待されている（図 9.8 参照）．2007年には FlexRay を採用した車両が実用化されている．今後は，コスト面での課題が徐々に解消されて採用車種の拡大が進んでいくと期待されている．

9.5 無線通信ネットワーク

これまで，有線通信の車載ネットワークについて述べてきた．しかし，有線通信に加えて最近では，無線通信が車室内外で利用可能になってきている．ただし，基本的に無線では通信の信頼性が大きく異なる．これは自動車の移動によって電波状況が変化するためであり，常に通信が利用できるとは限らない．そのため通信途絶なども想定されなければならず，通信遅延時間を一定に抑えることはできない．このため安全性にかかわる制御系のネットワークには向いていない．一方で，無線通信は物理的な接続のない場合でも通信可能であるため，車室内での情報系のネットワークとして価値が高い．

ここでは情報系ネットワークとして使用されている Bluetooth について紹介する．Bluetooth は，エリクソン，インテル，IBM，ノキア，モトローラ，東芝などの通信や半導体メーカが開発した無線通信規格であり，PAN(Personal Area Network) と呼ばれる [7]．2.4 GHz 帯の電波を利用して 1 Mbps～24 Mbps の通信速度，通信距離は 10～100 m を達成している．マスタスレーブでの1対1通信が基本である．現在，自動車ではカーナビゲーションと携帯電話によるハンズフリー通話機能が実用化されている（図9.9参照）[8]．登録した携帯電話を車室内に持ち込むと，カーナビゲーションシステムとの Bluetooth 通信が自動的に確立される．ドライバは，カーナビゲーションのマイクとスピーカを使ってハンズフリー通話を行うことができる．

ここに述べたように無線通信はカーナビゲーションなどの情報系ネットワークと親和性が高い．例えば，走行中の自動車の周辺地域でのリアルタイムの渋滞，気象，事故などの情報を，無

図 9.9 Bluetooth を利用したハンズフリー通話

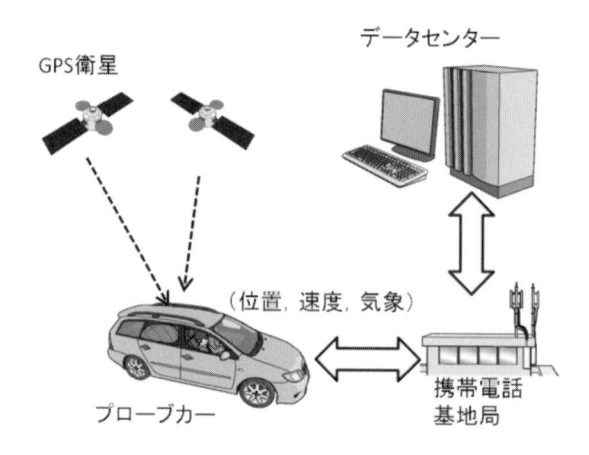

図 9.10 プローブカーのシステム

線通信を通して得ることができる．すでにカーナビゲーションでは，外部との無線通信を用いた VICS による渋滞や事故情報の通信だけでなく，ナビゲーション用の地図更新サービスも導入されている．

　さらに，走行中の自動車が一方的に情報提供を受けるだけでなく，逆に走行する自動車がプローブ（Probe，探査装置，センサ）としてセンターに情報を提供することでより高度なサービスを実現するシステムも実用化されつつある．このような自動車はプローブカー (Probe Car) と呼ばれる．このようなシステムでは多くの自動車がプローブとなって，それぞれの走行速度やワイパー動作による気象情報をセンターに送信する．これらの情報を統合することによりリアルタイムの交通情報をセンター側で構成することができる（図 9.10 参照）．このようなシステムは平常時に最新の交通情報を提供するだけでなく，災害時においても役立つことがわかってきている．プローブカーの走行情報から通行可能な道路情報を素早く提供できるため，災害時でも物資支援などに利用できる道路ネットワークがわかるなど非常時に貢献できるものとして期待されている．また，経路案内や目的地探索についても，音声による経路指示や高齢者ドライバにもわかりやすい表示が研究されるなど，より便利で快適なヒューマン・マシン・インタフェースが開発されている．

演習問題

設問 1 車載ネットワークとパソコンなどで使用されるネットワークの違いを説明せよ．

設問 2 車載ネットワークの規格化と標準化が重要な理由を説明せよ．

設問 3 車載ネットワークを用いたリアルタイム制御での要件について説明せよ．

設問 4 車載ネットワークの故障や障害時への対策について説明せよ．

設問 5 自動車が無線通信によって接続されるメリットとリスクについて説明せよ．

参考文献

[1] デンソーカーエレクトロニクス研究会：図解カーエレクトロニクス [下] 要素技術編, pp.177-186, 日経 BP 社 (2010)

[2] 佐藤道夫：車載ネットワーク・システム 徹底解説, CQ 出版社 (2005)

[3] トヨタ自動車：ECU 制御システムのトラブルシューティングの方法, Prius 新型車解説書・修理書, pp.IN36-4 (2010)

[4] SAEJ2012 Diagnostic Trouble Code Definitions (2002)

[5] ISO 11898 Road vehicles – Controller area network (CAN) – (2003)

[6] ISO 11519 Road vehicles – Low-speed serial data communication – (1994)

[7] 服部武, 藤岡雅宣：ワイヤレス・ブロードバンド教科＝高速 IP ワイヤレス編＝, pp. 99-109, インプレス R&D (2006)

[8] 富士通テン： AVN669HD 取扱説明書, pp. 495-522 (2009)

第10章
車載制御系ネットワーク CAN

□ 学習のポイント

この章では車載ネットワークのなかで制御系ネットワークに主に利用される通信規格の CAN (Controller Area Network) について述べる．現在，多くの自動車メーカやサプライヤの支持を得て，ハードウェア，ソフトウェアなども多数提供されており，標準的に使用されている．

- CAN はシリアルバスを用いた通信であり，これに複数の制御系 ECU を接続することで車載システムが構成されることを理解する．
- CAN の優先度に基づく調停方式であり，リアルタイム制御に適用できることを理解する．
- CAN におけるエラー検出と障害ノードの排除の仕組みを理解する．
- 総合的に CAN が制御系の車載システムに必要とされる十分な通信速度，低コスト，高い信頼性を実現していることを理解する．

□ キーワード

CAN，制御系，シリアルバス，マルチマスタ方式，CSMA/CA，ビットスタッフィング

10.1 位置付けと特長

CAN は，現在の制御用の車載ネットワークとして最もよく利用されている通信規格である．正式名称は Controller Area Network で，基本的には 1986 年にドイツの Bosch 社から提案された規格である [1]．現在，その仕様はオープンにされており，ISO によって ISO11898（高速規格）[2]，ISO11519（低速規格）[3] として規格化されている．なお本書では，高速規格のみを紹介する．このような規格化と普及活動の結果，多くの自動車メーカやサプライヤの支持を得て，CAN に対応した IC やマイクロプロセッサなどのハードウェアや通信ソフトウェア，開発ツールなどが利用できるようになっている．現在，CAN は制御用の車載ネットワークのデファクトスタンダードの地位を確立している．また，車載応用だけでなく FA ネットワーク用の DeviceNet の基礎技術としても使用されるようになっている．

CAN の特長としては以下の項目があげられる．

- 制御系 LAN 用の高速通信：最高 1 Mbps での通信が可能であり，エンジン制御などの制御系の LAN に使用することができる．

- シリアルバス接続：各 ECU をシリアルバスに接続することで通信を実現する．
- 低コスト：シールドなしのツイストペア線を用いて実装可能であり，低コストである．また，バスに接続するための CAN 用トランシーバや，CAN コントローラ内蔵のマイクロプロセッサが多数販売されており，それらを利用することで低コストでネットワークを実現できる．
- 高い信頼性：車載ネットワークの利用環境を考慮して，外部ノイズの影響を受けにくい差動方式による通信を行っている．また，データの正しさを示すためのメカニズムを導入して通信エラーを検出する．各通信ノードはエラー検出とそれに応じた状態遷移によってエラーを起こしたノードを切り離しできるようにしている．
- 調停方式：マルチマスタ方式であり，シリアルバスに接続された各ノードがバスに空きを見つけて送信を開始できる．複数ノードからの同時送信によりバス上でデータが衝突した場合には，通信データの ID による優先順位による調停が行われる．これは CSMA/CA(Carrier Sense Multiple Access with Collision Avoidance) と呼ばれる．優先順位の高い通信データは，そのまま通信されることでリアルタイム性を確保することができる．
- システム構築の柔軟性：各通信ノードのアドレスを設定する必要がなく，各通信ノードはデータを送受信することができる．また，接続される通信ノードの数に理論的な制限はない．ただし，シリアルバスでの通信による電気的な制約により，通信速度，バス長，最大接続ノード数が規定される．高速 CAN では最大値として通信速度 1 Mbps，バス長 40 m，接続ノード数 30 が規定されている．

10.2 ネットワークトポロジ

　CAN では，図 10.1 に示すようなバス型のネットワーク構成を採用している．各 ECU は CAN_H と CAN_L という 2 本の信号線によってバスに接続される．高速 CAN ではバスの終端には終端抵抗が接続される．具体的には各 ECU 内に存在するマイクロプロセッサが直接バスにつながるわけではなく，マイクロプロセッサはデジタル回路（CAN コントローラ）に通信データを送信し，それをアナログ回路（CAN トランシーバ）が電気信号に変換する．これら 2 本の信号線を介して通信を行う．

　CAN バスは 2 つのレベルをとることができ，それぞれドミナントとレセシブと呼ばれる．ドミナントは論理的には 0 を，レセシブが 1 を表現する．ドミナントはその名前のとおり優勢であることを示し，バスに接続された通信ノードが 1 つでもドミナントを出力するとバスのレベルはドミナントに決定される．逆にすべての通信ノードがレセシブを出力するときバスのレベルはレセシブになる．本書で取り上げる高速 CAN の場合には，図 10.2 に示すように，CAN_H が高電圧，CAN_L が低電圧である場合にドミナントを示し，CAN_H と CAN_L が同じ電圧のときにはレセシブであることを示している．これらは規格 ISO 111898-2 によって決められている．

　電気的な仕様もこの規格で決められており，基本的に表 10.1 の電圧範囲で収まっていることが必要である．ここで電位値は CAN_H と CAN_L の信号値の差を示している．

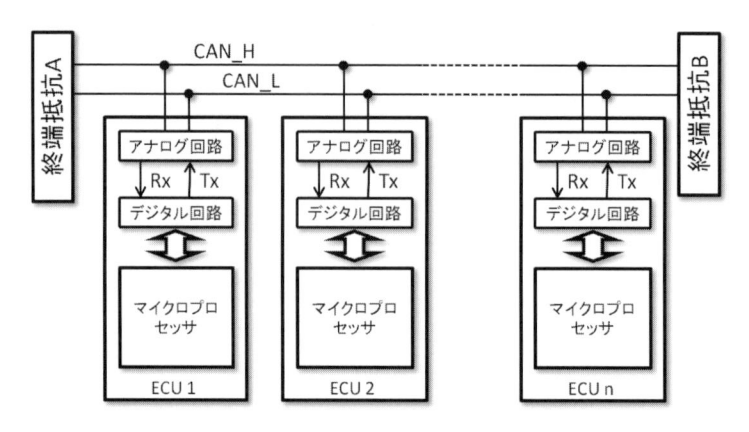

図 10.1　CAN による ECU ネットワーク

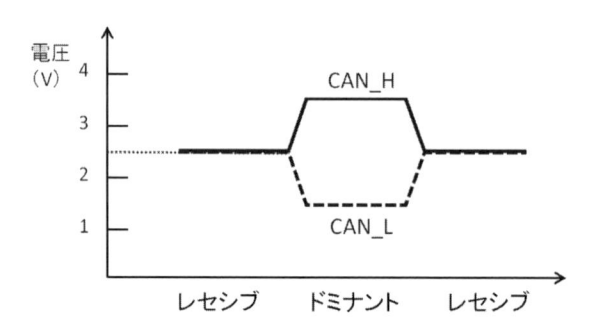

図 10.2　CAN のバスレベル

表 10.1　CAN の DC 出力パラメータ

信号	単位	レセシブ			ドミナント		
		min.	nom.	max.	min.	nom.	max.
CAN_H	V	2.0	2.5	3.0	2.75	3.5	4.5
CAN_L	V	2.0	2.5	3.0	0.5	1.5	2.25
電位差	V	−0.5	0.0	0.05	1.5	2.0	3.0

10.3　フレーム構成

CAN で通信するためのフレームは次の 4 種類が存在する．

- データフレーム
- リモートフレーム
- エラーフレーム
- オーバーロードフレーム

このうち，データフレームとリモートフレームを使ってユーザが通信を行う．基本的にデータフレームを使用してデータを送信する．

リモートフレームは，受信側ノードが送信側ノードへ送信する特殊なフレームである．デー

タを区別するための識別子 (ID: Identifier) のみを送信するフレームであり，この識別子のメッセージを送信要求するのに使用される．

エラーフレームとオーバーロードフレームはハードウェアが使用するフレームである．始めのエラーフレームは，通信中にエラーを検出したノードによって送信されるフレームである．オーバーロードフレームは，データ通信の際に受信側ノードが準備未完了であることを知らせ，遅延時間を確保するためなどに用いられる．

以下ではユーザが通信に使用できる通信データの種類と，データフレームとリモートフレームの内容について説明する．

(1) 通信データの種類

まず，データフレームやリモートフレームで扱えるデータの種類について説明する．これらのフレームには，識別子の異なる 2 つの標準フォーマット (Standard Format) と拡張フォーマット (Extended Format) が存在する（図 10.3，図 10.4 参照）．相違点はデータを識別するためのアービトレーションフィールドの識別子の長さが異なる点である．標準フォーマットでは識別子の長さは 11 ビットであり，拡張フォーマットでは識別子の長さは 29 ビットになる．11 ビットの識別子を使用する場合には通信可能なデータの種類は 2 の 11 乗 (2048) が上限である．29 ビットの識別子を使用する場合には，2 の 29 乗（約 5.4 億）の種類のデータが通信できることになる．

標準フォーマットと拡張フォーマットの識別は，拡張フォーマットで追加された SRR ビットによって行われる．標準フォーマットであれば 11 ビットの識別子の後の RTR はドミナントである．一方，拡張フォーマットであれば 11 ビットの識別子の後の SRR はレセシブになっており，このビットによって二つのフォーマットが区別できる．なお，2 つのフォーマットが同じ 11 ビットの識別子をもち衝突した場合，RTR がドミナントであるため標準フォーマットのデータフレームが勝ち残ることになる．

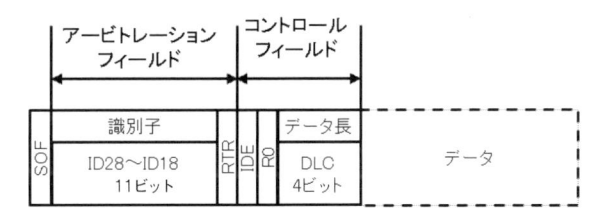

図 10.3 識別子が 11 ビットの標準フォーマット

図 10.4 識別子が 29 ビットの拡張フォーマット

(2) データフレーム

データの通信に使用するデータフレームについて説明する．データフレームは，図 10.5，図 10.6 のような構成をしており，最大で 8 バイトまでのデータを含むことができる．このデータフレームは以下の 7 つのフィールドから構成される．アービトレーションフィールドは標準フォーマットでは 11 ビット，拡張フォーマットでは 29 ビットである．アービトレーションフィールドの長さを除けば標準フォーマットと拡張フォーマットは同じである．

- SOF：スタートオブフレーム．フレーム開始を示す
- アービトレーションフィールド：データ識別用の ID を格納
- コントロールフィールド：データのバイト数
- データフィールド：送信データ．0 から 8 バイト
- CRC フィールド：通信誤りの検出用データ
- ACK フィールド：正常受信の確認を示す
- EOF：エンドオブフレーム．フレーム終了を示す

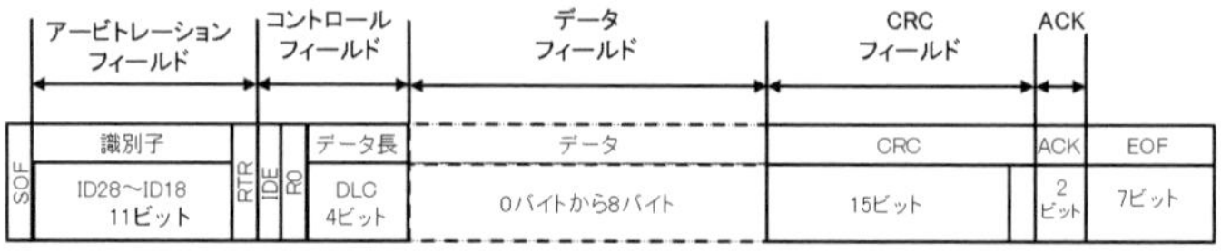

図 10.5　データフレーム（標準フォーマット）

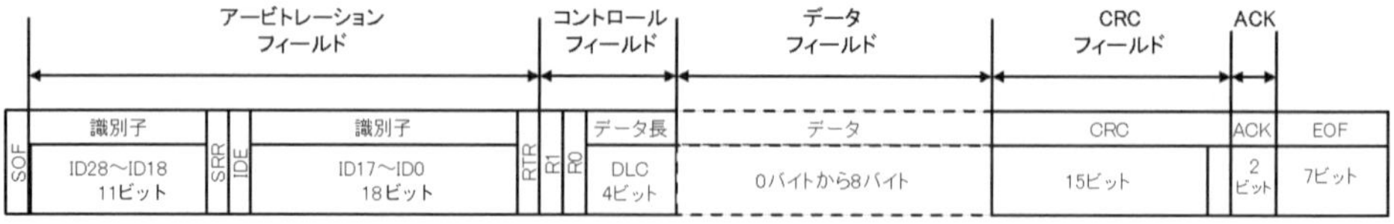

図 10.6　データフレーム（拡張フォーマット）

(3) リモートフレーム

リモートフレームは，受信ノードから送信ノードへ，メッセージ送信のリクエストに使用するフレームである．このフレームは，データフレームからデータフィールドを除いたものであり図 10.7，図 10.8 のような構成をしている．識別子のみを送ることで，この識別子のメッセージを送信要求するのに使用される．標準フォーマットでは 11 ビット，拡張フォーマットでは 29 ビットである．やはりアービトレーションフィールドの長さを除けば標準フォーマットと拡張フォーマットは同じである．

リモートフレームとデータフレームの識別は，RTR ビットによって行われる．リモートフレームでは RTR はレセシブであるが，データフレームではドミナントである．このため識別

子がまったく同じリモートフレームとデータフレームが送信された場合にはデータフレームが優先される．

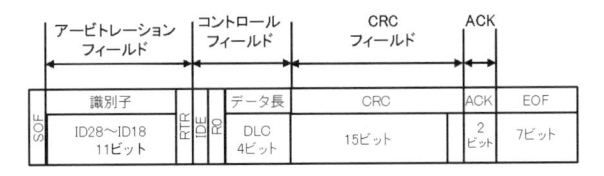

図 10.7 リモートフレーム（標準フォーマット）

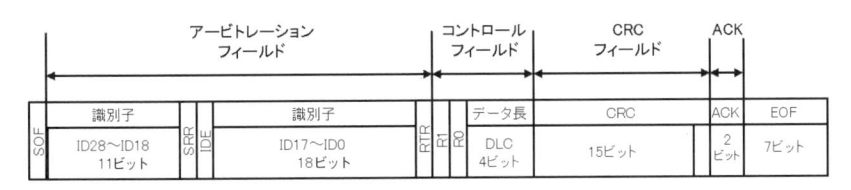

図 10.8 リモートフレーム（拡張フォーマット）

10.4 調停方式

　CAN の特長である調停方式について説明する．CAN はマルチマスタ方式を取っているため，各通信ノードはシリアルバスに接続されたバスに空きを見つけたとき即座に送信を開始できる．このような通信方式では複数ノードからの同時送信により，バス上でデータの衝突が発生する場合がある．このとき CSMA/CA と呼ばれる調停が行われる．これはドミナントとレセシブが衝突した場合にドミナントが勝ち残ることを利用している．この調停方式は第 12 章の 12.3 節 (3) で紹介されているビット競合勝ち残り方式と同じである．勝ち残りの具体例も図 12.7 に示されているので参照してほしい．

　CAN ではこのような調停の仕組みを導入して衝突を避けることで，優先度の高い識別子を持つデータに関してはリアルタイム制御に向いた通信方式を実現している．

　これに対して，インターネット接続に使用される TCP/IP では，CSMA/CD (Carrier Sense Multiple Access with Collision Detection) と呼ばれる方式である．ここではバス上でデータの衝突が発生した場合，全送信ノードは一旦送信を中止し，それから一定時間後に再送信することが必要になる．確率は低いが繰り返しの衝突を考慮すると最悪の通信遅延時間を見積もることが難しい．このためリアルタイム制御に適用するには問題があるといえる．

10.5 識別子の設計

　CAN ではデータの識別子 (ID) で優先度が決定されることを説明した．本節では，識別子設

表 10.2　ECU 間の通信マトリクス

送信ノード	識別子 (ID)	信号名	エンジン ECU	変速機 ECU	ABS ECU
エンジン ECU	00000000000	エンジン回転数	—	受信	受信
	00000000110	アクセル開度	—	受信	
	00000000111	水温	—	受信	
変速機 ECU	00000000001	エンジントルク	受信	—	
	...	...		—	
ABS ECU	00000000010	車輪速（前左）		受信	—
	00000000011	車輪速（前右）		受信	—
	00000000100	車輪速（後左）		受信	—
	00000000101	車輪速（後右）		受信	—

計について述べる．CAN ではある通信ノードがデータを送信するとき，そのデータはバスに接続された他のすべての通信ノードを受信することができる．これは 1 対多の通信でありブロードキャストと呼ばれる機構である．CAN では識別子から受信すべきデータであると判断されたときだけ，CAN コントローラが割込み信号を発生させて，ECU のマイクロプロセッサでの受信処理を行う．また，識別子は通信の優先度も表現しているため，設定される識別子の値，および CAN のバス使用率によって通信のレイテンシーが異なってくる．このため，優先度の高い識別子を割り当てることでリアルタイム性を確保することになる．このため ECU のネットワーク設計において，識別子の割り付けを正しく設計することが重要である．

そのためには，分散された制御システムの設計を行う必要がある [4]．まず要求仕様に基づいた制御システムを設計する．次に接続される ECU 群を想定してネットワーク通信の概略を設計する．そして ECU 間での通信データを定義して，通信の優先度と通信頻度を決定する．その結果に基づいて個別の通信データに識別子を割り当てていく．これらの通信データを使用して制御システムがネットワークでの通信を経由して正しく機能するかどうかをシミュレーション等で検証しつつ，個別の ECU の詳細化を進めていくことになる．

これらの設計のために，表 10.2 に示すように，ECU ネットワークで通信される全通信データに対して，識別子，送信 ECU，受信 ECU などの情報を記述したデータベースとなる通信マトリクスを作成する．これを用いてネットワーク全体の通信管理を行う．

10.6　ビットスタッフィング

ビットスタッフィングとは，連続したビットの同一レベルの発生により，同期ずれを防止する技術である．例えば，図 10.9 に示すように同じレベルの信号が続くと，各ノードのクロックの小さなずれが重なって同期をとることが難しくなる．これを防ぐために，連続した 5 ビットが同一レベルであった場合，強制的にレベルを反転させた 1 ビット（スタッフビット）を挿入する．この強制的な信号変化タイミングによって各通信ノードは同期を取ることができる．これがビットスタッフィングと呼ばれる技術である．

CAN のバス上にはスタッフビット付きの送信データが送られる．この強制的に挿入されたスタッフビットは受信の際に取り除かれ，本来の送信したいデータが受信される．

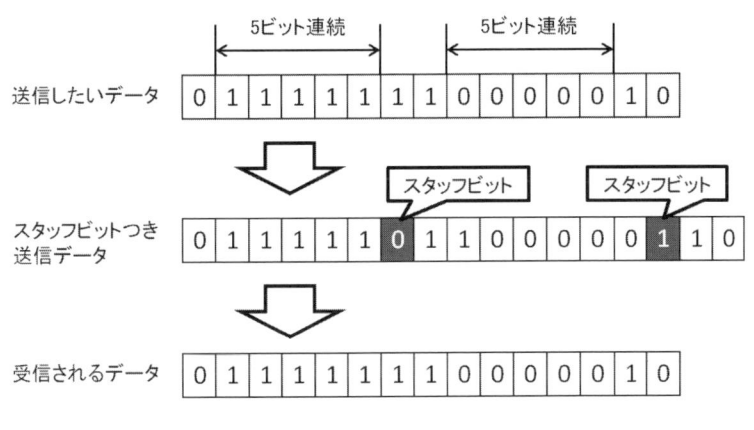

図 10.9　ビットスタッフィング

10.7 エラー検出と回復

車載ネットワークの利用環境を考慮し，高い信頼性を確保するために，通信によるエラーを検出することが必要である．CAN では，具体的には各通信ノードは次のようなエラー検出を行う．図 10.10 にデータフレームにおけるエラー検出の対象個所を示す．

・ビットエラー：送信ノードが送信したビットと，バス上でモニターされたビット値が異なることを検出したとき
・スタッフエラー：同じレベルのビット値が 6 ビット以上連続したことを検出したとき
・CRC エラー：受信ノードでの CRC の計算値が，送信データの値と異なることを検出したとき
・フォームエラー：固定フィールドの境界で規定されているビット値が不正であることを検出したとき
・ACK エラー：送信ノードがアクノリッジフィールドで，受信ノードの出力値（ドミナント）を検出できないとき

CAN では上記のエラー検出に基づいて，通信ノード状態を 3 種類定義している（図 10.11 参照）．

(1) エラーアクティブ

通信ノードが正常であり通信を行える状態である．通信を行ってエラーを検出したときには

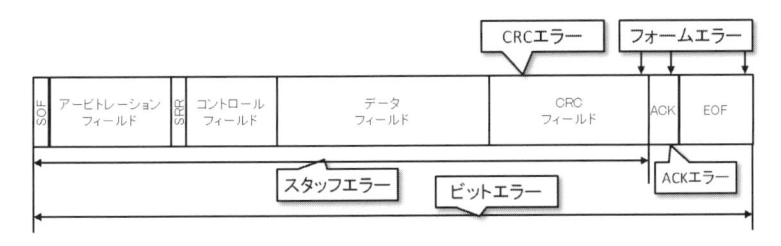

図 10.10　データフレームにおけるエラー検出

アクティブエラーフラグを出力する．

(2) エラーパッシブ

通信ノードがエラーを起こしやすい状態である．通信に参加はできる．受信時にエラーを検出したときにはパッシブエラーフラグを出力する．しかし，このノードのエラー検出の情報より，エラーアクティブ状態のノードが優先される．

(3) バスオフ

正常な通信が行えない状態で，通信に参加できない．送受信は禁止される．

これらの状態を遷移するための仕組みとして，各通信ノードは 2 つのエラーカウンタを内蔵している．送信エラーをカウントする TEC (Transmit Error Counter) と，受信エラーをカウントする REC (Receive Error Counter) である．TEC と REC のカウンタの値は，正常な送受信の検出，エラー検出，リセットなど一定の条件によって変化し，それによって通信ノードは下図のように 3 つの状態間を遷移する．

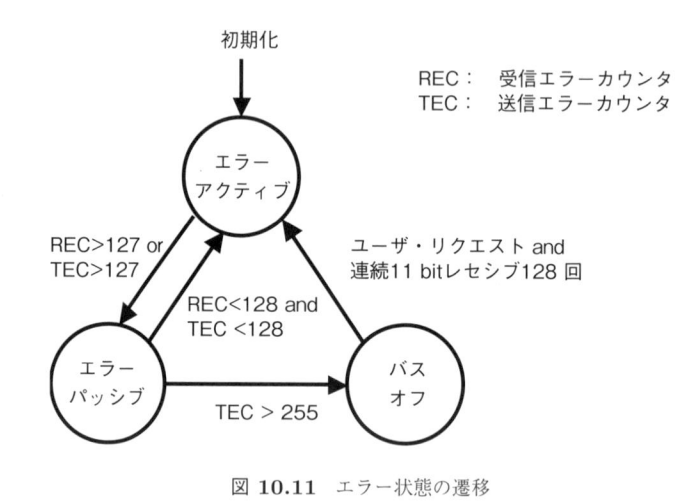

図 10.11 エラー状態の遷移

10.8 課題と今後

本章では制御用の車載ネットワークとして最もよく利用されている通信規格である CAN 規格について述べた．規格制定から 20 年以上経過して，多くの自動車メーカやサプライヤの支持を得て，ハードウェア，ソフトウェアなども多数提供されており，標準的に使用されている [5]．

CAN は，シリアルバスを用いた通信で，データの識別子 (ID) による優先度に基づく調停，エラー時の対策などの特長を有する．これによって自動車の制御で必要となる低コストと高い信頼性を実現することができる．

しかし，今後の車載エレクトロニクスの増大と，Drive-by-Wire のための安全性の確保のためには，車載ネットワークの性能向上が求められている．

このニーズに対応するため，多くの新しい技術開発が行われ，次世代の制御系のネットワー

ク規格としてFlexRayが登場している．CANもデファクトスタンダードとして実績を生かしながら，調停方式や通信速度に改良を加えることで，新しいニーズにこたえるような技術開発が行われている．

演習問題

設問1　制御用の車載ネットワークに必要な要件を説明せよ．

設問2　CANとイーサネットを比較し，同じ点と相違点を説明せよ．

設問3　CANでの通信エラー検出のための仕組みについて説明せよ．

設問4　CANの調停機能の特長と問題点について説明せよ．

設問5　次世代の制御系のネットワーク規格で重要となる点は何か説明せよ．

参考文献

[1] Robert Bosch GmbH : CAN Specification Version 2.0 (1991)

[2] ISO 11898 Road vehicles – Controller area network (CAN) – (2003)

[3] ISO 11519 Road vehicles – Low-speed serial data communication – (1994)

[4] Shauffele, J. and Zurawka T.: Automotive Software Engineering, SAE International, pp. 84-93 (2005)

[5] ルネサスエレクトロニクス：CAN入門書，アプリケーションノート RJJ05B0937-0100/Rev.1.00 (2006)

第11章
ホームネットワーク

□ 学習のポイント

ホームネットワークは，家庭内の機器の共通情報伝送路であり，デジタル AV 機器の相互接続に使用される AV 系ネットワーク，環境設備機器や各種センサ等の相互接続に使用される設備系ネットワーク，複数台のパソコン，プリンタの共有のために使用されるコンピュータ系ネットワークで構成される．ホームネットワークの媒体としては，イーサネット等のメタリック専用線，無線，電話線，光ファイバ，PLC，赤外線等があり，それぞれ得失があるため，目的・条件に合わせ媒体を組み合わせて使用することが多い．
ホームネットワークは，接続された機器同士が相互に相手が保有しているサービスを利用できる環境を提供するとともに，専門的知識を保有していないユーザが，機器の追加や切り離しを行える自動設定機能を備えていることが必要になる．ホームネットワークは，放送，CATV，電話網その他の各種広域ネットワークを経て各種のサービス拠点と接続される．

- ホームネットワークの構成を理解する．
- ホームネットワークの多様な伝送媒体の特徴を理解する．
- ホームネットワークに多様な機器の接続を可能とするプロトコルを理解する．
- ホームネットワークと広域ネットワークの接続方法を理解する．

□ キーワード

ホームネットワーク，ゲートウェイ，インターネット・プロトコル，電力線通信，PLC，無線，赤外線，プラグ・アンド・プレイ，ZigBee，ECHONET，DLNA，OSGi

11.1 ホームネットワークの構成

ホームネットワークは統合化された家庭の情報インフラストラクチャーであり，家庭内の機器の共通情報伝送路である．図 11.1 にホームネットワークのイメージ，図 11.2 にシステム構成例を示した．システムは，家庭内の AV 機器，家電機器，パソコンを相互に接続するホームネットワーク，インターネットや放送メディアなどの宅外の広域ネットワーク，広域ネットワークとホームネットワークを接続するホームゲートウェイから構成される．

ホームネットワークは，デジタル AV 機器の相互接続に使用される AV 系ネットワーク，環境設備機器や各種センサ等の相互接続に使用される設備系ネットワーク，複数台のパソコン，プリンタの共有のために使用されるコンピュータ系ネットワークで構成される．これらの各ホー

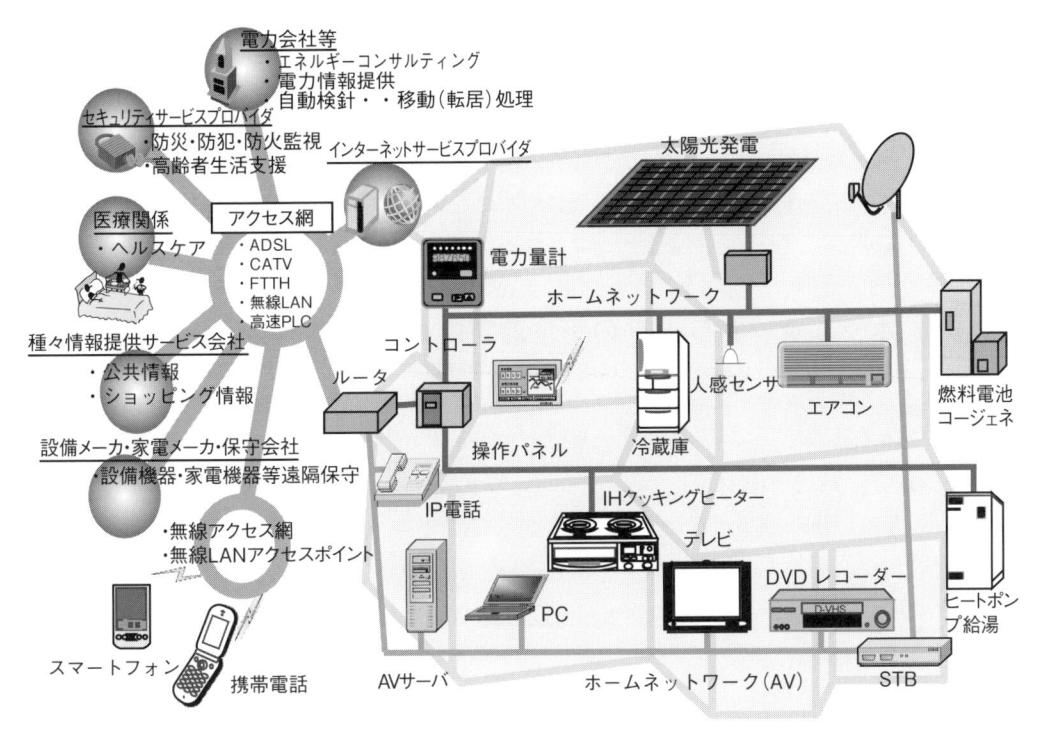

図 11.1 ホームネットワークのイメージ

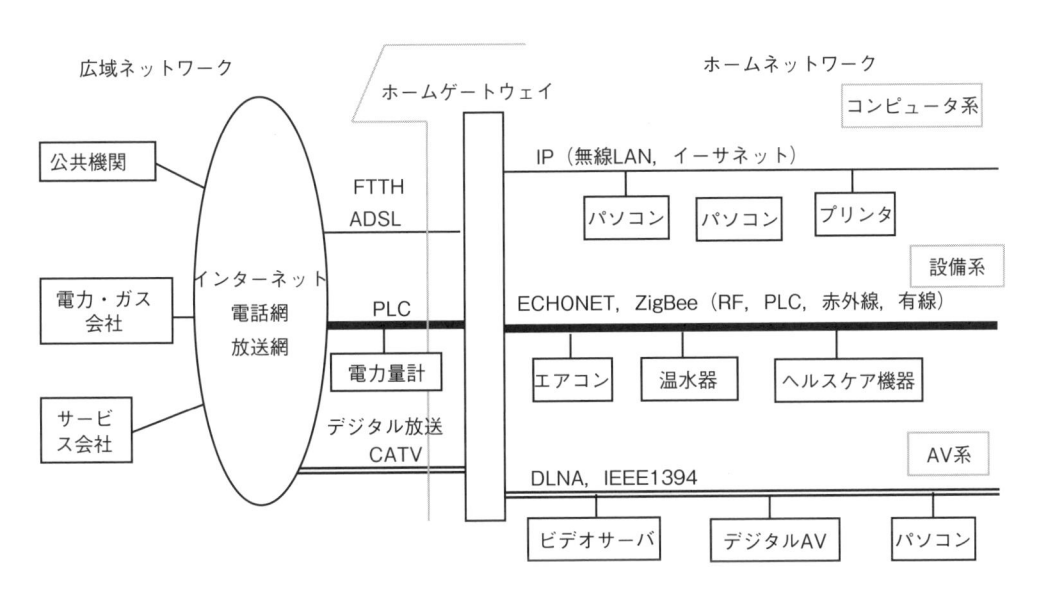

DLNA: Digital Living Network Alliance, IP: Internet Protocol, FTTH: Fiber To The Home, PLC: Power Line Communication, RF: Radio Frequency

図 11.2 ホームネットワークの構成例

ムネットワークは必ずしも物理配線が分離されている必要はない．例えば，AV 系のネットワークに IP (Internet Protocol) を共存させることにより，コンピュータを AV 系ネットワークに

収納することも可能である．

　ホームネットワークは，既設の住宅に敷設する際に配線工事が不要かまたは極めて簡単である必要があり，これを可能にする技術として無線，電力線 (PLC：Power Line Communication)，赤外線等を使った無配線ホームネットワークが開発されている．さらに，家電機器等をホームネットワークに接続する際には技術的な知識がなくとも誰もが簡単に接続できることが必要であり，これに対してプラグ・アンド・プレイ技術が開発されている．

11.2　ホームネットワークの下位層プロトコル

　ホームネットワークの下位層プロトコルは，通信媒体・コネクタ等の機械的条件，電圧・変復調など電気的条件，データリンク条件等である．

　ホームネットワークの媒体としては，イーサネット等のメタリック専用線，無線，電話線，光ファイバ，PLC，赤外線等があり，それぞれ得失があるため，目的・条件に合わせて媒体を組み合わせ使用することが多い．ホームネットワークの下位層の選択にあたっては，伝送速度，到達距離，工事性，信頼性，法規制，コストが選択基準になる．以下各媒体の特徴と用途を述べる．

(1) PLC（電力線通信）

　商用電灯線自体を通信媒体として利用するものであり，配線工事をすることなく既築の住宅にホームネットワークを実現することができる特長がある．デジタル信号処理と半導体技術の進歩により，耐ノイズ性が高く，高速通信が可能な変調方式が開発されており，設備系ネットワーク [1] のほか，高速のコンピュータ系ネットワークでも使用されている．

(a) 低周波 PLC（電力線通信）

　エコーネット・コンソーシアムでは低周波電力線通信を規格化している．10～450 kHz の低周波帯を用いた DSSS (Direct Sequence Spread Spectrum) 方式であり，転送速度は 9.6 kbps である．

(b) 短波帯 PLC（電力線通信）

　2006年に電波法が改正され，短波帯での電力線通信が可能となった．短波帯は低周波帯と比較し電力線上のノイズが少なく，インピーダンスも安定しているため高速・高信頼通信が可能である．電力線通信は，壁で遮断されることがなく，電力線がつながっていれば通信できるメリットがある．各社で開発が進んでいる電力線通信機器は数 10 Mbps から数 100 Mpbs の高速の AV 信号伝送や PC データを狙ったものであり，無線 LAN やイーサネットと同じ用途を対象としている．

　図 11.3 には，短波帯 PLC モデムを例示した．変調方式は，OFDM (Orthogonal Frequency Division Multiplexing：直交波周波数分割多重)，伝送速度は 408 kbps と制御用途を対象としている．図 11.4 に，その PLC のスペクトラム例 [2] を示した．短波放送やアマチュア無線で使われている周波数を避けた5本の周波数を用いており，妨害電波が低減されている．

(2) 無線ネットワーク

　配線工事が不要であり，移動が可能である特長を持つ．無線は，無線 LAN の他に特定小電力無線や IEEE802.15.4，ZigBee 等の設備系ネットワークが使用されている．高速の AV 系ネッ

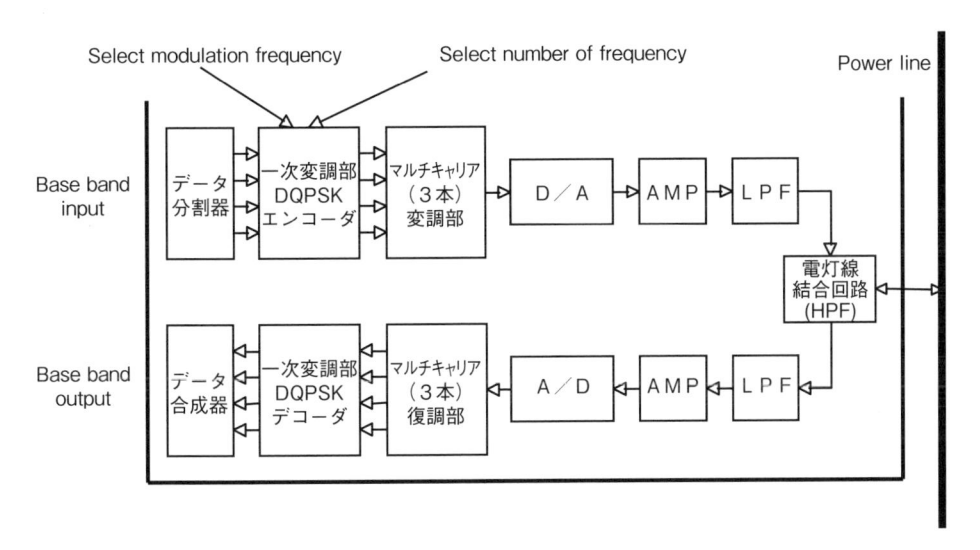

図 11.3 PLC モデムの構成例

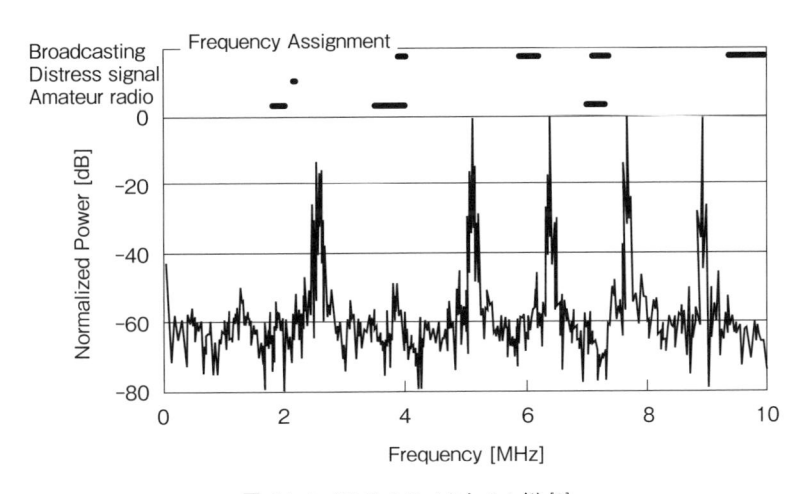

図 11.4 PLC のスペクトラム例 [2]

トワークまで無線で実現されている．

(a) Bluetooth (IEEE802.15.1)

Bluetooth は携帯電話, PC, 周辺機器を相互接続するための無線 PAN (Personal Area Network) である．Bluetooth は，無線 LAN IEEE802.11b, g と同様の周波数 2.4000～2.4835 GHz を用いている．変調方式は FHSS (Frequency Hopping Spread Spectrum：周波数ホッピング方式スペクトラム拡散) を用いており，伝送速度は 1 Mbps である．

Bluetooth の最大の特徴は，データと同時に音声を 3 チャネル送信できることであり，携帯電話とヘッドセットとの接続や，携帯電話をカーナビゲーションシステムと接続しハンズフリー化するなどが主要な用途となってきている．

(b) ZigBee (IEEE802.15.4) [3–5]

ZigBee (IEEE802.15.4) は，センサ，制御機器，リモコン，PC 周辺機器を接続するための

無線PAN標準である．物理層とデータリンク層はIEEEにおいてIEEE802.15.4として標準化されており，ネットワーク層以上は，ZigBee Allianceが策定している．使用周波数は，2.4000～2.4835 GHz（世界共通），868～868.6 MHz（欧州），902～928 MHz（北米）の3種類である．

ZigBee (IEEE802.15.4) は，250 kbpsと低速ではあるが消費電力が少なく，間欠動作をさせることで乾電池での数カ月から数年の長期間動作を目標にしており，各種の無線センサ，無線リモコンのほか，機器や積荷に取り付け識別情報や履歴情報を蓄積する無線タグとしての応用も検討されている．

IEEE802.15.4では，フル機能デバイス (FFD：Full Function Device) と機能限定デバイス (RFD：Reduced Function Device) を定義している．FFDは複数のノードとの通信が可能であり，ネットワークを管理するPANコーディネータになることができる．一方，RFDは通信相手が1つに限定されるが低性能のCPUで実装が可能であり，電池で動作するリモコンやセンサに適している．

図11.5にIEEE802.15.4のネットワーク・トポロジとして，スター・トポロジ，ピア・ツー・ピア・トポロジ，ツリー・トポロジを例示した．伝送距離は，10～75 mと限定されているが，FFDを介して中継通信することで距離を延長することができる．

IEEE802.15.4の通信手順には，無線LAN (IEEE802.11) と同様のCSMA/CAが用いられているが，これに加えいくつかの拡張がある．図11.6にフレーム構造を示した．1つはビーコンによるスーパ・フレーム構造である．PANの管理をするPANコーディネータが無線のビーコンを定期的に発信し，接続されているノードとの同期を取る，例えば，ビーコン間の一定時間を休み時間を充てることで，各ノードは無線通信を休止して電池を節約することができる．

もう1つの拡張が，通信遅延を抑えるための拡張である．16個のスロットから構成されるスーパ・フレームのうち，ビーコン（スロット0）からの数スロットをCSMA/CAでアクセス

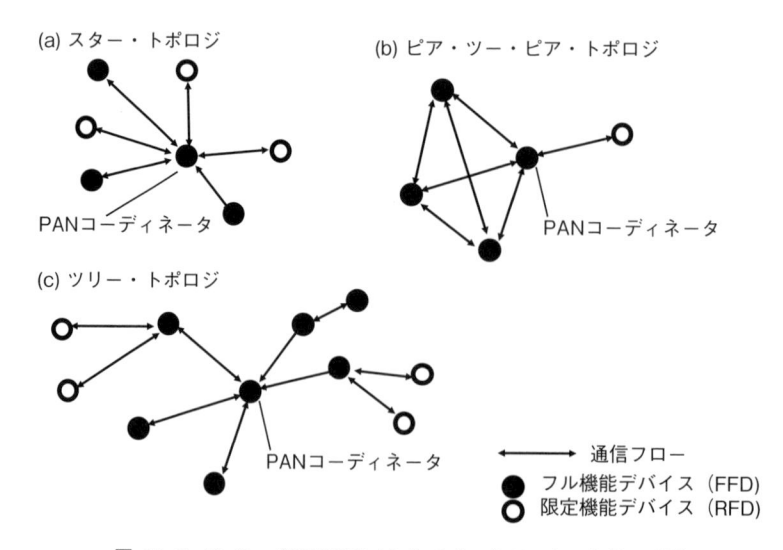

図 11.5 ZigBee (IEEE802.15.4) のネットワーク・トポロジ例

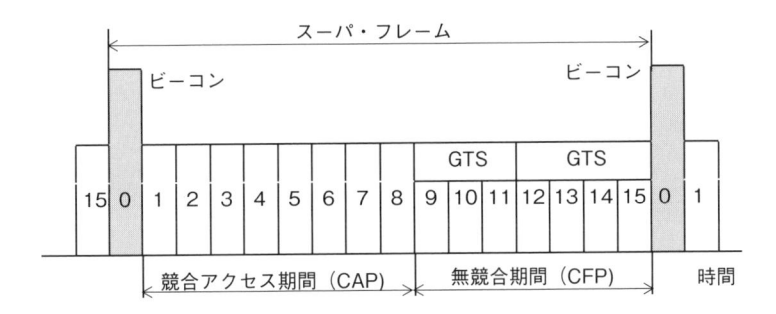

図 11.6　無競合期間があるスーパ・フレームの例

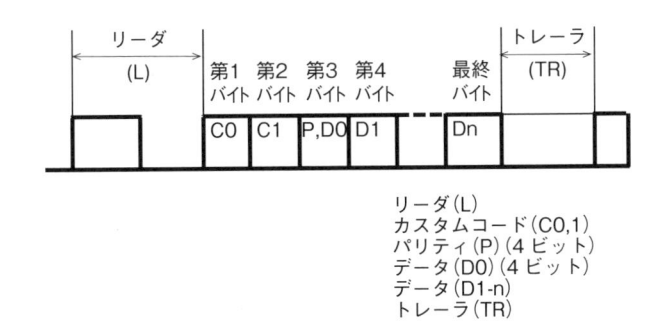

図 11.7　赤外線リモコン信号フォーマット例

する競合アクセス期間 (CAP：Contention Access Period) として，残りを無競合期間 (CFP：Contention Free Period) とすることができる．CFP 内のスロットは，保証タイム・スロット (GTS：Guaranteed Time Slot) として特定のノードの通信に予約され，定期的に通信時間が配分される．これによりマンマシン操作や制御等の遅延が許されない用途への適用が可能となる．

(3) 赤外線

テレビやエアコンなどのリモートコントローラとして多用されている．赤外線は室外に漏洩しないため干渉の問題が発生しない，高速化が可能である，法規制が少ない等の特長があり，設備系（IrDA CONTROL 等），コンピュータ系（IrDA 等），AV 系等が開発されている [6,7]．

赤外線リモコンは，家庭用，オフィス用のリモコンに使用されている．赤外線リモコンでは，複数の異なる仕様が使われている．ここでは，空調機器でよく使われている家電製品協会赤外線リモコンフォーマットを示す．

図 11.7 に家電製品協会の赤外線リモコンの信号フォーマットを示した．信号フォーマットは，赤外線リモコン信号のスタートを示すリーダ (L)，メーカや機種を示すカスタムコード，制御データを示すデータ，信号の終了を示すトレーラ (TR) から構成されている．メーカコードは登録制になっているが，データは各メーカが自由に定義できる．

赤外線リモコンでは，赤外線 LED を 33〜40 kHz で駆動した ON/OFF した変調信号を作り，この変調信号の有無で "0" と "1" のデータを表現する．図 11.8 に赤外線リモコンで使用されている PPM (Pulse Position Modulation) 信号の波形を示した．

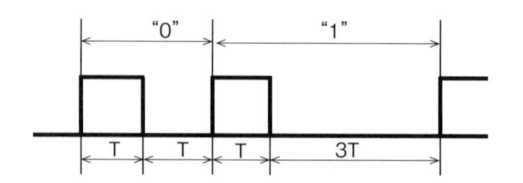

図 11.8 PPM (Pulse Position Modulation)

　赤外線は壁で遮断されるため，隣の部屋との混信が防止できる．そのため，無線ネットワークと異なり，部屋が異なれば同じ信号を使うことが可能で，煩雑なチャネル設定が不要であるのが特徴である．

　赤外線リモコン信号は一般に，リモコンから受信機への片方向通信で使われており，制御される機器からリモコンの返信に使用されることは少ない．この理由は，赤外線の指向性が高く，障害物により遮蔽されることがあげられる，機器がリモコンに返信信号を送ってもリモコンが移動されていたり，受光部が遮蔽されていたりすると信号を受信することができない．双方向で使用する場合は，リモコンを操作し機器に向けて送信した直後に機器からリモコンに返信するなどの手順により上記を防ぐ．

(4) 光ファイバ

　数 100 MHz 以上の帯域と耐ノイズ性が特長であり，高速 AV 系ネットワークとして使用される．特にプラスチック光ファイバ (POF) は接続処理等が簡単であり，ホームネットワークとして優れている．既設住宅での光ファイバ敷設工事の容易化が課題である．

(5) イーサネット等のメタリック専用線

　品質の安定した伝送媒体であり，新築住宅では，ホームネットワーク媒体として使用されている．

(6) 電話線

　通常，デジタルまたはアナログの音声信号を伝えるものであるが，この既設電話線の音声帯域外に高速デジタル信号を変調し重畳することにより 1～10 Mbps のコンピュータ系ネットワークとして使用する方式が開発，製品化されている．

11.3　ホームネットワークの上位層プロトコル

　ホームネットワークの上位層プロトコルは，下位層プロトコルと各種アプリケーションの間に位置する．図 11.9 にホームネットワークの階層別機能を示した．上位層プロトコルは，ホームネットワークに接続された機器同士が相互に相手が保有しているサービスを利用できる環境を提供するとともに，専門的知識を保有していないユーザが，機器の追加や切り離しを行える自動設定機能を備えていることが必要になる．

　ホームネットワークの必須要素である自動設定機能（プラグ・アンド・プレイ）は，機器が新たにホームネットワークに接続されると，その機器が接続されたことを自動的に認識し，識別コードを付与し，機器の保有する機能をディレクトリに登録し，他の機器から使用できるよ

アプリケーション	・設備系, AV系, コンピュータ系
上位層プロトコル	アプリケーション・プログラミング・インタフェース ・プラグ・アンド・プレイ (機器自動接続, サービスディレクトリ) ・機器機能のモデル (オブジェクト指向モデル) ・機器制御コマンド体系, 情報表現形式 ・エンドツーエンドの通信処理 ・異種通信媒体にまたがるアドレス体系
下位層プロトコル	・データリンク処理 ・通信媒体に依存した変復調方式 ・通信媒体 (PLC, RF, 赤外線, 光ファイバ, 電話線, 銅線)

PLC : Power Line Communication, RF : Radio Frequency

図 11.9 ホームネットワークの階層別機能

うにする．さらに進めて，サービスを利用する機器に対して，サービスを提供する機器が標準 API (Application Programming Interface) を満たしたサービスプログラムを自動的に配信することもある．あるいは，サービスを利用しようとする機器が，そのサービスが自動的に登録されたディレクトリを知り，そのサービスを遠隔で利用することもある．このような手順により新規に機器が接続された場合にも，その機器はホームネットワーク上の他の機器と連携動作が自動的に可能になる．

ホームネットワークに接続された各機器が保有するサービスはオブジェクトモデルとして抽象化され，その使用方法は規定される．このモデルへのインタフェースは API として規定される（ECHONET [1]，Home Application Programming Interface 等）．これによりアプリケーションプログラムの開発が容易になり，かつ資産性を高めることが可能になる．API は，パーソナルコンピュータの普及によって重要視された技術であり，この標準化によって，特にパーソナルコンピュータ上でのアプリケーション・ソフトウェアの開発が促進されることが期待される．

図 11.10 に設備系ネットワークの通信プロトコル階層例として，ECHONET [1] と ECHONET Lite [8] を示した．ECHONET は OSI 参照モデルの 1-7 層を規定しており，異種媒体にまたがる共通アドレスである ECHONET アドレスを使って通信を行う．これに対し，ECHONET Lite は，シンプルな構成となっており OSI 参照モデル 5-7 層のみを規定し，通信アドレスは，IP アドレスまたは各伝送媒体のアドレスを利用する．図 11.11 には，AV系，コンピュータ系，設備系に分類し，ホームネットワークの階層別の一覧を示した．

図 11.10　設備系ネットワークの通信プロトコル階層例

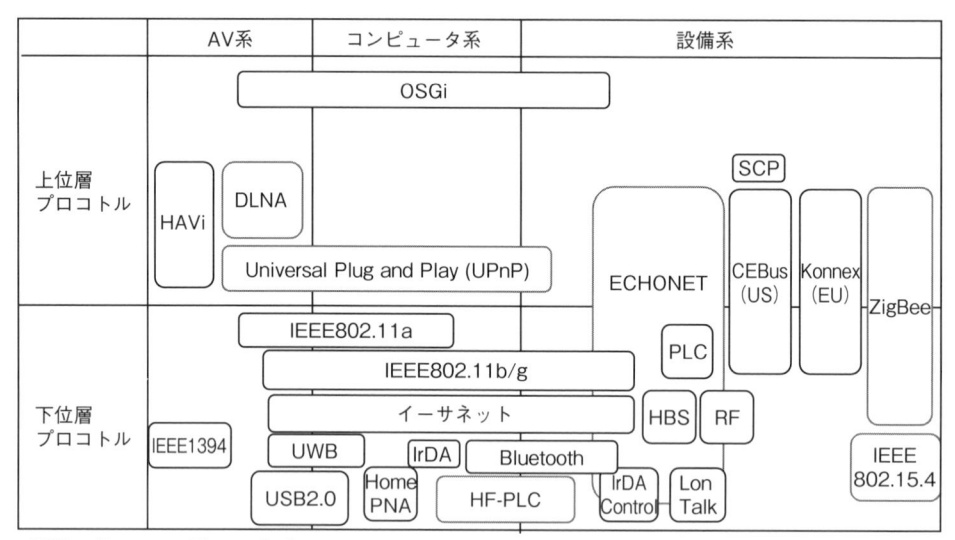

ECHONET Lite
- OSI参照モデル5-7層を規定.
- 通信アドレスは, IPアドレス, もしくは伝送メディアのMACアドレスなどを利用.

ECHONET
- OSI参照モデル1-7層を規定.
- 通信アドレスは, ECHONETアドレスを使用.

ECHONETとECHONET Lite（提供：エコーネットコンソーシアム）[8]

図 11.11　ホームネットワークの階層別の種類一覧

CEBus: Consumer Electronic Bus
DLNA: Digital Living Network Alliance
HAVi: Home Audio-Video interoperability
HBS: Home Bus System
HF-PLC: High Frequency Power Line Communication
HomePNA: Home Phoneline Networking Alliance
IrDA: Infrared Data Association Control
Lon: Local Operating Network
OSG: Open System Gateway initiative
PLC: Power Line Communication
RF: Radio Frequency
SCP: Simple Control Protocol
UWB: Ultra Wide Band

11.4　広域ネットワークとのゲートウェイおよびホームネットワーク間接続

　ホームネットワークは，放送，CATV，電話網その他の各種広域ネットワークを経て各種のサービス拠点と接続される．家庭の窓口の役割を担うのがゲートウェイ[9]である．図11.12にホームゲートウェイを含めたアーキテクチャを示した．ゲートウェイには，情報セキュリティ機能，外部サービスを受けるために家庭内機器の共通モデル，外部ネットワークの情報を家庭

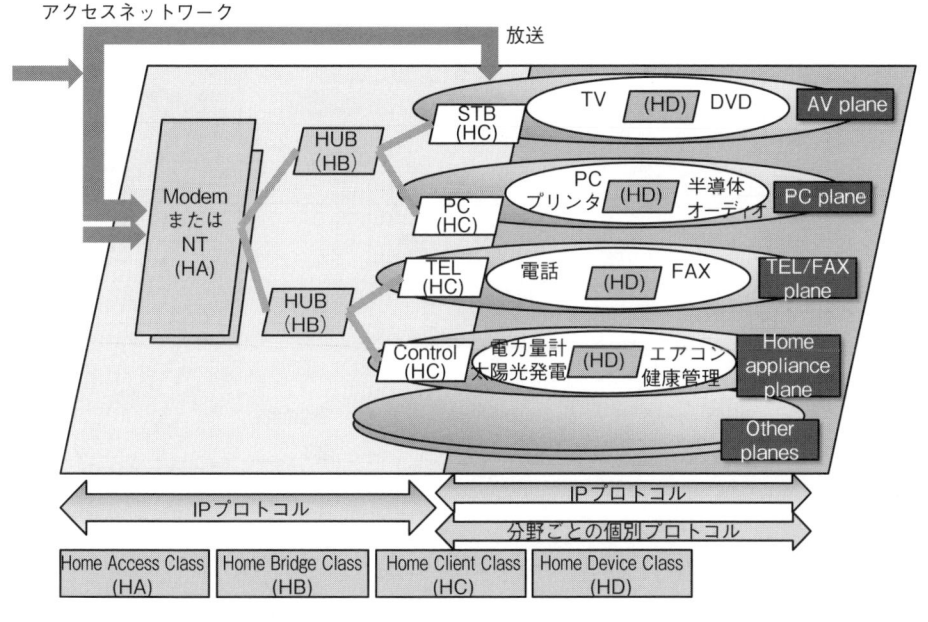

図 11.12 ホームネットワーク・アーキテクチャ（ITU-T 勧告 J.190 [10] を元に作成）

内の情報機器に透過的に伝えるルーティング機能等が必要になる．各種サービス提供者がゲートウェイに接続するためのインタフェースの標準化が必須である．

コンピュータ系では外部からの情報をゲートウェイ経由で機器までエンドツーエンドで透過的に伝達することが中心機能になる．それに対し，監視・制御が中心機能となる設備系ネットワークでは家庭内機器の共通モデルを実装したサーバ機能を内蔵し，ここを窓口として外部サービスを受けることが一般的である．

設備系，コンピュータ系，AV系のネットワーク間での情報のやり取りのためには相互間の接続も必要になる．各ネットワーク間での共通プロトコルとしては IP (Internet Protocol) が一般に使用される．

11.5 設備系ホームネットワーク [1, 8]

設備系ネットワークが要求されている背景は，地球環境を維持するための住宅全体の省エネルギー制御の実現，電力の負荷平準化のための太陽光発電・燃料電池・蓄電池と電力系統（スマートグリッド）との連携，高齢化社会に対応した在宅介護・健康管理の要求の高まり，さらに電力・ガス会社の需要家向けサービスシステムのインフラとしてなどである．

図 11.13 にホームネットワークの概念図を示した．設備系ネットワークに接続されるものは，空調機，温水器，照明，太陽光発電，燃料電池，蓄電池，各種センサ，在宅介護機器，電力量計，ガスメータ，電気自動車，リモートコントローラなどであり，さらに全体を管理する装置として設備系サーバ等の集中管理装置が設置される．

設備系ネットワークの技術的な要件は，既築の住宅に配線工事や難しい設定なしで簡単に設

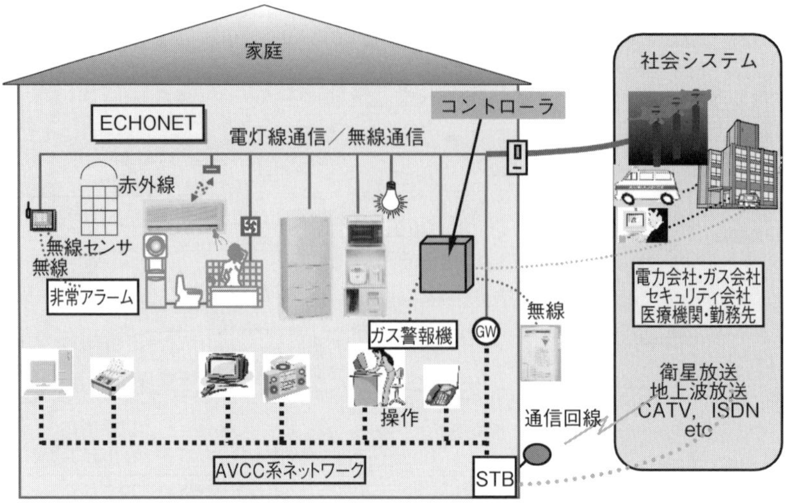

図 11.13 ホームネットワークの概念図（例）[11]
提供：エコーネットコンソーシアム

置できることであり，PLCや無線を用いたネットワークが主体になる．また，部屋内では，赤外線を用いたネットワークも使用される．

11.6 AV系ホームネットワーク

AV系ネットワークが要求されている背景は，デジタルAV機器の普及，デジタル衛星放送，地上波デジタル放送への移行などAV機器とインフラのデジタル化が進展し，映像情報と音声・制御情報が統合的に扱えるようになったことがあげられる．

AV系ネットワークにより，家庭内でデジタルAV情報と制御情報を融合し1本のケーブルで相互接続することが可能になる．AV系ネットワークに接続される機器は，セット・トップ・ボックス，デジタルテレビ，デジタルオーディオ，デジタルビデオカメラ，ホームサーバ，パソコン等である．

AV機器がホームネットで接続されることにより，デジタルメディアサーバに映像情報を蓄積し，その情報を各部屋のテレビやパソコン（パソコンは，デジタルメディアプレイヤと位置づけられる）から自在に視聴することができる．このような目的のAV系のプロトコルとして，DLNA (Digital Living Network Alliance) [12]が普及している．DLNAはIPネットワーク上のプロトコルである．図11.14にその基本動作を示した．

AV系ネットワークでは映像情報を途切れなく実時間で送ることが必須であり，100 MHzを越える帯域と同期式通信を備えるAVネットワークの規格であるIEEE1394は，一般的なAsynchronous（非同期）モードの他に，Isochronous（等時性）モードを備える．このモードでは，伝送路の帯域を予約することによって，動画データや音声パケットをリアルタイムに伝送することができる．

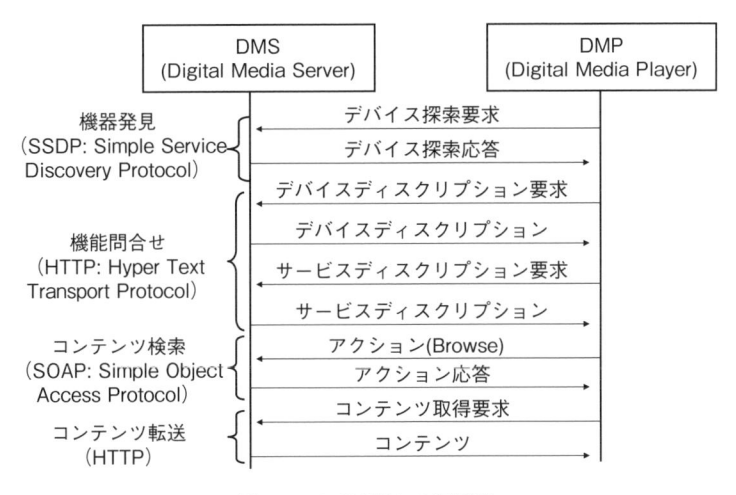

図 11.14 DLNA の通信例

11.7 コンピュータ系ホームネットワーク

コンピュータ系ネットワークが要求されている背景は，家庭でのパーソナルコンピュータ，インターネットの普及がある．複数台のパソコンでインターネットやプリンタなどのリソースを共有したいとのニーズがあり，ホームネットワークが必要とされる．

コンピュータ間の相互接続プロトコルとしては，ネットワーク層プロトコル IP (Internet Protocol) が普及しており，伝送媒体が異なってもルーティングが可能である．ホームネットワークの媒体としては，UTP (Unshielded Twisted Pair) の他に，電灯線に高周波信号を重畳するもの，電話線の 2 MHz 以上の帯域に高周波信号を重畳するもの（Home Phoneline Networking Alliance 等），無線（無線 LAN, HomeRF Working Group, Bluetooth 等）を用いるものがあり，これらのネットワークから選択したり，組み合わせたりすることが可能である．さらに AV 系ネットワークである IEEE1394 にも IP を載せることが可能であり，その場合には，AV 系ネットワークとコンピュータ系ネットワークを統合して敷設することも可能になる．

演習問題

設問1 ホームネットワークの用途とその構成について説明せよ．

設問2 ホームネットワークの通信媒体の種類とその特徴を説明せよ．

設問3 ホームネットワークに多様な機器を接続するためにどのようなプロトコルが用いられているか説明せよ．

設問4 広域ネットワークとホームネットワークを接続するためのアーキテクチャを説明せよ．

設問5 ホームネットワークにおいて今後発展が期待される用途は何か，3種類以上示し，簡潔に説明せよ．

参考文献

[1] ECHONET コンソーシアム：ECHONET 規格書 Ver.3.21，Oct. (2005)

[2] Hitoshi Kubota, Kazumasa Suzuki, Isamu Kawakami, Mamoru Sakugawa, and Hiroyuki Kondo: IEEE Transactions on Consumer Electronics, 52(1), pp. 44-50, Feb. (2006)

[3] IEEE Std 802.15.4-2003, IEEE Standard for Part 15.4: Wireless Medium Access Control (MAC) and Physical Layer (PHY) Specifications for Low-Rate Wireless Personal Area Networks (LR-WPANs), IEEE (2003)

[4] ZigBee Alliance: http://www.zigbee.org/

[5] IEEE 802.15 WPAN Low Rate Alternative PHY Task Group 4a (TG4a), http://www.ieee802.org/15/pub/TG4a.html

[6] The Infrared Data Association: http://www.irda.org/

[7] 可視光通信コンソーシアム: http://www.vlcc.net/index.html

[8] 村上隆史：スマートハウス構築を目指した新しい通信規格 ECHONET Lite，OHM Vol.99，No.3，pp.6-7 (2012)

[9] OSGi: http://www.osgi.org/

[10] ITU-T 勧告 J.190

[11] 白石健司：エコーネットの取り組みと今後の展開，住まいと電化，Vol.23，No.11，pp. 21-26 (2011)

[12] DLNA: http://www2.dlna.org/

[13] 阪田史郎：情報家電ネットワークと通信放送連携，電気学会 (2008)

[14] 丹康雄監修：ホームネットワークと情報家電，オーム社 (2004)

第12章
ビル空調システム

□ 学習のポイント

　ビル空調システムは，機械，電気電子回路，ソフトウェアで構成される典型的な組込みシステムである．ここでは，ビル空調システムをネットワークで相互接続された組込みシステムとしてモデル化する．
　空調システムは小規模な構成から監視制御システムを備えた大規模なシステムまでの要求があり，一般的に，空調システムの小さな単位を階層的に積み上げて大規模なシステムを得ることができるよう設計されている．
　ビル空調システムには，オフィスのLANを介しての監視制御や，インターネットを介しての遠隔監視・保守等の要求があり，オープンなネットワークとの接続が行われている．

- ビル空調システムをネットワーク型組込みシステムのモデルとして理解する．
- 監視制御システムの階層構成を理解する．
- フィールドネットワークのプロトコルと組込みシステムでの実現に関し理解する．
- 異種ネットワーク間のゲートウェイ接続に関し理解する．

□ キーワード

　ビル，空調システム，監視制御，フィールドネットワーク，オートメーションネットワーク，遠隔監視，プロトコル，CSMA/CD，無極性化，BACnet，LonTalk，ゲートウェイ

12.1　ネットワーク型組込みシステムとしてのビル空調

　空調システムは，機械工学，電気電子工学，通信工学，ソフトウェア工学の統合により実現される典型的な組込みシステムである．空調システムは多様な構成があるが，ここでは主に，ビルや店舗で使用される空調システムを例に，その組込みシステムとしての構成を示す．
　ビルの空調システムは，機械，電気電子回路，ソフトウェアで構成された空調機器が，冷媒配管，ダクト，電気配線，通信ネットワークで相互接続された分散システムとして位置づけられる．ここでは，空調システムを組込み機器がネットワークで相互接続されたネットワーク型組込みシステムとしてモデル化し議論をすすめる．

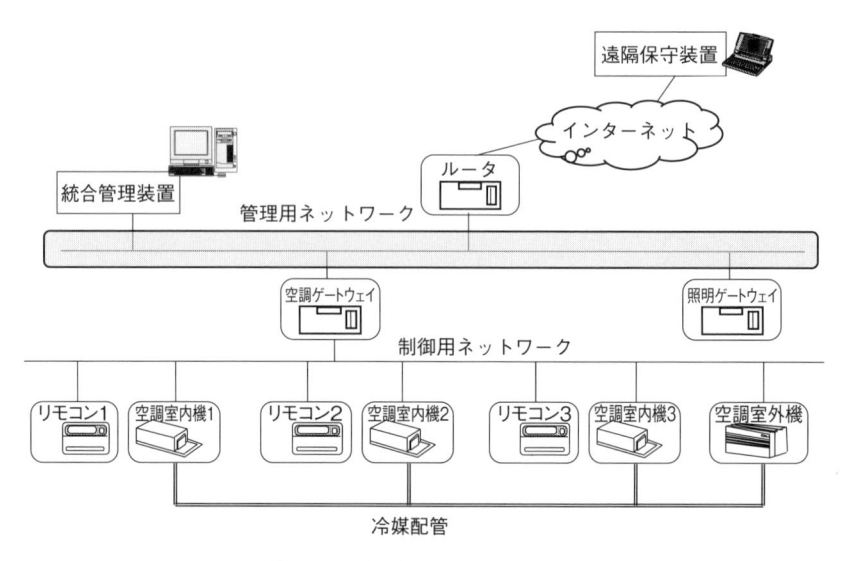

図 12.1 空調ネットワークの例 [1]

12.2 監視制御の階層

冷凍空調ネットワークの監視制御の階層は，フィールドネットワーク，オートメーションネットワーク，遠隔監視ネットワークの3階層で表すことができる（図12.2）．フィールドネットワークの役割は設備機器間の直接接続であり，オートメーションネットワークは各種設備の統合管理層であり，遠隔監視ネットワークは遠隔監視・保守のための広域ネットワーク層である．

(1) フィールドネットワーク階層

下位の層はフィールドネットワークの階層であり，冷凍空調機器の相互接続を行う．この階層に対するネットワーク媒体に対する要求は，冷凍空調機器間を接続するための低コスト，省工事ネットワークである．要求される機能は，各冷凍空調機器への配線等の工事負荷軽減であり，信号配線レスまたは信号配線の簡素化，信号線によるリモートコントローラ等への電源供給，低消費電力等である．

(2) オートメーションネットワーク階層

中位の層はフロアなど空間単位でまとまった機器群や，空調，低温，照明，配電等の設備単位でまとまった機器群を，さらに上位で統合管理するネットワークであり，所謂ビル管理システム [2] の階層である．この階層のネットワーク媒体に要求される機能・性能は，複数ベンダ間や異種システム間の相互接続性，および大量データ交換が可能な高速性，情報管理と監視制御の橋渡しである．

以下では，冷凍空調機器に内蔵されたり直接接続されたりするフィールドネットワークに重点を置く．

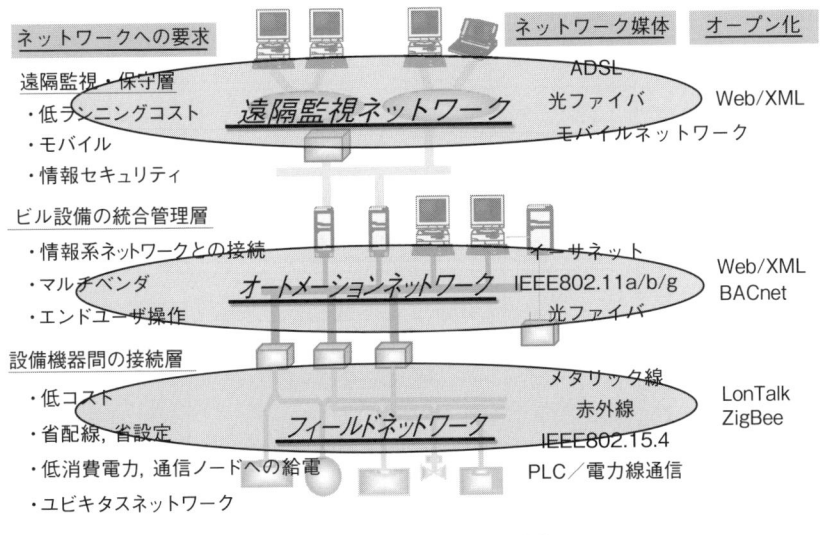

図 12.2 監視制御の階層 [3]

12.3 フィールドネットワークのプロトコル

(1) プロトコル階層と機能

　表 12.1 に冷凍空調ネットワーク・プロトコルの階層と機能例を，図 12.3 に冷凍空調フィールドネットワークのプロトコル実装を例示した．1-2 層は，メタリック（電線），赤外線，無線，電力線などの通信媒体が用いられ，各通信媒体に合わせた変復調を行う．通信相手を識別するアドレスの管理や，ノイズ等が原因の電文の誤りが発生した際の誤り検出や再送などの制御を行う．この 1-2 層の機能は，トランシーバ，データリンク・コントローラ等のネットワーク共通部品で構成されることが多い．

　3-7 層はルーティング，エンドツーエンドの通信処理，モニタ，制御，通報等の基本的な冷凍空調ネットワーク・コマンドから構成される．コマンドは，温度設定，湿度設定，スケジュール設定，動作モニタ，物理量の計測等の機種に依存しない共通コマンドと，冷凍空調機器の構成部品や制御方法に依存する制御コマンド，システム設定コマンド，保守コマンドなどがある．

表 12.1　冷凍空調ネットワーク・プロトコルの階層と機能例 [1]

アプリケーション	・自動制御，監視，設定，保守 ・空調，冷凍，換気 ・機器機能のモデル（オブジェクト指向モデル）
3-7 層プロトコル	・モニタ，制御，通報等の基本コマンド ・情報表現形式 ・エンドツーエンドの通信処理 ・異種通信媒体にまたがるアドレス体系，ルーティング
1-2 層プロトコル	・データリンク処理，誤り制御 ・通信媒体に最適な変復調 ・通信媒体（メタリック，赤外線，無線，電力線）

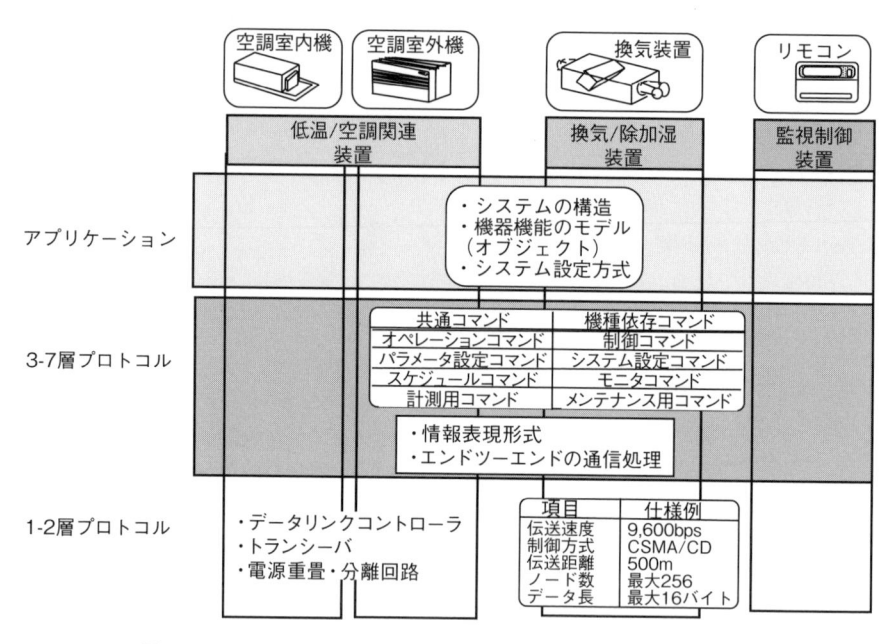

図 12.3 冷凍空調フィールドネットワーク・プロトコルの実装例 [1]

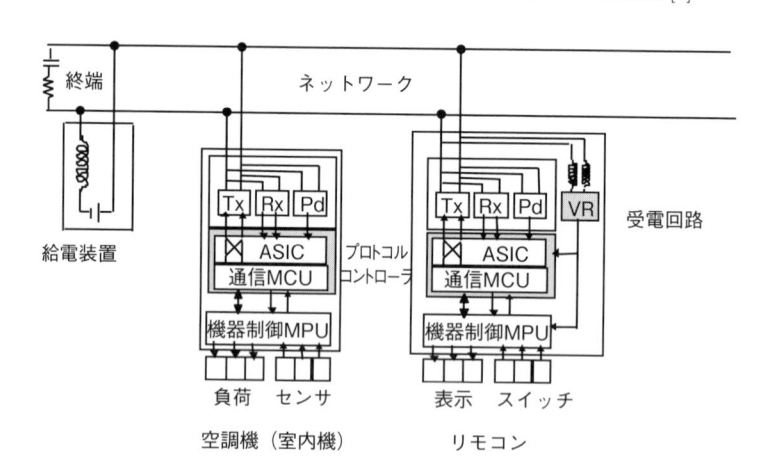

図 12.4 冷凍空調フィールドネットワークでの 1-2 層の実装例 [1]

(2) フィールドネットワークでの 1-2 層の構成例

図 12.4 は，ビル用マルチエアコン等の用いられているフィールドネットワークの 1-2 層の構成例を示している．空調室外機や空調室内機の工事と同時に通信関連工事も実施されるため，工事が容易であることや，壁設置のリモコンに対し商用電源が不要となるよう通信線から電源を供給する構成となっている．

図 12.4 で示したように，ネットワークに室内機，室外機，リモコンなどが接続される．ネットワーク給電装置がネットワークに接続されており，リモコンの受電回路では，DC 成分を分離し回路の動作電源として使用する．各通信ノードとネットワークを接続する部分には，送信回路 Tx と受信回路 Rx とネットワーク極性検知回路 Pd が設けられ，極性検知回路 Pd が 2

本の通信線の極性を検知し，送信回路 Tx が送信する際のパルスの極性を決定する．そのため，工事の際は，信号線の極性とノードの端子の極性を一致させる等の煩雑な作業は不要となる．

　各ノードに送信したいデータが発生すると，各ノードはネットワークに他のノードからの送信信号が存在しているかどうかを調べ，送信信号がなければ早いもの勝ちで送信を開始する．同時に複数のノードが送信した場合はネットワーク上で衝突が発生することがある．冷凍空調フィールドネットワークでは，衝突が発生しても衝突した複数のノード間でどのノードが送信を継続し，どのノードが送信をあきらめるかが一意的に決まる勝ち残り方式を取っており，衝突が発生しても最終的に 1 つのノードが勝ち残り送信が完了する．この通信方式を CSMA/CD 勝ち残り方式と呼ぶ．

　CSMA/CD はイーサネットの制御方式として開発され広く普及しているが，データ通信頻度が多くなるとネットワーク上での衝突が多くなり，データが破壊されるため再送信が必要となり性能が劣化する．これに対し，冷凍空調フィールドネットワークでは，通信速度を下げることでノードから送信されるデータをビット単位で同期させる．ビット単位の勝ち残りルールに従い，勝ち残ったノードのデータは破壊されず，送信が成功する．

(3) 冷凍空調フィールドネットワーク [11]

　ビルマルチエアコンの室内機，室外機，リモコン等で使われているフィールドネットワークは，電子機械工業会（EIAJ，現在の電子情報技術産業協会，JEITA）が標準化したホームバスシステム (HBS) [4] を拡張した仕様が使われている．ここでは，HBS を冷凍空調ネットワークとして拡張 [5] した仕様について述べる．

　図 12.5 に，基本フレーム構造を示した．イーサネットとフレーム構造は類似しており，同様に CSMA/CD を採用している．

　冷凍空調フィールドネットワークでは，2 線のツイストペア線に信号と DC 電源を重畳させており，100V 電源工事が困難な機器への利用を容易にしている．これに加え，信号線を無極

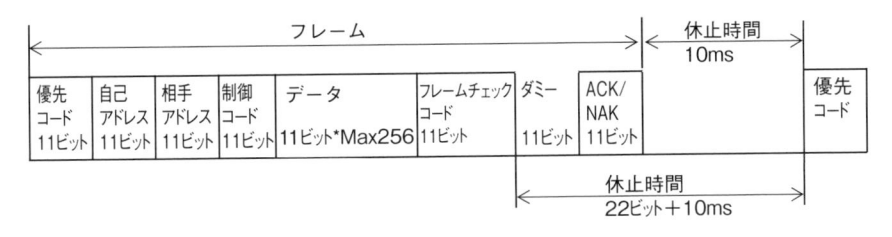

図 12.5 通信フレームの構成

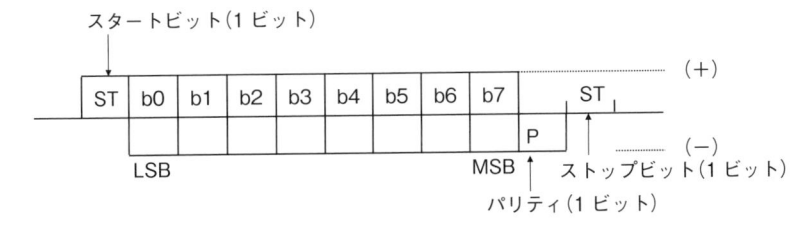

図 12.6 通信のキャラクタ構成

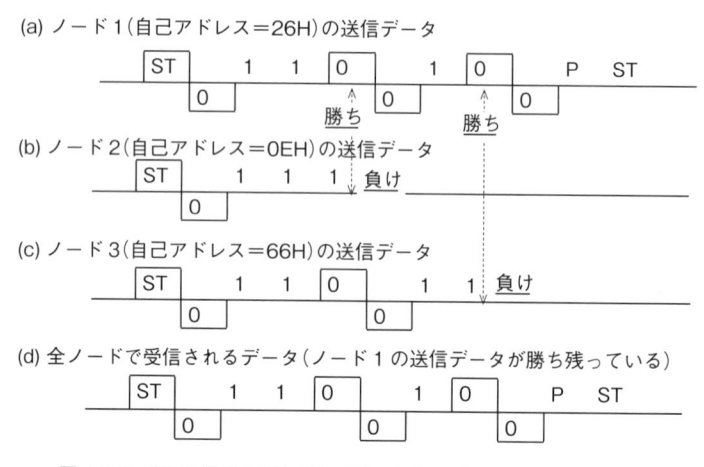

図 12.7 HBS 通信の勝ち残り CSMA/CD（アドレスでの競合例）

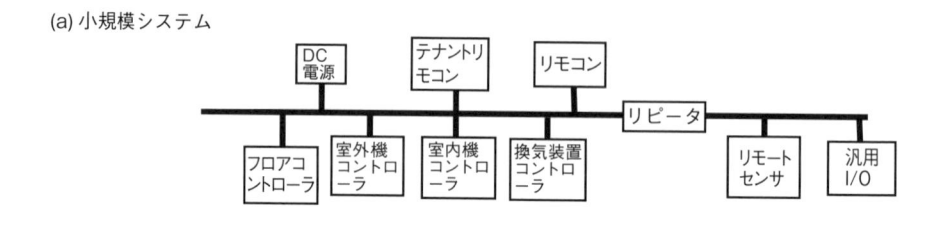

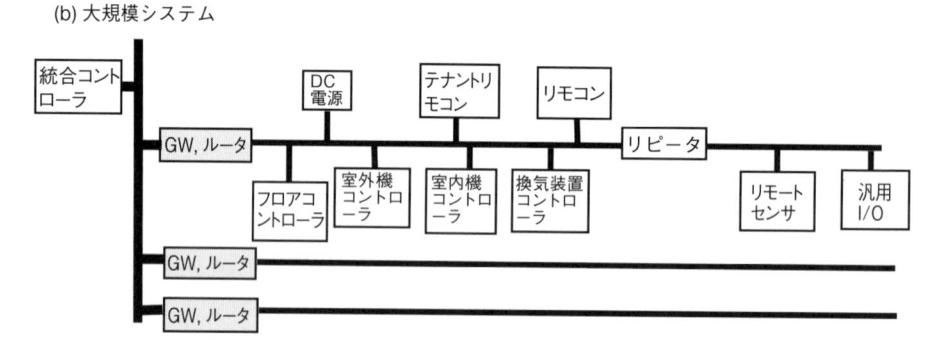

図 12.8 冷凍空調フィールドネットワークの構成例 [1]

性化しており，現場工事での工事ミスが発生しにくくなっている．

図 12.6, 12.7 を用いて通信方式を概説する．このネットワークでは，信号線での給電のため，信号電圧をプラス，マイナス交互に出力し DC 成分を相殺している．スタートビットの電圧は常にプラスである．図 12.7 は，ノード 1, 2, 3 が同時に送信を開始した場合を示している．各ノードの送信したデータは，各ノードで同時に受信され，衝突は伝送路上の論理演算で与えられる．データ "1" は 0 ボルト，データ "0" はプラスまたはマイナス電圧であり，データ "1" とデータ "0" が衝突するとデータ "0" が勝つ．そのため，各ノードの自己アドレスが衝突した場合は，LSB (Least Significant Bit) から 0 が多く連続するノードが勝ち残る．

この方式は，ビット競合勝ち残り方式または，2 進カウントダウン方式と呼ばれている．こ

の方式では，パケットが衝突しても1つのパケットが勝ち残るため，送信するパケットが多くとも衝突による効率低下は発生しない．

(4) フィールドネットワークの構成例

図 12.8 に冷凍空調フィールドネットワークの構成例を示した．小規模なシステムは1つのネットワークに複数のノードが接続されるバス型ネットワークで構成される．総延長が不足する場合は，リピータで延長する．

大規模システムでは，複数のバス型ネットワークをエリアごとに設置し，これらをさらにまとめるネットワーク（図 12.8(b) では縦のネットワーク）を接続する．相互間の接続は，ルータまたはゲートウェイで行われる．

12.4 空調システムでの主要ネットワーク・プロトコル

次に空調システムで使われる主要ネットワークのプロトコル階層を比較し，その違いと相互接続の方法について述べる．

図 12.9 に空調システムで使われる主要ネットワークのプロトコルを示した．左から TCP/IP (WWW/XML)，ビルオートメーションネットワークの規格である BACnet（オリジナル）[2,6]，BACnet を IP プロトコル上で実現したもの [7]，フィールドネットワークのオープン仕様である LonTalk [8,9,12]，先に述べたビル用マルチエアコン用フィールドネットワーク [5] である．図 12.9 でわかるように各ネットワークは各層ともに異なるプロトコル仕様となっている．図 12.2 で分類した監視制御の階層で分類すると，遠隔監視ネットワークとして用いられるのは，TCP/IP (WWW/XML)，オートメーションネットワークとして用いられるのは，BACnet（オリジナル），BACnet/IP，TCP/IP (WWW/XML)，フィールドネットワーク

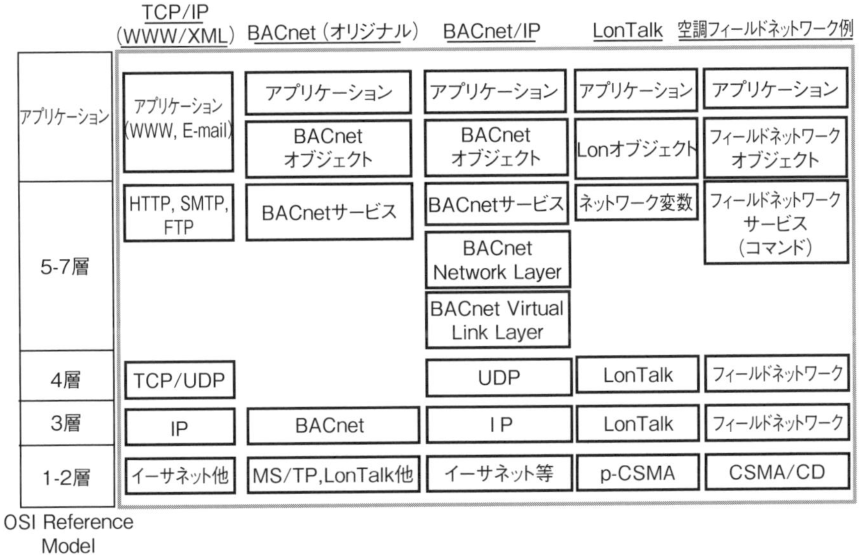

図 12.9 冷凍空調での主要ネットワークのプロトコル階層 [1]

として用いられるのは LonTalk，空調フィールドネットワークである．

ネットワークに対する要求は，図 12.2 の左欄に記載されるように遠隔監視ネットワーク，オートメーションネットワーク，フィールドネットワークでそれぞれ異なり，その結果，各ネットワークの仕様は異なるものとなる．

次に，この異なるプロトコル階層（ネットワークアーキテクチャ）を保有するネットワークを接続し，どのように監視制御システムを構築するかが課題となる．以下ではネットワーク間接続に関し検討する．

12.5 ネットワーク間のゲートウェイでの接続

ここでは，異なる目的を持ち，異なるプロトコルで構成されているフィールドネットワークとオートメーションネットワークをどのように接続するのか，その接続の方式を述べる．

図 12.10 にアプリケーション層でフィールドネットワークとオートメーションネットワークを接続する構成図を示した．オートメーションネットワークには Web/XML と BACnet/IP の 2 種類のプロトコルが記載されている．この 2 つのプロトコルはネットワーク層以下が共通であり，1 つのネットワークに共存している．

以下では，フィールドネットワークとこの 2 種類のネットワークプロトコルとの接続に関し述べる．

(1) フィールドネットワークと Web/XML との接続

図 12.11 はフィールドネットワークと Web/XML との接続を表している．図 12.11 の構成を取ることによるメリットを述べる．空調機が接続されたフィールドネットワークは，工事の容易性や低コストを実現している．しかし，PC 等の端末は通常，フィールドネットワークのインタフェースを内蔵しておらず，空調機の操作や保守管理の実施には何らかの変換が必須となる．フィールドネットワークと Web/XML を変換する空調サーバ（ゲートウェイ）を設けることで，PC 等の端末の Web ブラウザから空調機の操作，保守を実施したり，インターネッ

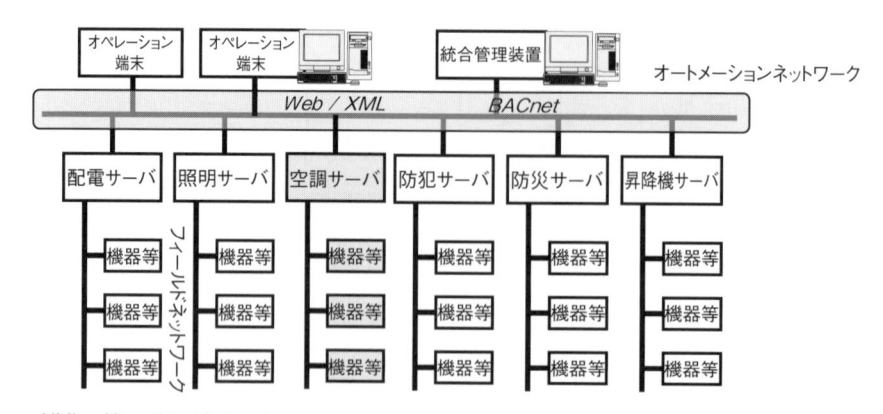

XML: eXtensible Markup Language
BACnet: A Data Communication Protocol for Building Automation and Control Networks

図 **12.10** ゲートウェイ：アプリケーション層での接続 [1]

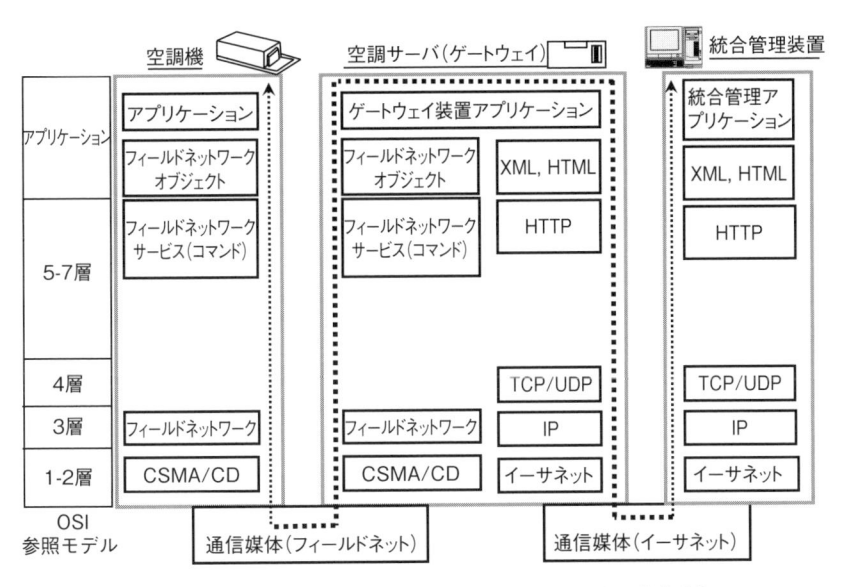

図 12.11 フィールドネットワークと Web/XML との接続 [1]

ト上のアプリケーション・ソフトウェアと連携したりすることが可能となる．また，空調以外の設備を含めて一元的に操作・保守が可能となる．

次に，動作を説明する．空調機のアプリケーションプログラムが空調機を運転させ，その状態（情報）が生成される．この情報は，5-7 層のフィールドネットワーク・サービスによる運転状態データとなり 1-3 層に渡される．電文が作成され，フィールドネットの通信媒体を介して，空調サーバ（ゲートウェイ）で受信される．

空調サーバでは，このデータを空調機の運転状態データとして一旦蓄積する．統合管理装置と空調サーバの通信は，IP (Internet Protocol) を用いるため，ここでデータ形式とプロトコルの変換が必要になる．空調サーバ内のゲートウェイ・アプリケーションが運転情報データを，文書やデータの意味や構造を記述するためのマークアップ言語である XML (eXtensible Markup Language) [10] などに変換し，5-7 層の HTTP (HyperText Transfer Protocol)，第 4 層の TCP，第 3 層の IP を経由し，イーサネットを媒体として統合管理装置に到達する．

統合管理装置では，データは 1-2 層のイーサネット，第 3 層の IP，第 4 層の TCP，5-7 層の HTTP を経由して統合管理装置のアプリケーションに伝わる．

(2) フィールドネットワークと BACnet との接続

図 12.12 はフィールドネットワークと BACnet との接続を表している．空調サーバと統合管理装置間が BACnet で接続されているが，それ以外は図 12.11 と同様である．

図 12.10 に示すように，オートメーションネットワーク上には，空調機だけではなく，照明機器，配電機器，防災機器などが接続されている．ビル全体の監視制御を実施する総合管理装置はこれらすべての設備機器を監視制御する必要がある．空調サーバ（ゲートウェイ），照明サーバ，配電サーバ，防災サーバなどで，システムごとに異なるプロトコルを共通の BACnet プロトコルに変換することで，一元的な監視制御や設備間の連携制御が可能となる．

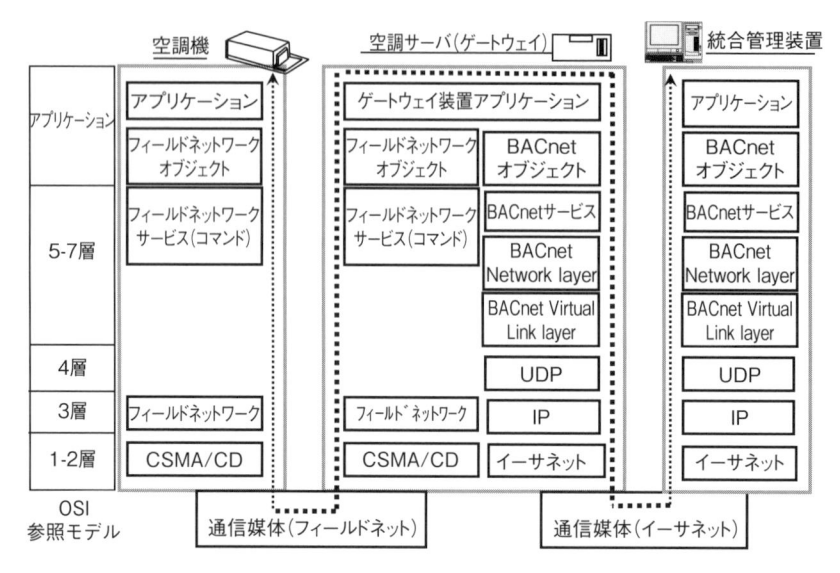

図 **12.12** フィールドネットワークと BACnet との接続 [1]

次に，空調サーバの動作を説明するが，空調機から空調サーバまでの通信は図 12.10 と同じであるため省略する．

空調サーバのゲートウェイ装置アプリケーションは，空調機から受信したデータを空調機運転状態データとして一旦蓄積する．統合管理装置と空調サーバの通信は，BACnet を用いるため，ここでデータ形式とプロトコルの変換が必要になる．空調サーバ内のゲートウェイ・アプリケーションが運転情報データを，BACnet のオブジェクト（データ形式）に変換し，5-7 層の BACnet サービス，BACnet Network layer，第 4 層の UDP，第 3 層の IP を経由し，イーサネットを媒体として統合管理装置に到達する．

統合管理装置では，データは，1-2 層のイーサネット，第 3 層の IP，第 4 層の UDP，5-7 層の BACnet Network layer を経由して統合管理装置のアプリケーションに伝わる．

演習問題

設問 1 監視制御の 3 階層を示し，各階層の役割を説明せよ．

設問 2 冷凍空調フィールドネットワークのプロトコルの階層を示し，各プロトコル階層の役割を説明せよ．

設問 3 イーサネットの制御方式と冷凍空調フィールドネットワークのデータリンク層の違いについて，衝突検知と勝ち残り方式を説明せよ．

設問 4 冷凍空調ネットワークの異なるネットワーク間でのゲートウェイ接続に関して例をあげて説明せよ．

設問 5 冷凍空調機器・システムの製品紹介，製品説明を製造会社のホームページからダウンロードし，その製品で用いられている組込みシステム技術の概要と特徴を示せ．

参考文献

[1] 井上雅裕：ネットワークのアーキテクチャ，冷凍，Vol.81, No.951, pp.69-77, Jan. (2007)
[2] ANSI/ASHRAE 135-2004, BACnet: A Data Communication Protocol for Building Automation and Control Networks, ASHRAE, 2004.（BACnet ビルディング・オートメーション用データ通信プロトコル，電気設備学会）
[3] 井上雅裕：冷凍空調ネットワークの概要，冷凍，Vol.81, No.948, pp.47-50, Oct. (2006)
[4] HBS 技術委員会：ホームバスシステム規格 ET-2101，日本電子機械工業会規格，Sep. (1988)
[5] Y. Honda, M. Inoue, Y. Ito, and T. Sato: "Integrated Network Architecture for Heating, Refrigerating, and Air-conditioning", ASHRAE Transactions, 3714, pp. 230-236 (1993)
[6] ANSI/ASHRAE, Standard 135-2001, BACnet: A Data Communication Protocol for Building Automation and Control Networks, ASHRAE (2001)
[7] 電気設備学会規格：BAS 標準インタフェース仕様書 IEIE-P-0003：2000，電気設備学会，July (2000)
[8] 磯井正義，高草英博：ビル制御システムのオープン化 — LONWORKS 入門，日刊工業新聞社 (2002)
[9] LonMark 1.0, LonMark Association, February (2000)
[10] XML コンソーシアム：http://www.xmlconsortium.org/
[11] 井上雅裕：冷凍空調システムのネットワーク媒体，冷凍，Vol.81, No.952, pp.44-51 March (2007)
[12] Echelon: http://www.echelon.co.jp/index.html

第 13 章
ファクトリー・オートメーション

□ 学習のポイント

　ファクトリー・オートメショーションとは，工場などの生産設備の自動化，統合管理である．生産設備に対しては，トータルなコスト削減，迅速な生産立上げ，製造現場で起きている状況の的確な把握などの要求がある．これに対して，生産設備はネットワークで接続されている．
　ファクトリー・オートメーションのネットワークは，制約時間内で動作を完了する実時間性の要求や，設備やネットワークの一部が故障しても動作を継続できる可用性の要求があり，これに対応した設計が行われている．
　また，生産設備の管理・保守を効率的に行うため，リアルタイム性を確保した上で，イーサネット等のオープンなネットワーク技術が活用されるようになってきている．

- ファクトリー・オートメーションの目的と階層構成を理解する．
- ファクトリー・オートメーションネットワークへの要求条件と設計方法を理解する．
- ネットワークのリアルタイム性を確保する方式を理解する．
- ネットワークの信頼性を確保する方式を理解する．

□ キーワード

　ファクトリー・オートメーション，フィールドネットワーク，コントローラネットワーク，情報ネットワーク，モーションネットワーク，リアルタイム通信，共有メモリ型通信，トークン方式，二重ループ

13.1 ファクトリー・オートメーション・システムへの要求とシステム構造

　生産設備に対する要求として，コスト削減，高度化・大型化する製品への対応，製品ライフサイクルの短縮，製造現場の状況の見える化などがある．

(1) コスト削減
　製品コスト削減のため，生産設備のコスト削減だけでなく，開発期間の短縮・立上期間の短縮・メンテナンスにかかわるすべての費用削減が求められている．

(2) 製品の高度化・大型化
　機械・ラインも高度化・大型化・複雑化している．その結果，より早く正確な生産が要求されると同時に，大型化に伴う大容量データの連携（受け渡し）が必要となっている．

(3) 製品ライフサイクルの短縮

新装置の早期導入（開発・立上・生産）が必要であるとともに，簡単な改造が必要となる．
(4) 製造現場の見える化

納期遵守・品質向上や，ミスによるロスコストの削減を図るために，製造現場で起こっているさまざまな状況を的確に把握し対策を取る必要性が高まっている．

これらの要求に対応するため，生産設備はネットワークで相互に接続されている．ネットワークは，以下で述べる情報ネットワーク，コントローラネットワーク，フィールドネットワークの3階層で構成されている．図13.1にファクトリー・オートメーション・ネットワークの階層構造を示した．

(1) 情報ネットワーク

情報ネットワークは，生産現場の情報と生産管理のシステムを連携するためのネットワークである．製造業の生産現場で，製造工程の状態の把握や管理，作業者への指示や支援などを行う情報システムである MES (Manufacturing Execution System)，生産や販売，在庫，購買，物流，会計，人事などの企業内の経営資源（人員，物的資産，資金，情報）を統合的に管理する ERP (Enterprise Resource Planning)，監視制御を行う SCADA (Supervisory Control and Data Acquisition) などと生産設備との通信を行う．

(2) コントローラネットワーク

コントローラネットワークは，制御の中心的な役割を果たすコントローラであるプログラマブルロジックコントローラ（Programmable Logic Controller，以下 PLC と呼ぶ），モーション，ロボット等を相互に連携するためのネットワークである．図13.2に示したように，コントローラネットワークでは，各コントローラに制御プログラムがあり，各コントローラは対等で

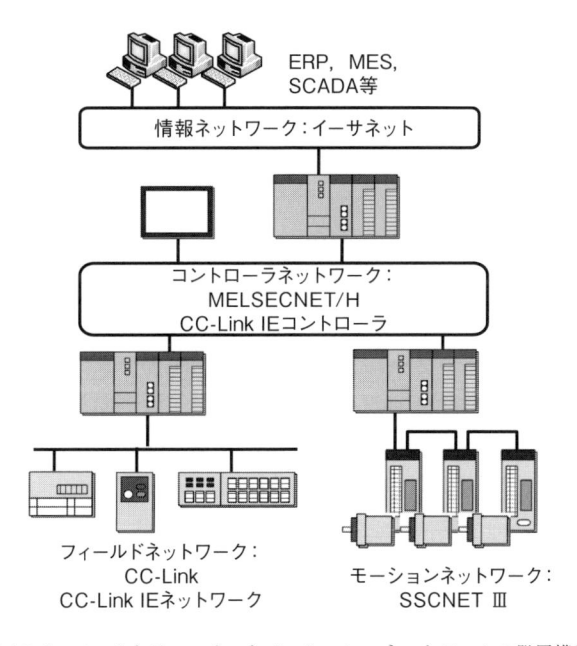

図 13.1　ファクトリー・オートメーション・ネットワークの階層構造 [1]

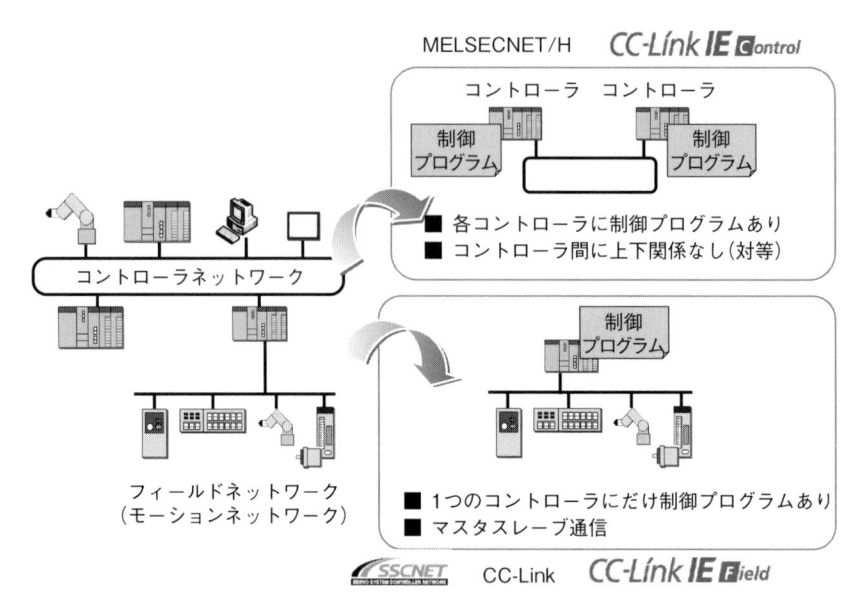

図 13.2 ネットワーク階層ごとの制御形態の特徴 [1]

あり上下関係はない．

(3) フィールドネットワークおよびモーションネットワーク

I/O 機器や各種機器（電磁弁，センサ等）を制御するフィールドワーク，および駆動系機器を実時間で制御するためのモーションネットワークがある．図 13.2 に示したように，フィールドネットワークおよびモーションネットワークでは，PLC 等の 1 つのコントローラだけに制御プログラムがある．この制御プログラムを持つコントローラがマスタになり主導権を持ち，スレーブである I/O 機器等との間で，マスタスレーブ通信を行う．

13.2 ファクトリー・オートメーション・ネットワークへの要求と設計方法

　工場の生産設備を扱うファクトリー・オートメーション・ネットワークには，実時間性，信頼性，可用性，シームレスな通信などの要求があり，これを実現するための設計が行われている．

　ここでは，実時間性の要求とそれに対応する設計を述べる．ファクトリー・オートメーション・ネットワークでは，決められた時間内に処理を終える必要があり，厳しい実時間性の要求がある．図 13.3 にネットワークの種類と転送周期，遅延時間の変動であるジッターの条件を示した．コントローラ間の接続を行うコントローラネットワーク，I/O 機器や各種機器（電磁弁，センサ等）を制御するフィールドネットワーク，および駆動系機器を実時間で制御するためのモーションネットワークでは，実時間性の要求が異なる．

　図 13.4 にプロトコルスタックの例を示した．データリンク層以下はイーサネット標準に準拠している．したがって，イーサネットのケーブルやネットワーク機器を使うことができ，各種ネットワークアナライザによるデータ解析が可能である．コントローラネットワーク，フィールドネットワーク，モーションネットワークでは，リアルタイム性能を重視して，プロトコル

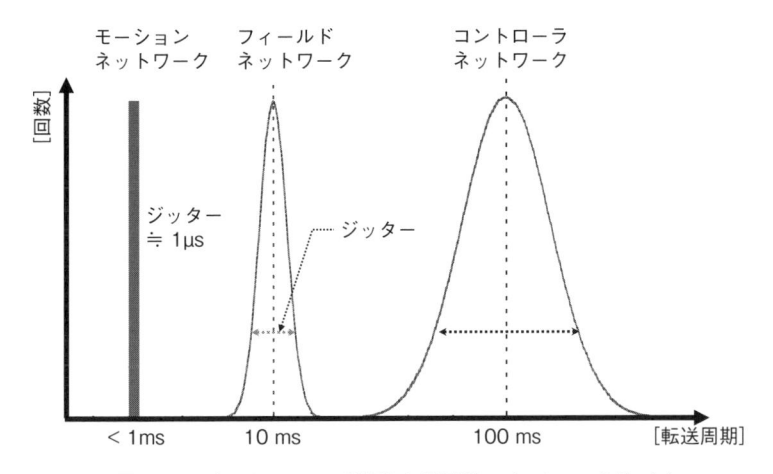

図 13.3 ネットワークの種類と転送周期，ジッターの条件 [1]

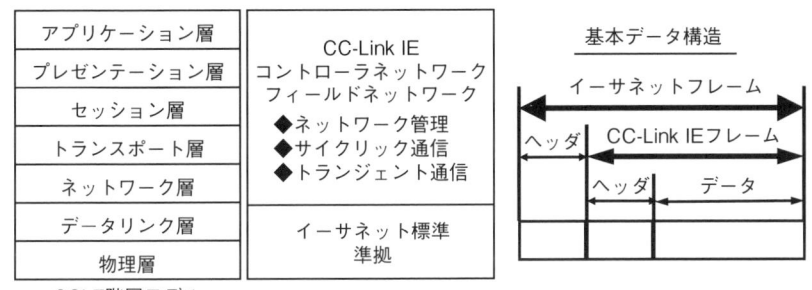

図 13.4 プロトコルスタックと基本データ構造の例（CC-Link IE の場合）[1]

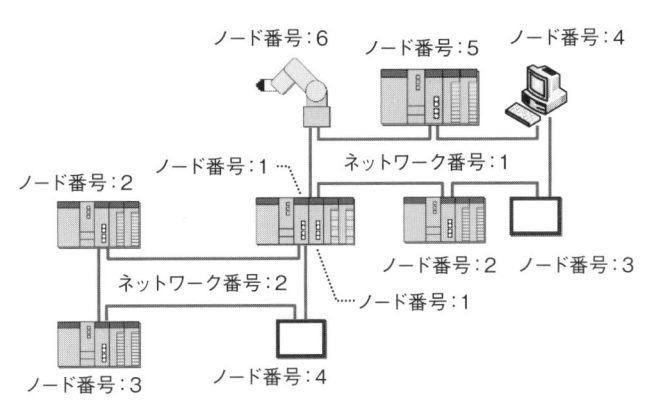

図 13.5 アドレス体系 [1]

スタックを簡素化しており，ネットワーク層，トランスポート層には，IP (Internet Protocol) を使用していない．

複数のネットワークを接続して，ノード間で通信するための手段として，「ネットワーク番号＋ノード番号」を用いている．図 13.5 にアドレス体系を示した．各ノードは，所属するネットワークの番号とネットワーク内でのノード番号で一意的に指定される．

13.3 コントローラネットワーク

各コントローラは独立で動くわけではない．「協調動作」をすることが必要である．図 13.6 に示すように，コントローラネットワークの役割は，コントローラ間で必要なデータをリアルタイムに交換することである．コントローラネットワークは N：N のリアルタイム通信が必要とされる．そのため，すべての局がすべての局のデータを共有する N：N 型の高速リアルタイム通信が採用される．表 13.1 にコントローラネットワークの仕様例を示した．

表 13.1 に示すように，データ転送制御にはトークン方式を用いている．ここで，このネットワークで採用されている仮想共有メモリ方式とトークン方式について説明する．

(1) 仮想共有メモリ方式

図 13.7 を用いて仮想共有メモリ方式とトークンの移動を説明する．コントローラネットワークに局番 1, 2, 3, 4 と 4 台のコントローラが接続されている．各コントローラは，最大 256 KB の共有メモリを備えており，共有メモリは，各コントローラ局番 1〜4 に割り当てられている．

まず，局番 1 のコントローラがトークンを得ると，局番 1 のメモリ領域 1 のデータがネットワークに送られ，他局のメモリ領域 1 にコピーされる．その後，トークンは，局番 2 に渡され，今度は局番 2 のコントローラが，局番 2 のメモリ領域 2 のデータをネットワークに送り，他局

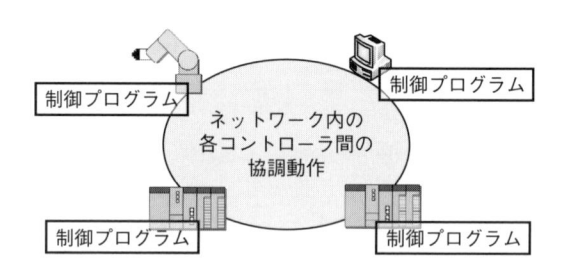

図 13.6　コントローラの役割 [1]

表 13.1　コントローラネットワークの仕様例 [2]

項目	仕様
基本通信機能	ネットワーク型共有メモリ通信 （サイクリック通信：リアルタイム通信） メッセージ通信 （トランジェント通信：非リアルタイム通信）
通信速度/データリンク制御	1 Gbps/イーサネット標準
ネットワークトポロジ	ループ
データ転送高信頼機能	標準でデータ転送を二重化
データ転送制御方式	トークン方式
ネットワーク型共有メモリ容量	最大 256 KB
通信媒体	IEEE 802.3 z マルチモード光ファイバ (GI)
コネクタ	IEC 61754-20 LC コネクタ（duplex コネクタ）
1 ネットワークあたりの総接続局数	120 台
局間距離（マルチモード光ファイバ使用時）	最大 550 m
総延長（マルチモード光ファイバ使用時）	最大 66000 m

のメモリ領域2にコピーされる．このように，サイクリックに各局のメモリ領域が他の局のメモリにコピーされることで，すべての局の間で，仮想的に共通メモリを保有することができる．このような仮想共有メモリ方式では，ユーザは通信のコネクションを意識せず，メモリに読み書きする感覚で簡単にリアルタイム通信を利用することができる．この際のリアルタイム性能はネットワークの共有メモリサイズに依存する．共有メモリサイズが小さければより短時間で共有メモリを更新できる．

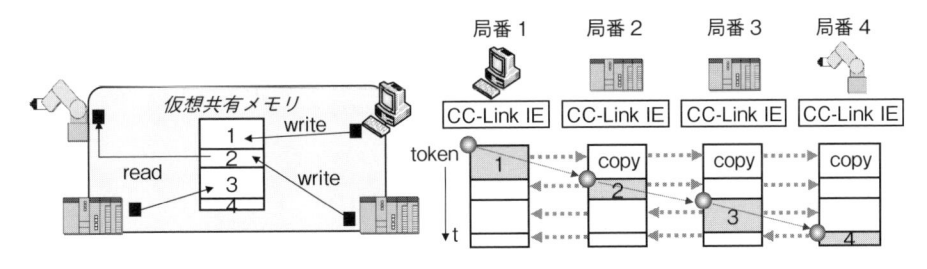

図 **13.7** 仮想共有メモリ方式とトークンの移動 [1]

(2) トランジェント通信

コントローラのプログラミング情報の転送や，メンテナンス情報の転送など，実時間性は要求されないが，大量なメッセージ情報の通信も要求される．プログラミングやメンテナンス情報は，図 13.8 に示すようにネットワークの階層を越えて行われることが多い．このような用途のために使われる通信方式がトランジェント通信である．コントローラネットワークとフィールドネットワークのデータリンク層を共通のイーサネット標準とすることで，シームレスな通信が可能になる．

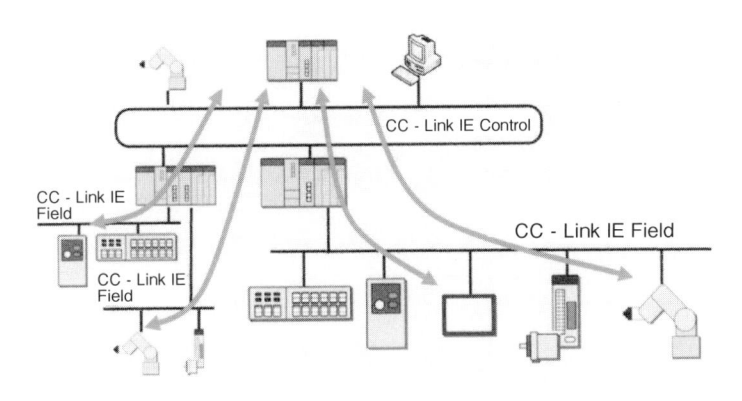

図 **13.8** トランジェント通信 [3]

(3) 可用性の向上

表 13.1 に示したコントローラネットワークの仕様では，伝送路は，二重ループを構成しており，各局はケーブル断線や異常局などを検出すると，異常個所を切り離し，正常な局間でサイクリック伝送を続行する（図 13.9）．コストと可用性の両立を目指し，追加の機器なしで伝送

路の冗長化を実現している．

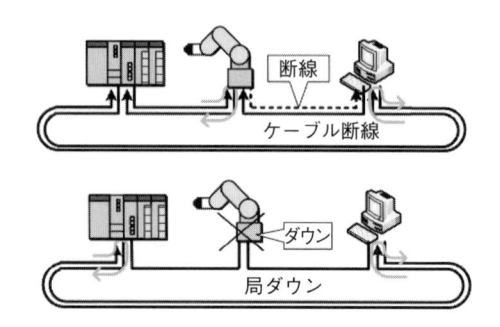

図 13.9　伝送路二重ループ（ループバック機能）[2]

　伝送フレームフォーマットには，イーサネット準拠の FCS (Frame Check Sequence) に，フレーム部と転送データ部にエラーチェックコードを追加している．これにより，通信データの信頼性が増加し，さらにケーブル故障によりフレームデータが壊れた場合，ケーブル障害の故障箇所を簡単に検出することが可能となっている（図13.10）．これにより，異常発生時のシステムのダウンタイムの短縮が可能である [2]．

　図13.11に示したように，緊急時に管理ノードの代わりとして動作可能な通常ノードを「サブ管理ノード」として指定可能である．これにより，異常発生ノードがシステム全体に与える影響を小さくすることが可能である．

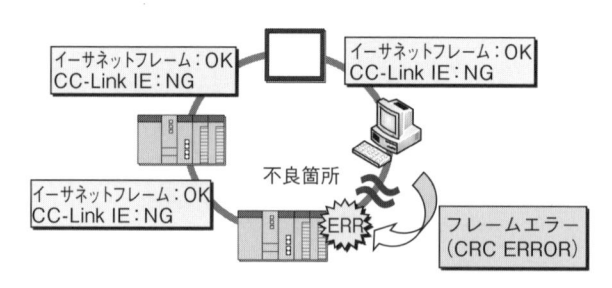

図 13.10　ケーブル不良箇所の検出 [2]

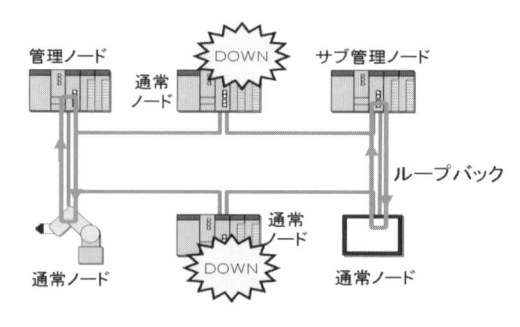

図 13.11　待機マスタ [1]

13.4 フィールドネットワーク

フィールドネットワークでは，各種センサや計測器が検出する温度／圧力／流量などの計測データや，モータなどの駆動系への指示情報など工場の生産設備を制御するための重要なデータが伝送される．制御を正しく実行するためには，ある一定時間内に確実に処理を完了させる必要がある．そのため，フィールドネットワークには高いリアルタイム性が要求される．例えば，ファクトリー・オートメーション用のフィールドネットワークにおいては，数ミリ秒でのリアルタイム通信性能が必要である [3]．

表 13.2 にフィールドネットワークの仕様例を示した．以下では，これを例に解説を行う．図 13.12 には，フィールドネットワークのプロトコルスタックを示した．物理層，データリンク層は IEEE802.3 に準拠しており，その上にリアルタイム制御用途のサイクリック伝送とトランジェント伝送を備えている．

表 13.2 フィールドネットワークの仕様例 [3]

項目	仕様
イーサネット規格	IEEE 802.3 ab (1000BASE–T) 準拠
通信速度	1 Gbps
通信媒体	シールド付きツイストペアケーブル（カテゴリ 5e）
コネクタ	RJ-45 コネクタ
通信制御方式	トークンパッシング方式
ネットワークトポロジ	ライン／スター／リング
最大接続台数	254 台（マスタ局とスレーブ局の合計）
最大局間距離	100 m
サイクリック通信	制御信号（ビットデータ）：最大 32,768 ビット 　RX（スレーブ→マスタ）：16,384 ビット 　RY（マスタ→スレーブ）：16,384 ビット 制御データ（ワードデータ）：最大 16,384 ワード 　RWr（スレーブ→マスタ）：8,192 ワード 　RWw（マスタ→スレーブ）：8,192 ワード
トランジェント通信	メッセージ最大サイズ：2,048 バイト

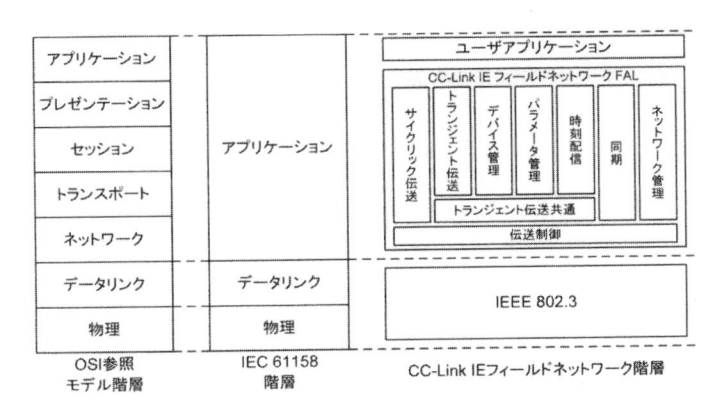

図 13.12 フィールドネットワークのプロトコルスタック例 [4]

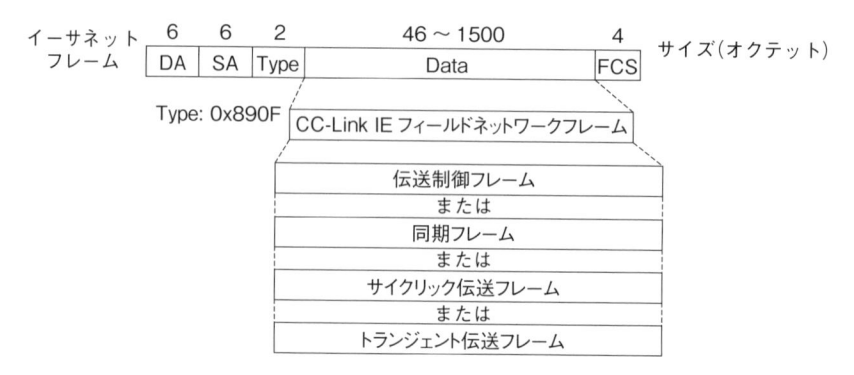

```
イーサネット   6   6  2    46〜1500      4    サイズ（オクテット）
フレーム      DA  SA Type    Data        FCS
```

図 13.13 フィールドネットワークのフレーム構造 [4]

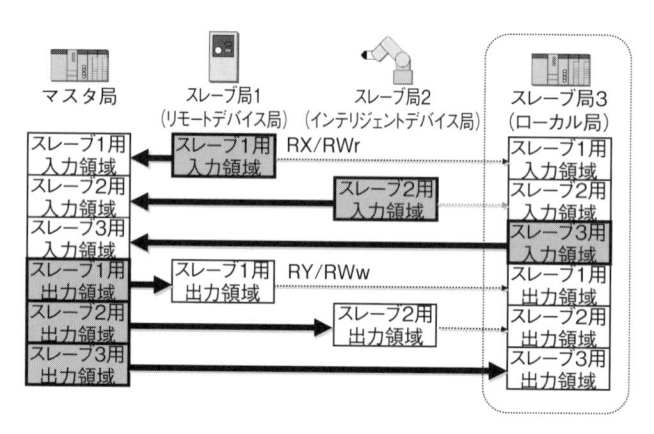

図 13.14 サイクリック通信 [3]

図 13.13 には，フィールドネットワークのフレーム構造を示した．フィールドネットワークのデータ通信もコントローラネットワークと同様に，リアルタイムのサイクリック通信と非リアルタイムのトランジェント通信の 2 方式がある．制御データは，サイクリック通信で行い，診断情報，トレーサビリティのための管理データ等は任意の機器間でメッセージ通信を行うトランジェント通信で行う．

サイクリック通信は，ネットワークに接続されているマスタ局と各スレーブ局間で共有する分散メモリ領域のデータを定期的に更新する方式である．図 13.14 にサイクリック通信での分散メモリの概念を示した．分散共有メモリには各スレーブ局用の入力領域，出力領域が割り当てられている．各局は矢印の根本にあるデータを他局に送信し，矢印の先端にあるデータを他局から受信する．スレーブ局は，図 13.14 のスレーブ局 1，2 のように，自局に割り当てられた領域のみを保持することもできるし，スレーブ局 3 のように，他のスレーブ局に割り当てられた領域を保持することもできる．

演習問題

設問1 生産設備に対する要求はどのようなものがあるか，分類して示せ．

設問2 ファクトリー・オートメーションネットワークの3階層を示せ．なぜ，このような階層構成を用いているのか理由を述べよ．

設問3 ファクトリー・オートメーションネットワークへの要求は何か，またその要求を満たすためにどのような設計が行われているか示せ．

設問4 仮想共有メモリ型通信とトランジェント通信を比較して，それぞれの特徴を述べよ．

設問5 ファクトリー・オートメーションの事例を調査し，その目的とその目的を達成するための設計の特徴を調査せよ．

参考文献

[1] 楠和浩：マニファクチャリングシステムと組込みネットワーク，芝浦工業大学大学院理工学研究科　組込みネットワークシステム特論講義資料 (2011)

[2] CC-Link協会：イーサーネットベース統合ネットワーク「CC-Link IE」の概要, CC-Link協会, Oct. (2007)

[3] CC-Link協会：「CC-Link IEフィールドネットワーク」の概要, CC-Link協会, Nov. (2009)

[4] CC-Link協会：イーサーネットベース統合ネットワーク「CC-Link IE」の進化～モーション機能の実現～, CC-Link協会, Nov. (2011)

第14章
システムズエンジニアリング

□ 学習のポイント

　組込みシステムの開発は，電気電子工学，ソフトウェア工学，機械工学をはじめとする多くの技術が必要になる．このように，技術分野をまたがる複雑なシステムを開発するための体系としてシステムズエンジニアリングがある．システムズエンジニアリングでは，問題を把握し，要求を分析し，システムの構造を設計し，製造し，検証する手順が示されている．

　組込みシステムを設計する際には，多様な技術にまたがったシステムの要求や仕様を漏れや無駄がなく，かつわかりやすく表現し，多様な技術者間で相互に理解する必要がある．このために，組込みシステムの要求，静的構造，振る舞い等を，モデリング言語などを活用してモデル化することが必要である．

- 組込みシステムを開発するための技術体系としてシステムズエンジニアリングを理解する．
- システムズエンジニアリングのプロセスを理解する．
- 要求分析プロセスの位置づけと方法を理解する．
- アーキテクチャ設計の位置づけと方法を理解する．
- システムのモデリングの位置づけと方法を理解する．
- 統合エンジニアリング環境とモデリング言語の位置づけを理解する．

□ キーワード

　システムズエンジニアリング，ライフサイクル，研究，コンセプト，開発，製造，利用，支援，廃棄，テクニカル・プロセス，要求分析，ステークホルダ，追跡可能性，アーキテクチャ設計，V字プロセス，分散システム，集中システム，階層システム，モデリング，SysML，UML，要求図，構造図，パラメトリック図，振る舞い図，アクティビティ図，統合エンジニアリング環境

14.1　システムズエンジニアリングの位置付け

　組込みシステムの開発は，電気電子工学，ソフトウェア工学，機械工学をはじめとする多様な技術分野にまたがっている．組込みシステムのように技術分野をまたがる複雑なシステムを開発するための技術体系として，システムズエンジニアリング (Systems Engineering) [1,2] がある．

　システムズエンジニアリングは，問題を把握し，要求を分析し，システムの構造（アーキテクチャ）を設計し，実際にシステムを作り上げ，設計どおりにできているかを検証する．さら

に，システムを運用し，保守し，廃棄するまでの技術体系である．システムズエンジニアリングとは，以下のように定義される．

「システムズエンジニアリングは，システムを成功裏に実現するための学際的なアプローチと手段である．」 "Systems engineering is an interdisciplinary approach and means to enable the realization of successful systems." (INCOSE: International Council on Systems Engineering, Systems Engineering Handbook, version 3.2.) [1]

「システムズエンジニアリングは，要求からシステムソリューションを導く総合的技術活動を治めるための学際的なアプローチである．」 "Systems Engineering: The interdisciplinary approach governing the total technical effort required to transform a requirement into a system solution." (IEEE 1220-2005 IEEE Standard for Application and Management of the Systems Engineering Process) [3]

組込みシステムの開発は，分野を横断したアプローチで成功裏にシステムを開発することが目的であり，システムズエンジニアリングそのものである．

14.2 システムズエンジニアリング・プロセス

14.2.1 システムのライフサイクル

システム開発には時系列的な流れがあり，これをライフサイクルと呼ぶ．表14.1にISO/IEC 15288:2002 [4] で定義されている，7段階からなる一般的なライフサイクルモデルを示した．研究，コンセプト，開発，製造，利用，支援，廃棄の7つの段階から構成されているが，必ずしもこの順番で1つずつ実施されるわけではなく，同じ時期に複数の段階が並行して実施されることがある．利用段階と支援段階は並行しているのが通常である．また，決定関門は，段階間での移行の際の関門であり，この決定に従い，次の段階に進んだり，現段階に留まったり，前の段階に逆戻りしたりする．決定関門は，すべての段階の間に共通して設けられる．

表 14.1　一般的なライフサイクル段階とその目的と決定関門 (ISO/IEC 15288:2002) [4]

ライフサイクル段階	目的	決定関門
研究	ステークホルダのニーズの識別 アイデアと技術の探索	決定の選択肢： —次の段階に進む
コンセプト	ステークホルダのニーズを洗練化する 実現可能なコンセプトを探索する 見込みのあるソリューションを提案する	—次の段階に進むと同時に要処理事項に対応する
開発	システム要求を洗練化する ソリューションを記述（設計）する システムを構築する システムを検証し妥当性を確認する	—現段階を継続する —前段階に戻る —プロジェクト活動を停止する
製造	システムを製造する 点検し検証する	—プロジェクトを中止する
利用	ユーザのニーズを満足するよう運用する	
支援	永続的にシステム能力を提供する	
廃棄	システムの記録，保管または処分	

14.2.2 システムのライフサイクル・プロセス

システムのライフサイクルは，社会の要求の認識から始まり，計画，設計，製造，検証，運用，保守，廃棄，リサイクルまでのライフサイクルの仕事を適切に実行し，要求されるシステムを合理的に実現する技術である．このライフサイクルは多くのプロセスから構成されている．ここで，プロセスとは，入力と出力を持つ相互に関連する活動である．例えば，要求仕様という入力に基づいて設計図という出力を得る設計は，1つのプロセスである．ライフサイクル・プロセスとは，このような入力と出力を持つプロセスの集まりである．プロセスを実行する順番は固定されているものではなく，システムを開発する責任者が決めることができる．例えば，設計は何度かに分けて段階的に実施すると決めてもよい．

図 14.1 にシステムのライフサイクル・プロセス (ISO/IEC 15288:2008) [5] を示した．プロセス全体は大きく 4 つのプロセスに分類されている，「テクニカル・プロセス」，「プロジェクト・プロセス」，「組織がプロジェクトを実行可能にするためのプロセス」，「合意プロセス」である．

「テクニカル・プロセス」は，システムに対する要求を定義し，その要求に基づいてシステムを設計，製作し，要求に合致しているか検証後に，運用し，不要になった場合にはそのシステムを処分するまでのプロセスである．

「プロジェクト・プロセス」は，プロジェクト計画を作成し，計画に対する実績および進捗のアセスメントを行い，プロジェクトが達成できるようコントロールするプロセスである．ここで，プロジェクトとは，資源の制約の下で，独自の製品やサービスを，定めた期限内に実現するための活動のことを指す．

「合意プロセス」は，取得プロセスと供給プロセスからなる．取得プロセスは，製品またはサービスを組織内または組織外の供給者から取得するためのプロセスである．また，供給プロセスは，製品またはサービスを組織内または組織外の取得者に供給するためのプロセスである．

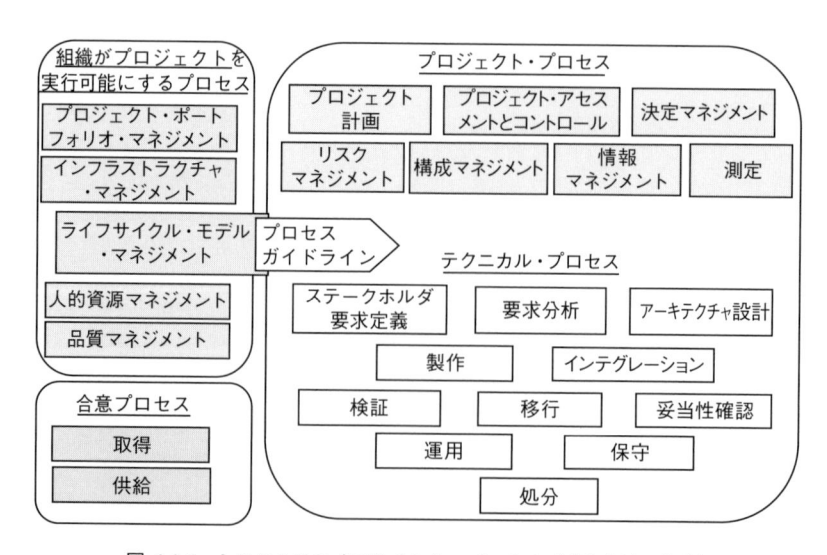

図 14.1　システムのライフサイクル・プロセス（[5] を元に作成）

「組織がプロジェクトを実施可能にするプロセス」は，組織内にある複数のプロジェクト間の重点化を行い，プロジェクトを実行するためのインフラ環境整備を行い，システム開発プロジェクトに必要な人的資源を提供し，システムの品質が要求を満足するようにマネジメントする．また，「ライフサイクル・モデル・マネジメント」は，「テクニカル・プロセス」と「プロジェクト・プロセス」に含まれるプロセスから，対象とするシステムの実現に必要なプロセスを取捨選択したり，実行方法を決めたりする「プロセスガイドライン」を提示する．つまり，「テクニカル・プロセス」と「プロジェクト・プロセス」を構成する個々のプロセスすべてを実施する必要はなく，対象のプロジェクトやシステムに合わせて，必要なものだけを選択してもよく，実施方法を変えてもよい．

14.2.3 テクニカル・プロセス

以下では，テクニカル・プロセスに絞りその概要を説明する．

(1) ステークホルダ要求定義

ステークホルダとは利害関係者のことである．典型的な利害関係者は，システムのユーザ，運用者，販売ルート，組織の意思決定者，監督規制官公庁，開発を担当する各組織，協力会社，取引先，社会一般などである．ステークホルダの要求定義とは，システムに対してのステークホルダの要求を調査，分析し，システムのコンセプトとステークホルダの要求を文書化することである．

(2) 要求分析

要求分析は，ステークホルダなどの要求を製品やサービスを提供する技術的な視点に変換することである．システム要求とは，そのシステムが何であるかを定義するものであり，その後のアーキテクチャ設計，インテグレーション，検証を行う際の基礎になるものである．設計や製作が進んだ段階で，要求分析の不備が発見されるなどにより，要求が変更された場合は，大きな費用増加につながる．要求分析の結果は，ステークホルダの要求定義からどのように導出されたのか追跡可能（トレーサビリティ）であること，また，ステークホルダの要求定義と不整合がないことが必要である．

(3) アーキテクチャ設計

アーキテクチャ設計の目的は，要求を満足するシステム，製品，サービスを設計することである．アーキテクチャとは，システムを構成する要素間の機能分担と関係（インタフェース）である．要求を満足するシステム，製品，サービスを実現する際には，これらは通常複数の要素に分割される．その構成要素の定義を行い，要素間の関係を定義したものがアーキテクチャである．この後に，アーキテクチャ設計に従い要素の製作が行われ，インテグレーション（結合）が実施される．

(4) 製作

製作とは，システムや製品，サービスを構成する要素を製作することである．実現のための技術を選択し，要素を製作する．機械，電気電子回路などのハードウェアを製作する場合もあるし，ソフトウェアを作成する場合やサービスを開発する場合もある．

製作のアウトプットは，システムの要素や設計文書，仕様を満足していることの試験，検証

の結果などである．

(5) インテグレーション

インテグレーションの目的は，アーキテクチャ設計に従ったシステムを実現するため，要素をインテグレーション（統合）し，システム全体を作り上げることである．この場合のシステムには，サービスや運用のための人材も含まれる．また，周辺のシステムとのインタフェースも含まれる．

(6) 検証

検証とは，システムが設計要求を満足していることを確認することである．検証の方法には，デザインレビュー，検証ツールの使用，シミュレーションでの分析，実際に動作させての確認，決められた条件や試験装置を用いての試験等がある．

(7) 移行

移行は，実際の運用条件で，ステークホルダの要求のサービスを提供できる状況を作り上げることである．移行の際は，検証済みのシステムに加えて，オペレータのトレーニングなども必要になる．

(8) 妥当性確認

妥当性確認とは，運用の環境下で，意図されていた使い方でステークホルダの要求を満足していることを確認することである．通常は，エンドユーザやその他ステークホルダが妥当性検証の活動に参画する．

(9) 運用

運用とは，システムを使ってサービスを提供することである．

(10) 保守

保守とは，システムがサービスを提供する能力を維持することである．安全のための点検，整備をしたり，部品を交換したり，ソフトウェアの更新をしたりする．

(11) 処分

処分とは，システムを処分することである．システムを解体し，資源のリサイクル，リユースなどを行い，地球環境に対し負荷が少ない方法で処分する．処分の際は，法規制や各種ガイドラインに従って実施する必要がある．

開発の時点で処分の方法を検討しておく必要がある．処分しやすい，リサイクルしやすいシステムや，処分の時点で地球環境に対する負荷が少ないシステムを実現するには，要求分析，設計の段階で十分な検討をしておくことが必須である．

コラム　検証と妥当性確認

システムの構成要素は，個別の試験を終えた後に統合される．統合されたシステムは，設計どおりにできているかどうかのシステム検証が行われる．次いで，システムが顧客などステークホルダの要求に合っているかどうかの妥当性確認が行われる．

ここで，検証 (verification) と妥当性確認 (validation) の違いを確認しておこう．

検証とは，正しくシステムを作っているか (Are we building the system right?)

を確認することである．つまり，前段で決めたとおりできあがっているか．（要求どおり設計したか，設計どおり実装したか等）を確認することである．

これに対し，妥当性確認とは，正しいシステムを作っているか (Are we building the right system?) を確認することである．つまり，顧客，利害関係者の要求に合ったシステムを作っているかを最終的に確認することである．

妥当性確認が終了したシステムは，運用に移される．運用の途中で必要に応じて，システムの維持や改善のための保守が実施され，不要になった段階で廃棄される．

14.3 要求分析

システム開発でのテクニカルなプロセスは，一般に図 14.2 に示した V 字プロセスとして表すことができる．V 字の左上から下に向けて計画，設計が行われ，最下部で要素の製作が実施される．次いで反転し，右上に向かって統合，試験検証が行われ運用に進む．下に向けての分割，上に向けての統合をシステムの V 字モデルとして表している．

まず，社会的要求や企業の戦略，技術シーズの発展などを元に，システム開発に関するコンセプト（概念）が創り上げられ，目標が定められる．次に，コンセプトを実現するための要求定義を行う．IEEE では，要求定義を「曖昧さがなく，テストあるいは計測が可能で，製品やプロセスを顧客あるいは内部の品質管理部門が受領に必要である，製品やプロセスの運用面，機能面，設計特性，制約を規定した文書」(IEEE1220) [3] と規定している．要求定義を行う場合は，システムの顧客や利用者などの利害関係者（ステークホルダ）を明確にし，その要求の分析を行うことが不可欠である．

良い要求とは，第一に，明確であり，必要十分な内容であることである．つまり，システムの実現，保守，検証にかかわる必要十分要求が明確に記載されていること．次に，実現方法を規定していないことが重要である．要求プロセスでは，設計や製作の方法や技術などの実現方法を規定しない．要求が設計に制約を与えると，適切な設計が実施できない場合がある．実現方法の検討は設計段階で実施する．また，複数の要求が記載される場合は，要求相互間で矛盾がないことが必要である．

図 14.3 に，アーキテクチャ設計のインプット，アクティビティ，アウトプットとして図示

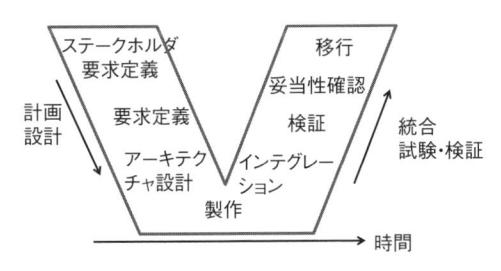

図 14.2 システムの V 字プロセス [2]

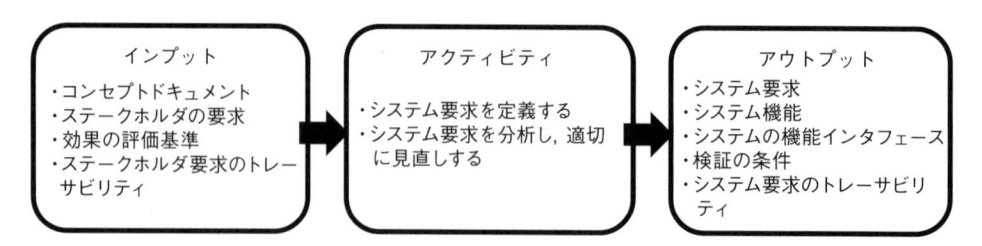

```
┌─────────────────────┐     ┌─────────────────────┐     ┌─────────────────────┐
│      インプット      │     │    アクティビティ    │     │     アウトプット     │
│・コンセプトドキュメント│ ──▶ │・システム要求を定義する│ ──▶ │・システム要求         │
│・ステークホルダの要求  │     │・システム要求を分析し，│     │・システム機能         │
│・効果の評価基準       │     │  適切に見直しする    │     │・システムの機能インタフェース│
│・ステークホルダ要求の  │     │                     │     │・検証の条件           │
│  トレーサビリティ     │     │                     │     │・システム要求のトレーサビリティ│
└─────────────────────┘     └─────────────────────┘     └─────────────────────┘
```

図 14.3 要求分析プロセスのインプット，アクティビティ，アウトプット（[1] を参考に作成）

した．

一般に要求と設計の違いは「What」と「How」の違いであるといわれる．要求は何が求められているかを示したものであり，設計とはそれをどのように実現するかである．

次のアーキテクチャ設計では，システムが実現する機能と実現手段を定め，その間のインタフェースと構成要素間の構造を定める．詳細設計では，例えば，機械や電気装置，ソフトウェア等の各構成要素の設計を実施する．実装では，機械を製作したり，電気回路を製作したり，ソフトウェアを作成したりすることになる．

コラム　トレーサビリティ（Traceability，追跡可能性）

　製造段階のトレーサビリティとは，構成するすべてのシステム，機器，部品材料の，設計，部品メーカ，製造ロット，検査記録，試験記録等の履歴が追跡できるようにすることである．これらの情報は部品メーカ側とセットメーカ側の双方で関連付け，管理される．不具合を起こした場合には，是正処置を迅速，確実に実行することができる．

　一方，開発段階のトレーサビリティとは，ステークホルダ要求定義から，要求分析，システムアーキテクチャ設計，最終的には，要求に合致したプロダクトを製造し，運用するまでの過程を追跡し明らかにできるよう管理することである．

　設計時には，ステークホルダの要求と設計結果（システム設計，アーキテクチャ設計）にずれが生じないよう，トレーサビリティ・マトリクスを作成する．トレーサビリティ・マトリクスとは，要求を行項目に，設計仕様を列項目として記述し，相互の対応を示した表である．品質機能展開 (QFD: Quality Function Deployment) もトレーサビリティマトリクスとして使用できる．

14.4　アーキテクチャ設計

システムは構成要素の有機的な結合である．システムの特徴は，構成要素がどのように相互接続しているかにある．これがシステムの構造であり，システムアーキテクチャと呼ばれる．

システムの設計の際には，このシステムの構造（アーキテクチャ）の設計が極めて重要である．システムのアーキテクチャの良否により，システムの信頼性，コスト，拡張の容易さなど，

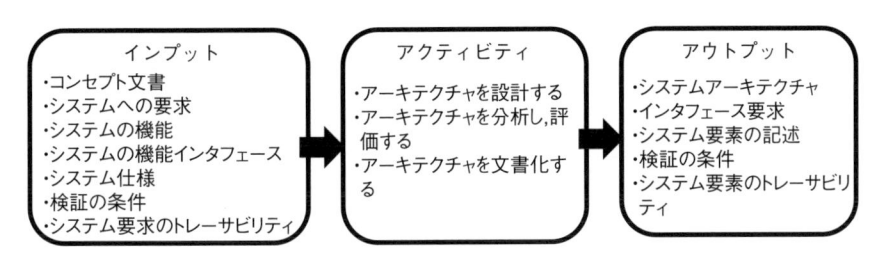

インプット	アクティビティ	アウトプット
・コンセプト文書 ・システムへの要求 ・システムの機能 ・システムの機能インタフェース ・システム仕様 ・検証の条件 ・システム要求のトレーサビリティ	・アーキテクチャを設計する ・アーキテクチャを分析し，評価する ・アーキテクチャを文書化する	・システムアーキテクチャ ・インタフェース要求 ・システム要素の記述 ・検証の条件 ・システム要素のトレーサビリティ

図 14.4 アーキテクチャ設計のインプット，アクティビティ，アウトプット（[1] を参考に作成）

多くのシステムの特徴が決定される．

アーキテクチャの定義を示しておこう．米国電気電子学会 (IEEE) では，アーキテクチャを，「構成要素の構造，構成要素間の関係，構成要素の設計や進化を決める原理や指針」(IEEE STD 610.12) と定義している．

この定義でも示されているように，アーキテクチャは構成要素間のインタフェースと構成要素を組み上げた構造という意味の他に，設計や進化を決める原理や指針との位置づけがある．複数の技術者がシステムを設計し，さらにシステムを拡張していく際には，このシステムアーキテクチャを共通の指針として設計を進めることで，構成要素間のスムーズな相互接続やシステムの発展が達成できる．機器や部品ごとの細かい設計をする前に，アーキテクチャを設計することがとても大切である．

図 14.4 に，アーキテクチャ設計のインプット，アクティビティ，アウトプットを示した．

アーキテクチャ設計の結果が，システムや製品，サービスの性能，コスト，拡張性，開発期間などに影響を及ぼす．アーキテクチャ設計の際は，複数の代替案を作成し，代替案を分析し，どの案が優れているか比較評価し，選択することが必要である．比較評価の際には，適切な評価基準を決めて，その重み付けを決める必要がある．評価基準は，要求の満足度，資源制約への対応，他のシステムとの相互接続性，コスト，地球環境に対する影響などがある．

システムは，機械，電気電子回路などのハードウェア，ソフトウェア，データ，人，プロセスなどのシステム構成要素からなる．何をシステムと見るかは視点によって異なる．例えば，通信システムを運営し携帯電話通信サービスを提供している事業者からみると，運営している通信システムや課金システム，顧客管理のシステムがシステムであると考える．携帯電話端末や基地局はシステムの要素である．一方，携帯電話端末を開発製造している通信機器メーカにとっては携帯電話がシステムであり，このなかに機械部品や半導体が搭載された電子回路基板，液晶パネル，カメラモジュール，組込みソフトウェアなどがあり，これらは通信機器メーカにとってはシステム部品である．一方，携帯電話に搭載されている大規模 LSI はシステム LSI と呼ばれており，半導体メーカにとってはシステムであり，多様な機能，技術が集積された大規模なシステムとみなされる．

以上のように，システムとは視点であり，だれかの視点で見るかによって，システムになったり，システム要素となったりする．下記のようにシステムは多段の階層から構成されており，多くの人々の共同作業により作られ，運営される（図 14.5）．

組込みシステムの階層構成は，下記のようになる．現代の組込みシステムは複数の組込みサブ

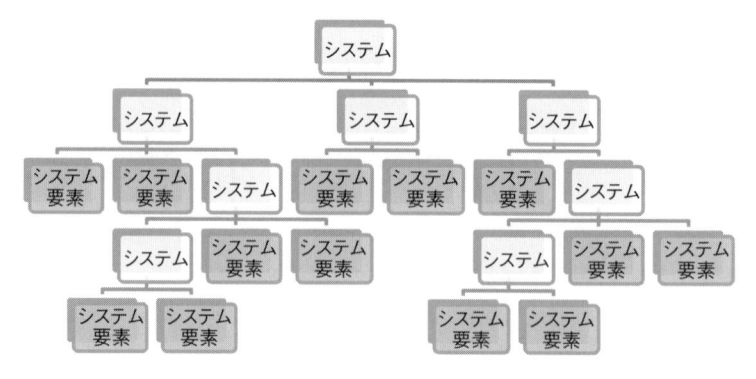

図 14.5　システムの階層構成 [2]

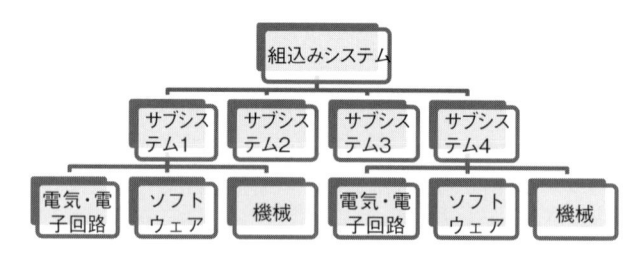

図 14.6　組込みシステムの階層構成 [6]

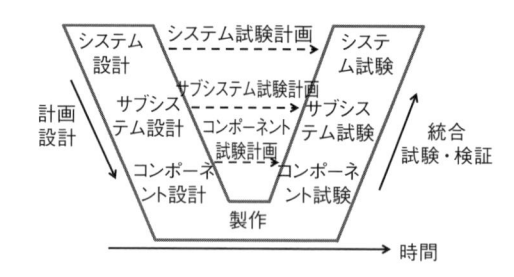

図 14.7　階層的なシステムの V 字プロセス（設計，製作，試験の段階を拡大）[2]

システムがネットワークで接続された形態が一般的である．自動車では 100 個の ECU がネットワークで相互接続され，ホームエネルギー・マネジメントシステムでは，多様な組込みシステムが相互に接続されている．それぞれの組込みサブシステムは，電気・電子回路，ソフトウェア，機械などで構成されている（図 14.6）．

　大規模なシステムの多くは階層的なシステム構造（アーキテクチャ）を取ることが多い．大規模なシステムでは，全体システムを複数のサブシステムに分解し，サブシステムは複数の機器から構成されるように設計することが多い．このような階層システムの場合は，開発のプロセスも階層的になる．下記に設計，製造，試験部分を拡大した V 字プロセスを示した（図 14.7）．

　複数のサブシステムで構成する場合に，よく選択されるシステムアーキテクチャは下記のようなものである（図 14.8）．

(1) 分散システムと集中システム

・集中システムは，1 つのサブシステムに機能が集中しており，残りのサブシステムがそれに

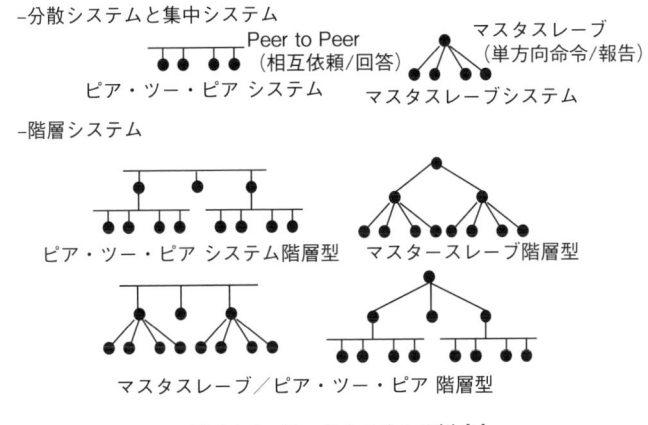

図 14.8 アーキテクチャの例 [2]

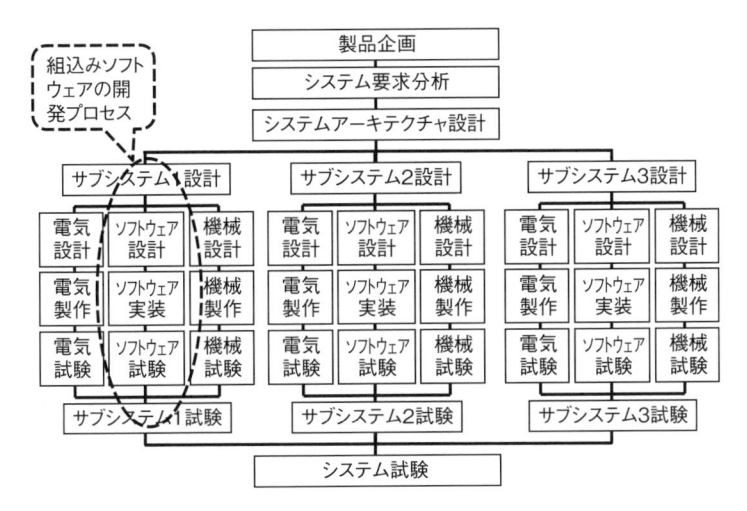

図 14.9 組込みシステムの開発プロセス例

従属している形態である．
・分散システムは，機能が複数のサブシステムに分散しており，サブシステム間が平等な位置づけで連携する形態である．

(2) 階層システム
・システムの複雑さを解決する手段としてシステムを階層化することが多い．大きなシステムを複数のサブシステムに分割し，それぞれの役割とインタフェースを定義する．大きなシステムの場合は，階層を複数設ける．各階層内のサブシステム間の関係は，先に述べた分散システムや集中システムとして設計される．

　このように組込みシステムの階層を前提にすると，組込みシステムの開発プロセスは，図 14.9 のようになる．また，ソフトウェアの部分については，ソフトウェア開発プロセスが図 14.10 に示すように IPA [7] から提案されている．これは，図 14.9 のサブシステム中のソフトウェアの開発プロセスと位置づけることができる．

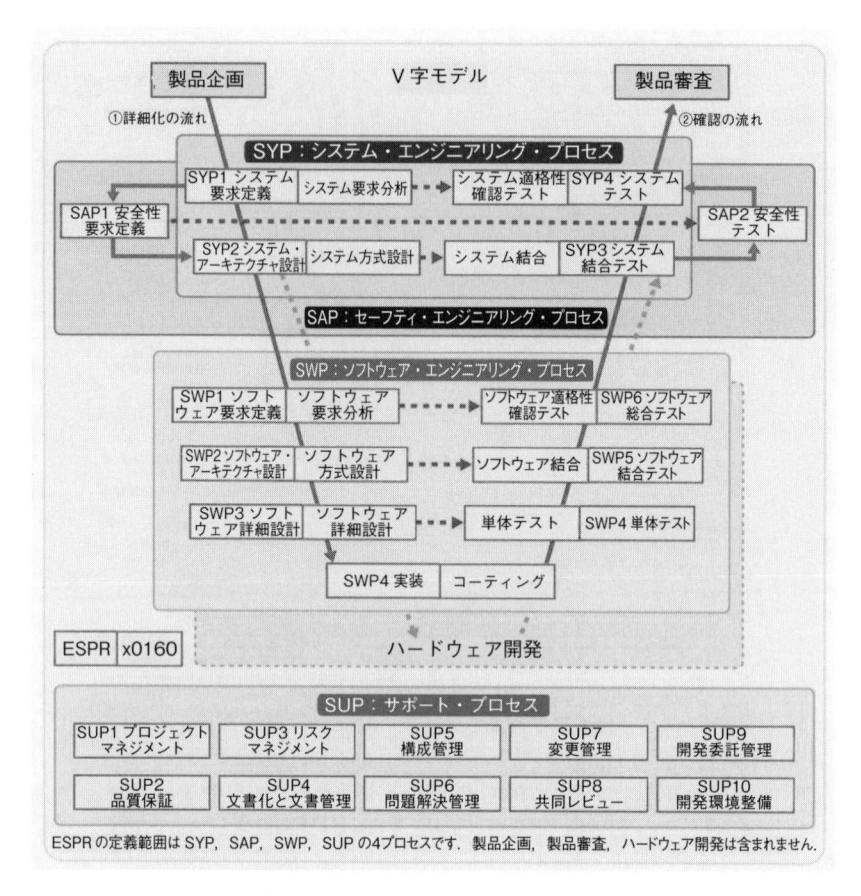

図 14.10　組込みソフトウェアの開発プロセス（[7] より引用）

14.5　システムのモデリング

　システム開発のなかでソフトウェアの比重が増大するにつれ，数々の問題が発生してきた．機械，電気と比較しソフトウェアの仕様は見えにくく，設計の進捗も把握しにくい．これに対応し，ソフトウェア開発の分野では，ソフトウェア工学の研究と普及が進んできており，ソフトウェアの仕様を UML (Unified Modeling Language) などの図的方法を用いて，ソフトウェアの静的構造や振る舞いを設計上流で記述し，設計の初期段階で検証を行い，ソフトウェアの品質を向上し，開発コストを削減する工夫がされている．

　しかしながら，UML による設計法は，ソフトウェア設計に特化したものであり，また，連続系の制御仕様が記述できないため，機械や電気仕様など組込みシステム全体を表現することができない．そのため，機械技術者が制御仕様をソフトウェア技術者に示す場合には，UML が使われることは少なく，一般的な文章やこれを補助するブロック図や表などが使用されてきた．つまり，多分野の技術者が開発に参加するが，共通の仕様記述手段はなく，仕様書は文書ベースである．また，これが原因となり，仕様の漏れ・重複，仕様誤解，設計の手戻りも発生している．

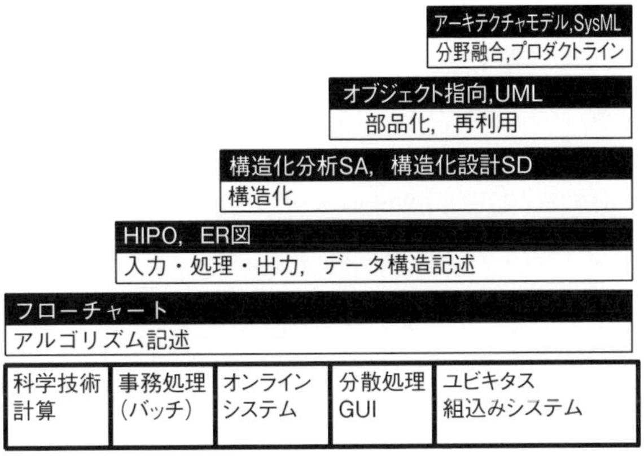

図 14.11 のモデリング技法の発展を示す階層図:

アーキテクチャモデル, SysML	分野融合, プロダクトライン
オブジェクト指向, UML	部品化, 再利用
構造化分析 SA, 構造化設計 SD	構造化
HIPO, ER 図	入力・処理・出力, データ構造記述
フローチャート	アルゴリズム記述

科学技術計算	事務処理（バッチ）	オンラインシステム	分散処理 GUI	ユビキタス組込みシステム

図 14.11 モデリング技法の発展 [10]

(1) 多分野技術者間の仕様理解

品質が高い組込みシステムを，低コスト，短納期で設計するには，機械，電気，ソフトウェア技術者の共通理解を促進する仕様化手段・モデリング手段が必要である．また，システムの構造（アーキテクチャ）を中長期的視野で設計する仕組みが必要である．以下では，分野を横断した設計技術であるシステムズエンジニアリングと組込みシステムの関連を示し，モデルベース・システムズエンジニアリングを例に，機械・電気・ソフトウェアの共通記述手段としての SysML (Systems Modeling Language) [8,9] について述べる．

ソフトウェア開発では，仕様を UML などの図的方法を用いて，ソフトウェアの静的構造や振る舞いを設計上流で記述し，設計の初期段階で検証を行い，ソフトウェアの品質を向上し，開発コストを削減する工夫がされている．

コンピュータが主に科学技術計算に使われている際には，アルゴリズムの記述が目的であり，仕様の記述はフローチャートが使用された．その後，事務処理，オンラインシステム，分散処理と処理方法が拡張・発展するにつれ，新しいモデリング手法（仕様記述の方法）が追加されてきた．先に述べた UML はソフトウェアの部品化，再利用の要求に応えるオブジェクト指向のモデリング手法として情報処理システムで広く使われている．

現在，家電機器，自動車を始め，ありとあらゆる機械システムは組込みシステムとして実現されており，仕様記述の手段は，機械，電気，ソフトウェアを統合し，その構造を記述できるものである必要がある．この位置に以下で示す SysML がある．

(2) 機械，電気，ソフトウェアの統合モデリングと SysML

機械，電気，ソフトウェアの統合的モデリング言語としての SysML について述べる．SysML は，システム工学に関する国際団体である INCOSE (International Council on Systems Engineering) と OMG (Object Management Group) の共同作業により作成され，OMG により 2006 年に採択されている．

SysML は，UML2.0 のサブセットを拡張したものである．新規に追加された図として仕様の要求を階層的に示す要求図と構成要素の制約条件式（例えば，動力学の運動方程式や熱力学の条件式）を示すことができるパラメトリック図がある．

以下，INCOSEから提供されている資料 [1] を基に，SysMLの図法の概要を示す．図14.12 は，SysMLがシステムを記述する際の4つの視点である構造図，振る舞い図，要求図，パラメトリック図を示している．この4つの視点は，(1) システムの構成構造，(2) システムの動作・振る舞い，(3) システムへの要求事項，(4) システムの制約条件式を表現し，仕様を明確に記述することを支援する．

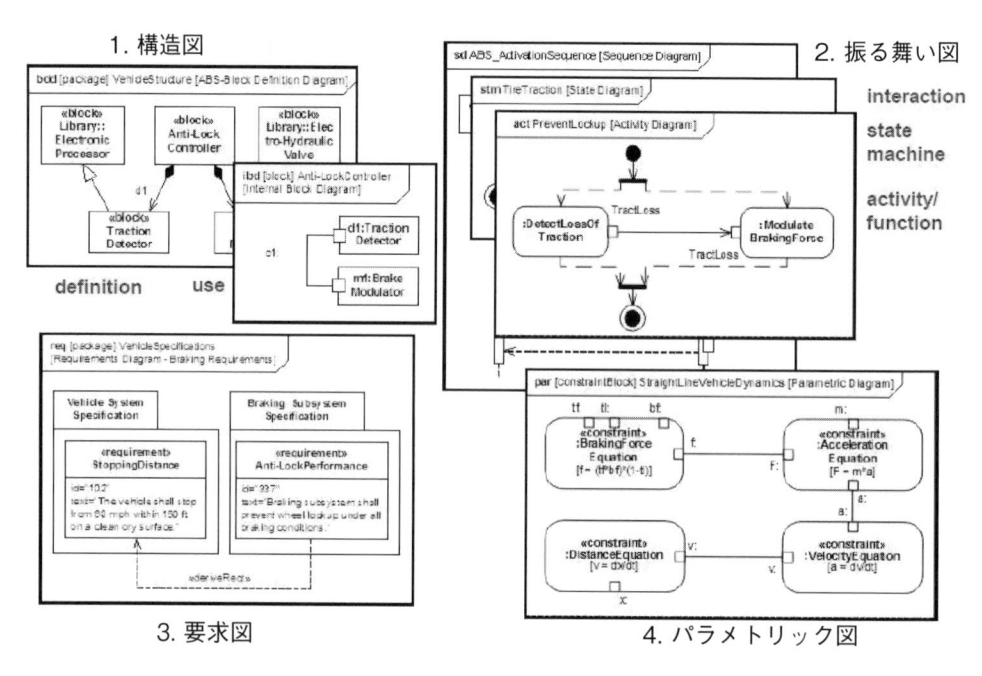

図 14.12　SysML　OMGシステムモデリング言語の4つのビュー [11]

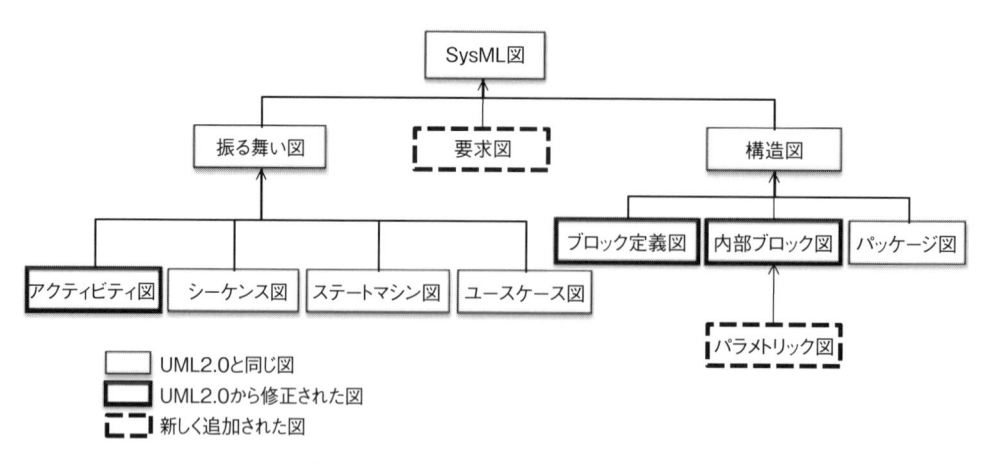

図 14.13　Systems Modeling Language

次いで，飛行船自律航行システム（図14.14）を例に，それぞれの図について概要を紹介する．

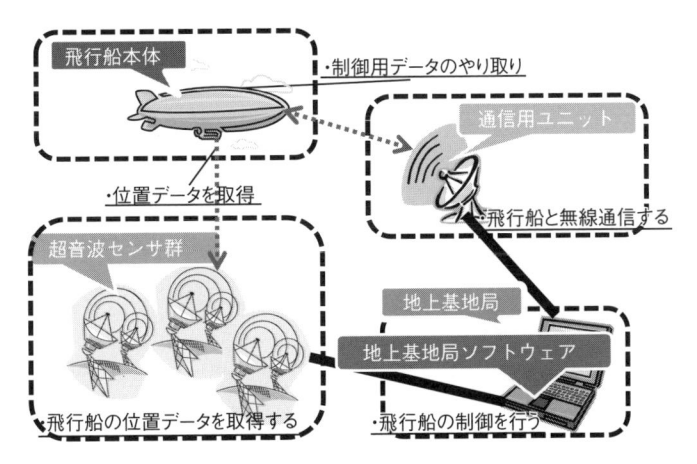

図 14.14 飛行船自律航行システム

(3) 要求図

下記の図は，飛行船自律航行の要求図を示している．

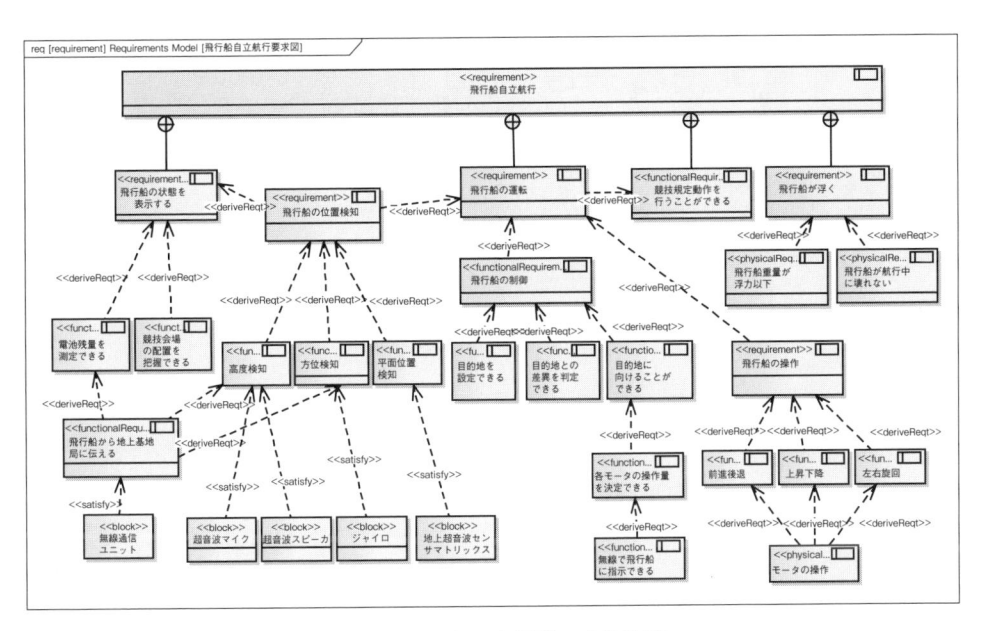

図 14.15 要求図（飛行船の自律航行）

(4) 構造図

図14.16は，飛行船自律航行システムのブロック定義図である．この図では，自動航行システムは飛行船，地上超音波マトリクス，地上局より構成されていること，飛行船の超音波スピーカが送信する超音波が地面で反射して飛行船の超音波マイクで受信されると同時に，地上超音波マトリクスで受信されること，そして，飛行船と地上局は無線通信ユニットで通信していることが示されている．

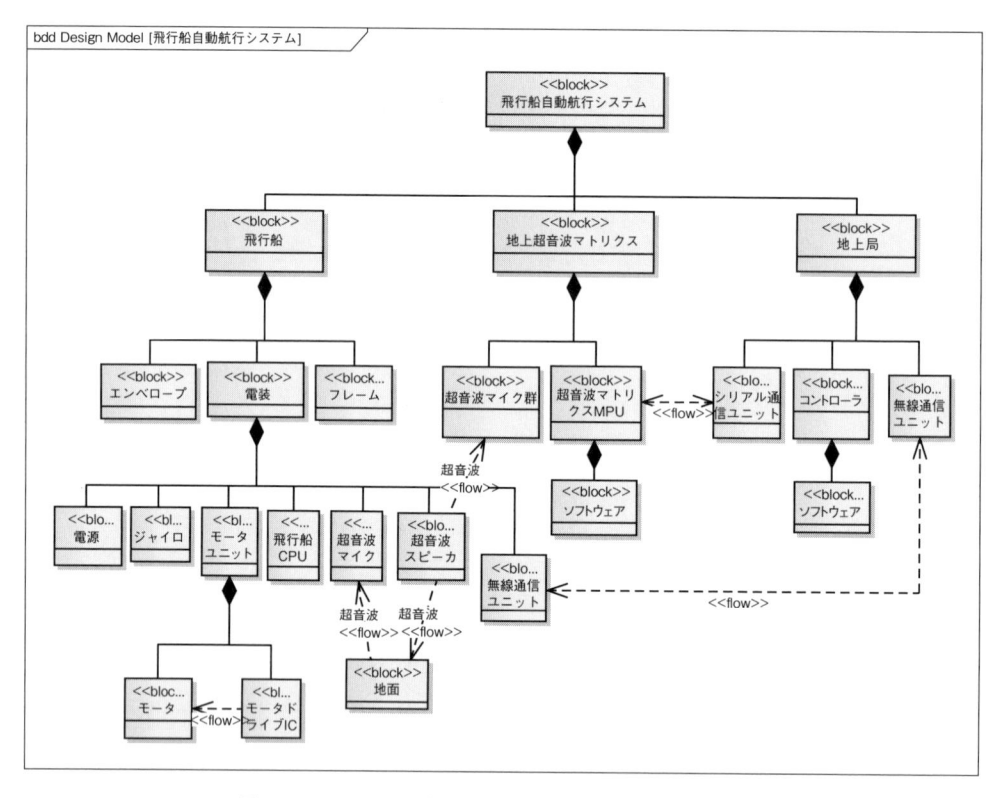

図 14.16 ブロック定義図の例（飛行船自動航行システム）

(5) パラメトリック図

図 14.17 は，システムの制約条件を記載するパラメトリック図である．この図では，飛行船が浮くための制約条件と，飛行の運動方程式が示されている．

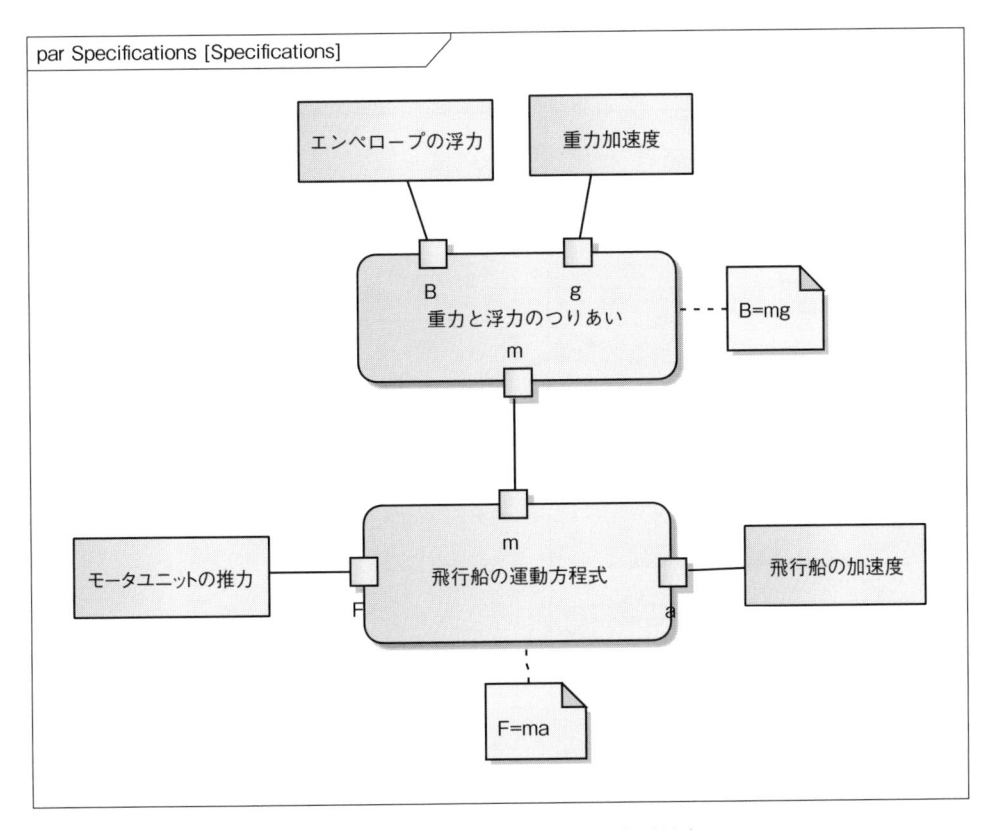

図 14.17　パラメトリック図の例（飛行船）

(6) 振る舞い図

図 14.18 にアクティビティ図を示した．この図は，飛行船と地上局，オペレータから構成されたシステムであり，オペレータが初期設定した後は，地上局からの遠隔制御で飛行船は動作し，ゴールを目指す．

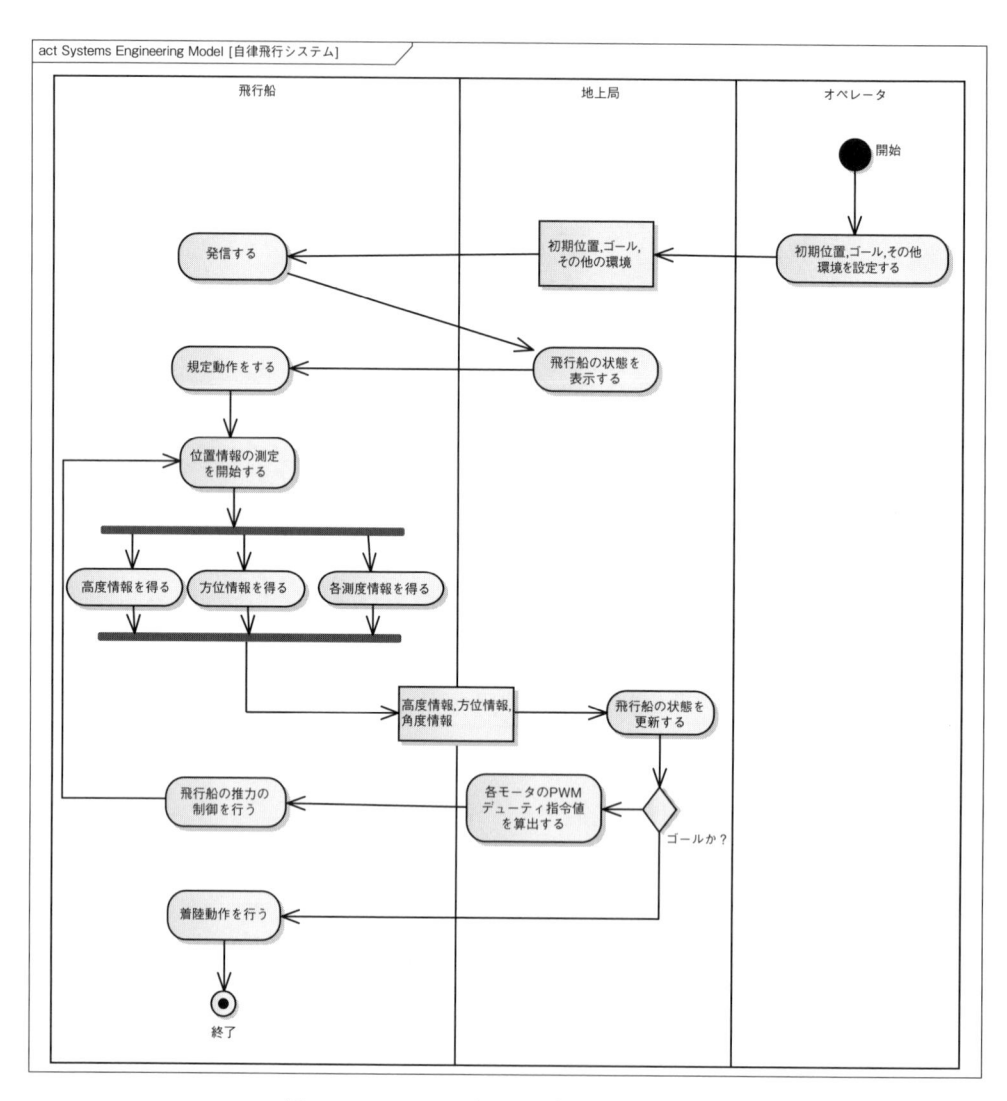

図 14.18 アクティビティ図（飛行船の自律航行）

14.6 統合エンジニアリング環境

図 14.19 は，統合エンジニアリング環境とその中での SysML の位置づけについて記載されている．SysML はシステム仕様を記述するモデリング言語であるが，その下位には，ソフトウェアのモデリング言語である UML やハードウェアのモデリング言語である VHDL，CAD などが存在する．またその上位には，システム全体をモデル化するためのフレームワーク（アーキテクチャフレームワーク）があり，これらエンジニアリング活動を運営するためのプロジェクトマネジメントがある．

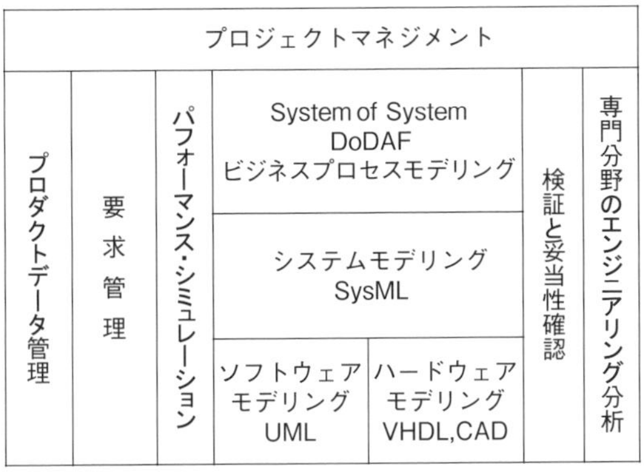

注：CAD: Computer Aided Design, DoDAF: Department of Defense Architecture Framework, SysML: Systems Modeling Language, UML: Unified Modeling Language, VHDL: VHSIC (Very High Speed Integrated Circuits) Hardware Description Language

図 14.19 統合エンジニアリング環境 [6]

演習問題

設問 1　システムのライフサイクル・プロセスを構成する 4 つのプロセスは何かを示し，それぞれを簡潔に説明せよ．

設問 2　テクニカル・プロセスを構成するプロセスは何か．概要を説明せよ．

設問 3　検証と妥当性確認は何が異なるか，説明せよ．

設問 4　アーキテクチャ設計とは何か．また，あなたの専門分野では，何がアーキテクチャ設計として位置づけられているか説明せよ．

設問 5　機械，電気，ソフトウェアの統合的モデリング言語とは何か．また，その言語を構成する図法を示し，説明せよ．

参考文献

[1] INCOSE: "INCOSE-TP-2003-002-03.2, Systems Engineering Handbook version 3.2," International Council on Systems Engineering (INCOSE), (2010)

[2] 井上雅裕，陳新開，長谷川浩志：システム工学 ――問題発見・解決の方法――，オーム社 (2011)

[3] IEEE 1220-2005 IEEE Standard for Application and Management of the Systems Engineering Process, Institute of Electrical and Electronics Engineers, Sep. (2005)

[4] ISO/IEC 15288:2002, Systems engineering – System life cycle processes (2002)

[5] ISO/IEC 15288:2008, Systems and software engineering – System life cycle processes (2008)

[6] 井上雅裕：組込みシステムにおけるシステムズエンジニアリング・マネジメント教育，電気学会論文誌 C，Vol. 130，No. 8，pp.1387-1394, Aug. (2010)

[7] IPA/SEC，改訂版 組込みソフトウェア向け開発プロセスガイド ESPR Ver.2.0 (2007)

[8] OMG, "Systems Modeling Language (SysML), V1.0," OMG. (2007)

[9] 長瀬嘉秀，中佐藤麻紀子：SysML による組込みシステムモデリング，技術評論社 (2011)

[10] 井上雅裕，木野泰伸，濱久人，友田大輔，河合一夫：組込み開発マネジメントの特徴的課題と解決への展望，プロジェクトマネジメント学会誌，Vol.14，No.5, Dec. (2012)

[11] Sanford Friedenthal, Alan Moore, Rick Steiner: OMG Systems Modeling Language (OMG SysM^{TM}) Tutorial, INCOSE2007 (2007)

第15章
プロジェクトマネジメント

◻ 学習のポイント

　プロジェクトとは，期限が定められた固有の目的を持つ活動である．プロジェクトマネジメントとは，このプロジェクトのスコープ（やると決めたこと，範囲），スケジュール，コストの制約条件の下で，要求を満たし，要求以上の成果をあげるためプロジェクトを計画し，実行し，コントロールすることである．
　組込みシステムの開発は，プロジェクトそのものであり，組込みシステムの開発には，プロジェクトマネジメントが必須になる．
　組込みシステムの開発プロジェクトは，多様な技術が関連し，複数製品が関連を持ったシリーズになるなどの特徴があり，その特徴を踏まえてのプロジェクトマネジメントが必要になる．

- プロジェクトとオペレーションの定義，違いを理解する．
- プロジェクトマネジメントの3要素であるスコープ，タイム，コストを理解する．
- プロジェクトマネジメントの知識体系の概要を理解する．
- 組込みシステムのプロジェクトマネジメントの特徴を理解する．
- 組込みシステムの開発プロセスとマネジメントの基礎を理解する．
- 組込みシステムのプロジェクトマネジャーに必要とされる能力を理解する．

◻ キーワード

　プロジェクト，有期性，オペレーション，ステークホルダ，スコープ，タイム，コスト，知識体系，PMBOK，立上げ，計画，実行，監視コントロール，終結，プロジェクト・スコープ・マネジメント，Work Breakdown Structure，WBS，ワーク・パッケージ，要素成果物分解，プロジェクト・タイム・マネジメント，プロジェクト・コスト・マネジメント，プロジェクト品質マネジメント，プロジェクト・リスク・マネジメント，コンピテンシー，プロダクトライン

15.1　プロジェクトマネジメントの基礎

　組織の活動は，オペレーションとプロジェクトから構成されている．オペレーションは，継続的で繰り返しがある活動であり，プロジェクトは，期間があり，独自の目的を持った活動である．組込みシステムを例にあげると，新たに電車を開発するのはプロジェクトであり，開発した電車を運行するのはオペレーションになる．
　プロジェクトには，多様なステークホルダ（利害関係者）が存在している．また，さまざま

- 独自な目的・・・製品を開発する，組込みソフトを作る
- 有期性・・・期限がある，納期がある
- さまざまなリソースの制約・・・人，金，物，時間
- ステークホルダ（利害関係者）
- 不確実性
  ・・・何が起こるかわからない
- 制約3条件
  - スコープ（やると決めたこと，範囲）
  - タイム
  - コストのトレードオフ

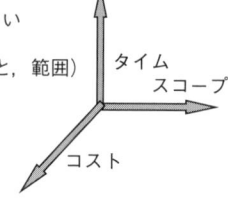

図 15.1　プロジェクトとは

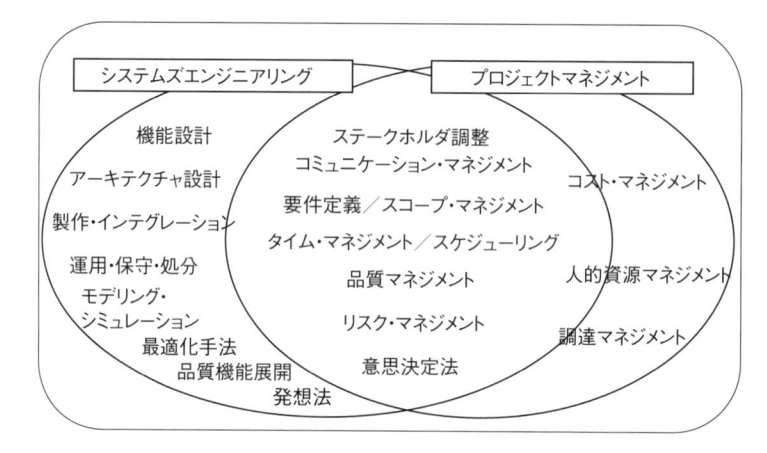

図 15.2　システムズエンジニアリングとプロジェクトマネジメントの関係 [1,2]

なリソース（人，金，物，時間）の制約がある．また，プロジェクトは独自な成果物を得ることが目的であるため，不確実な面があり，リスクが存在する．

プロジェクトには，スコープ（やると決めたこと，範囲），スケジュール，コストの制約がある．これらは，それぞれに関連し合い，場合によっては同時に満足できない場合もあり，バランスをとる必要がある．また，複数のステークホルダが存在すれば，各ステークホルダの期待する項目が異なり，優先度も異なる．このような状況の下で，プロジェクトに対する要求事項を満たし，それ以上の成果をあげるために最適な知識，技術，道具，技法を選択し，プロジェクトを計画し，実行し，コントロールするのがプロジェクトマネジメントである．

15.1.1　システムズエンジニアリングとプロジェクトマネジメント

システムズエンジニアリングとプロジェクトマネジメントの包含関係を図15.2に示した．システムズエンジニアリングとプロジェクトマネジメントは，QCD（品質，費用，時期と量）の達成を目的として，学際的アプローチをすることに関して共通である．図で示したように，要件を定義する部分やスケジューリング，品質マネジメント，リスク・マネジメントは共通項といえる．しかし，それぞれに固有の領域も多い．システムズエンジニアリングは，システムの中身を構築するための技術体系であり，設計，モデリング，最適化はその固有領域である．一

方，プロジェクトマネジメントは，プロジェクトを成功裏に運営するための体系である．

15.1.2 プロジェクトマネジメント知識体系

プロジェクトマネジメント協会 (PMI, Project Management Institute) は世界最大のプロジェクトマネジメントの協会であり，プロジェクトマネジメント標準を策定している．ここでは，プロジェクトマネジメント知識体系ガイド（PMBOKガイド）[3] に基づいてプロジェクトマネジメントの概要を示した後，システム開発でよく用いられるプロジェクトマネジメントの知識と技法に関し説明する．

PMBOKガイドでは，マネジメントのPDCA (Plan, Do, Check, Act) サイクルに合わせプロジェクトマネジメントのプロセスを，立上げプロセス群，計画プロセス群，実行プロセス群，監視コントロール・プロセス群，終結プロセス群で構成している（図15.3）．

立上げプロセスでは，プロジェクトの定義を行い，プロジェクトを開始する許可を与える．計画プロセス群では，プロジェクトの目標，スコープを決め，計画を立案する．実行プロセス群では，計画書を実行する．監視コントロール・プロセス群では，進捗を監視，測定し，プロジェクトの目標を達成するために是正措置を行う．終結プロセス群では，成果物を受け入れてプロジェクトを公式に終了させる．

PMBOKガイドでは，プロジェクトマネジメントの知識を，プロジェクト統合マネジメント，プロジェクト・スコープ・マネジメント，プロジェクト・タイム・マネジメント，プロジェクト品質マネジメント，プロジェクト人的資源マネジメント，プロジェクト・コミュニケーション・マネジメント，プロジェクト・リスク・マネジメント，プロジェクト調達マネジメント，プロジェクト・ステークホルダ・マネジメントの10の知識エリアに分けている．表15.1に先に述べたプロジェクトのプロセスと知識エリアの対応を示した．以降では，主要な知識エリアに関して概要を説明する．

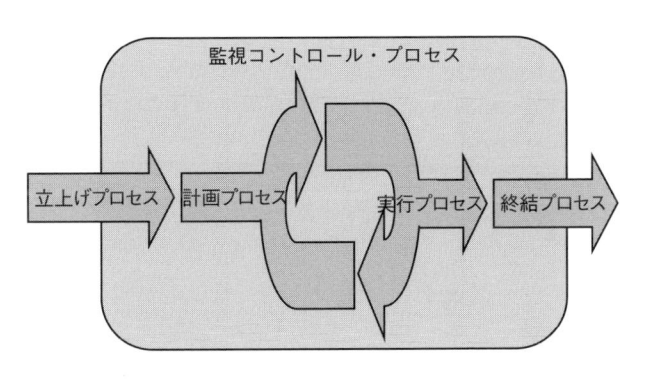

図 15.3 計画—実行—確認—処置 (PDCA) サイクルにマッピングしたプロジェクトマネジメント・プロセス群（[3] を元に作成）

表 15.1 プロジェクトのプロセスと知識エリアの対応（[3]を元に作成）

	立上げプロセス群	計画プロセス群	実行プロセス群	監視・コントロール・プロセス群	終結プロセス群
4. プロジェクト統合マネジメント	4.1 プロジェクト憲章作成	4.2 プロジェクトマネジメント計画書作成	4.3 プロジェクト実行の指揮・マネジメント	4.4 プロジェクト作業の監視・コントロール 4.5 統合変更管理	4.6 プロジェクトやフェーズの終結
5. プロジェクト・スコープ・マネジメント		5.1 スコープ計画 5.2 要求事項定義 5.3 スコープ定義 5.4 WEB作成		5.4 スコープ検証 5.5 スコープ・コントロール	
6. プロジェクト・タイム・マネジメント		6.1 スケジュール計画 6.2 アクティビティ定義 6.3 アクティビティ順序設定 6.4 アクティビティ資源要設定 6.5 アクティビティ所要時間見積 6.6 スケジュール作成		6.7 スケジュール・コントロール	
7. プロジェクト・コスト・マネジメント		7.1 コスト計画 7.2 コスト見積り 7.3 予算設定		7.4 コスト・コントロール	
8. プロジェクト品質マネジメント		8.1 品質計画	8.2 品質保証	8.3 品質管理	
9. プロジェクト人的資源マネジメント		9.1 人的資源計画	9.2 プロジェクト・チーム編成 9.3 プロジェクト・チーム育成 9.4 プロジェクト・チームのマネジメント		
10. プロジェクト・コミュニケーション・マネジメント		10.1 コミュニケーション計画	10.2 情報配布	10.3 実績報告	
11. プロジェクト・リスク・マネジメント		11.1 リスク・マネジメント計画 11.2 リスク特定 11.3 定性的リスク分析 11.4 定量的リスク分析 11.5 リスク対応計画		11.6 リスクの監視・コントロール	
12. プロジェクト調達マネジメント		12.1 調達計画	12.2 調達実行	12.3 調達管理	12.4 調達終結
13. プロジェクトステークホルダ・マネジメント	13.1 ステークホルダ特定	13.2 ステークホルダ計画	13.3 ステークホルダ関与のマネジメント	13.4 ステークホルダ関与のコントロール	

(1) プロジェクト・スコープ・マネジメントとワーク・ブレークダウン・ストラクチャ

スコープ・マネジメントは，プロジェクトに何が含まれ，何が含まれないか明確にし，それをコントロールすることである．ここで，スコープには，成果物のスコープ（組込みシステム自体等）とプロジェクトスコープ（プロジェクト作業等）の2つがある．

スコープ・マネジメントのプロセスは，スコープ計画，要求事項収集，スコープ定義，WBS作成，スコープ検証，スコープコントロールの6つのプロセスから構成される．スコープ計画では，スコープマネジメントの計画を作成する．要求事項収集プロセスでは，プロジェクト目標を達成するためにステークホルダのニーズを定義し，文書化する．スコープ定義のプロセスでは，プロジェクトおよび成果物に関する詳細な記述書を作成する．WBS作成プロセスでは，プロジェクトの要素成果物およびプロジェクトの作業を，より細かくマネジメントしやすい構成要素に分解する．スコープ検証のプロセスでは，完成したプロジェクトの要素成果物を公式に受け入れる．スコープコントロールのプロセスでは，プロジェクト・スコープと成果物のスコープの状況を監視し，スコープの当初計画に対する変更をマネジメントする．

ここで，スコープ・マネジメントの基本の手法である，Work Breakdown Structure（WBS：ワーク・ブレークダウン・ストラクチャ）について説明する．図15.4にWBSを示した．WBSとは，プロジェクト目標を達成し必要な要素成果物を生み出すためにプロジェクトチームが実行する作業を要素成果物を元にして階層的に要素分解したものである．ワーク・パッケージは，WBSの最下位で，作業のコストや所要時間を見積る単位である．

WBS要素の分解方法[4]には，要素成果物分解，フェーズ分解，サブプロジェクト分解等がある．要素成果物分解は，最も基本的な分解方法であり，要素成果物でWBS要素を分解する．図15.5に携帯電話開発のWBSを例示した．携帯電話は，構造，基板，組込みソフトウェア，液晶，組立などの要素成果物に分解されている．

フェーズ分解は，要求分析，アーキテクチャ設計，製造，試験などのフェーズで分解する各フェーズには，固有の要素成果物がある．サブプロジェクト分解はプロジェクトの一部を別組織が実施（外注等）する場合に用いられ，プロジェクトの一部をサブプロジェクトに分解する．この場合は，納入者等は，サブプロジェクトの契約WBSを作成する．

WBSの表現方法は，階層図形式や目次形式などがある．図15.5は，階層図形式である．WBS

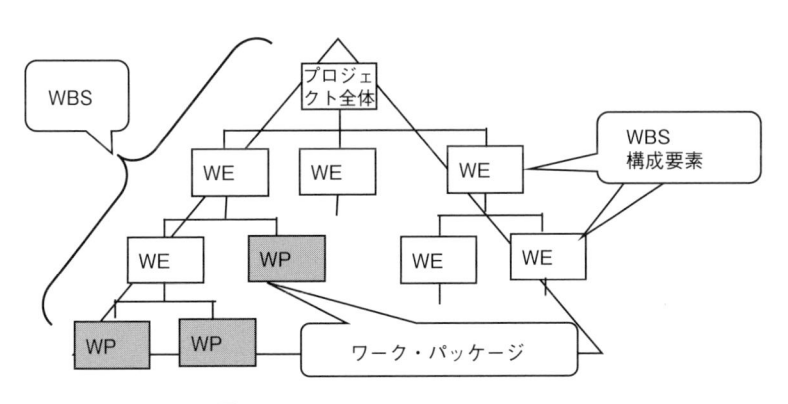

図 **15.4** Work Breakdown Structure

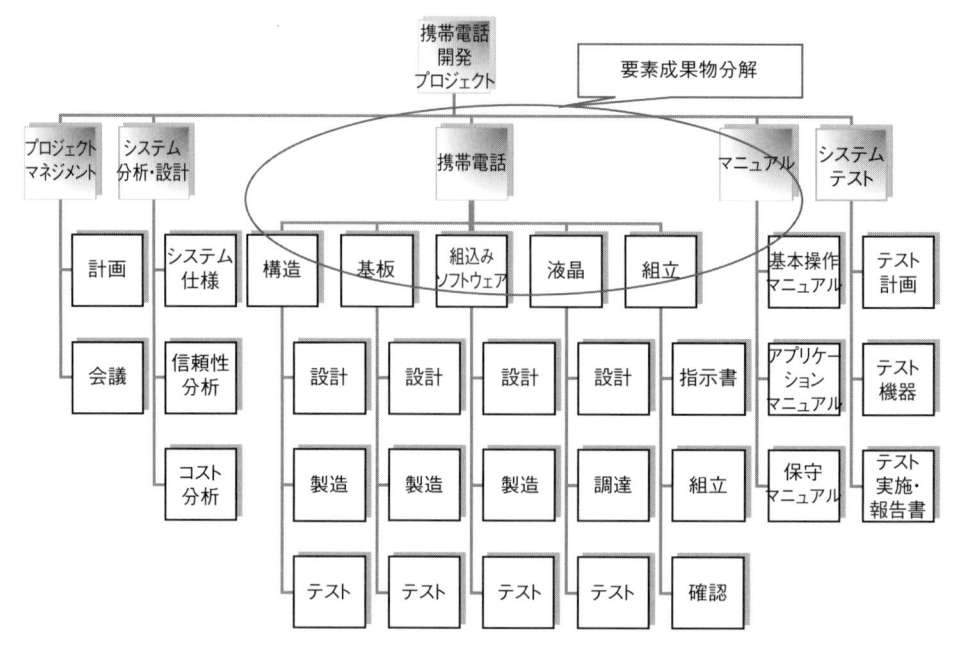

図 15.5 携帯電話開発の WBS

の構造が理解しやすいことが長所であるが，要素が増えた場合は修正に手間がかかる．図15.6は目次形式である．作成しやすく，修正も簡単であるが，見やすさでは階層図形式に劣る．

(2) プロジェクト・タイム・マネジメントとネットワーク図

　タイム・マネジメントは，プロジェクトを所定の時期に完了させるために，プロジェクト・スケジュールを作成し，進捗を監視し，スケジュールをコントロールすることである．

　タイム・マネジメントのプロセスは，スケジュール計画，アクティビティ定義，アクティビティ順序設定，アクティビティ資源見積り，アクティビティ所要時間見積り，スケジュール作成，スケジュールコントロールの7つのプロセスで構成されている．スケジュール計画では，タイムマネジメントの計画を作成する．アクティビティ定義では，成果物作成に必要な作業を洗い出す．作業とはアクティビティやタスクと呼ばれ，通常WBSに記述する作業要素で，それぞれ必要な期間，コスト，資源が割り付けられる．アクティビティ順序設定では，プロジェクトのアクティビティ間の前後関係を文書化するプロセスである．例えば，要求定義の後にアーキテクチャ設計があり，プログラムの作成の後に，プログラムの試験を行う等である．アクティビティ資源見積りでは，アクティビティを実行するために必要な材料，人員，機器などを見積る．例えば，組込みソフトウェアの開発の際は，ソフトウェア技術者とソフトウェア開発設備，試験評価用の組込みハードウェアなどが必要になる．アクティビティ所要時間見積りは，想定した資源を前提に，アクティビティを完了するのに必要な所要時間を見積ることである．スケジュール作成では，上記の結果をもとにプロジェクトのスケジュールを作成する．プロジェクトコントロールでは，プロジェクトの進捗を更新するためにプロジェクトの状況を監視し，スケジュール・ベースラインに対する変更をマネジメントする．

携帯電話開発プロジェクトWBS				担当	開始日	終了日	期間
1 プロジェクトマネジメント							
	1.1 計画						
	1.2 会議						
2 システム分析・設計							
	2.1 システム仕様						
	2.2 信頼性分析						
	2.3 コスト分析						
3 携帯電話							
	3.1 構造						
		3.1.1 設計					
		3.1.2 製造					
		3.1.3 テスト					
	3.2 基板						
		3.2.1 設計					
		3.2.2 製造					
		3.2.3 テスト					
	3.3 組込みソフトウェア						
		3.3.1 設計					
		3.3.2 製造					
		3.3.3 テスト					
	3.4 液晶						
		3.4.1 設計					
		3.4.2 調達					
		3.4.3 テスト					
	3.5 組立						
		3.5.1 指示書					
		3.5.2 組立					
		3.5.3 確認					
4 マニュアル							
	4.1 基本操作マニュアル						
	4.2 アプリケーションマニュアル						
	4.3 保守マニュアル						
5 システムテスト							
	5.1 テスト計画						
	5.2 テスト機器						
	5.3 テスト実施・報告書						

図 15.6 携帯電話開発の WBS（目次形式）

プロジェクトマネジメント・ソフトウェアを用いて作成した，WBSとスケジュールを図15.7に例示した．

(3) プロジェクト・コスト・マネジメント

コスト・マネジメントとは，プロジェクトを予算内で完了するために，コストを見積り，予算を作成し，コストをコントロールすることである．コスト・マネジメントは，コスト計画，コスト見積り，予算設定，コストコントロールの4つのプロセスからなる．

コスト計画では，コストマネジメント計画を作成する．コスト見積りプロセスでは，プロジェクトのアクティビティを完了するために必要な資源のコストを算出する．コストとプライスを明確に区分するように注意すべきである．コストは使われる費用であり，技術的，定量的に算出できる．プライスは顧客への売値であり，経営上の判断である．

コスト見積りの技法として，類推見積り (Analogous estimating, Top-down estimating)，ボトムアップ見積り (Bottom-up estimating)，係数見積り (Parametric modeling) 等の技法

ID	WBS番号	タスク名	期間	開始日	終了日	リソース名
1	1	プロジェクトマネジメント	87日	05/10/31 (月)	06/02/28 (火)	
2	1.1	計画	4日	05/10/31 (月)	05/11/03 (木)	
3	1.2	会議	66日	05/11/29 (火)	06/02/28 (火)	
7	2	システム分析・設計	10日	05/11/04 (金)	05/11/17 (木)	
8	2.1	システム仕様	10日	05/11/04 (金)	05/11/17 (木)	
9	2.2	信頼性分析	5日	05/11/11 (金)	05/11/17 (木)	
10	2.3	コスト分析	5日	05/11/11 (金)	05/11/17 (木)	
11	3	携帯電話	65日	05/11/18 (金)	06/02/16 (木)	
12	3.1	構造	35日	05/11/18 (金)	06/01/05 (木)	
13	3.1.1	設計	14日	05/11/18 (金)	05/12/07 (水)	
14	3.1.2	製造	14日	05/12/08 (木)	05/12/27 (火)	
15	3.1.3	テスト	7日	05/12/28 (水)	06/01/05 (木)	
16	3.2	基板	35日	05/11/18 (金)	06/01/05 (木)	
17	3.2.1	設計	14日	05/11/18 (金)	05/12/07 (水)	
18	3.2.2	製造	14日	05/12/08 (木)	05/12/27 (火)	
19	3.2.3	テスト	7日	05/12/28 (水)	06/01/05 (木)	
20	3.3	組込みソフトウェア	65日	05/11/18 (金)	06/02/16 (木)	
21	3.3.1	設計	21日	05/11/18 (金)	05/12/16 (金)	
22	3.3.2	製造	30日	05/12/19 (月)	06/01/27 (金)	
23	3.3.3	テスト	14日	06/01/30 (月)	06/02/16 (木)	
24	3.4	液晶	28日	05/11/18 (金)	05/12/27 (火)	
25	3.4.1	設計	4日	05/11/18 (金)	05/11/23 (水)	
26	3.4.2	調達	20日	05/11/24 (木)	05/12/21 (水)	
27	3.4.3	テスト	4日	05/12/22 (木)	05/12/27 (火)	
28	3.5	組立	33日	05/11/18 (金)	06/01/03 (火)	
29	3.5.1	指示書	2日	05/11/18 (金)	05/11/21 (月)	
30	3.5.2	組立	3日	05/12/28 (水)	05/12/30 (金)	
31	3.5.3	確認	2日	06/01/02 (月)	06/01/03 (火)	
32	4	マニュアル	7日	06/02/28 (火)	06/03/08 (水)	
33	4.1	基本操作マニュアル	7日	06/02/28 (火)	06/03/08 (水)	
34	4.2	アプリケーションマニュアル	7日	06/02/28 (火)	06/03/08 (水)	
35	4.3	保守マニュアル	7日	06/02/28 (火)	06/03/08 (水)	
36	5	システムテスト	93日	05/10/31 (月)	06/03/08 (水)	
37	5.1	テスト計画	7日	05/10/31 (月)	05/11/08 (火)	
38	5.2	テスト機器	6日	05/12/09 (金)	05/12/16 (金)	
39	5.3	テスト実施・報告書	14日	06/02/17 (金)	06/03/08 (水)	

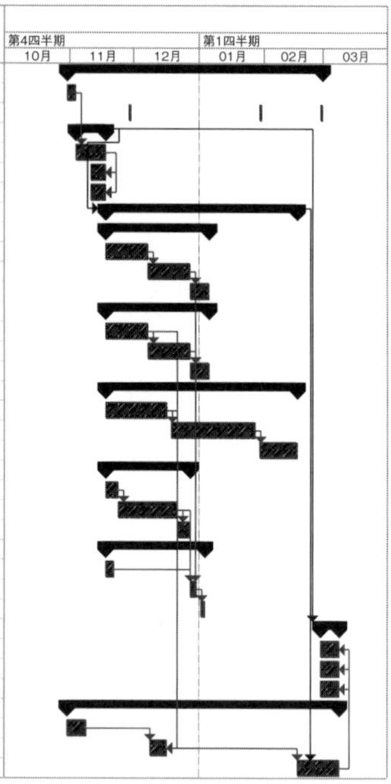

図 15.7　WBS とスケジュールの例

がある．類推見積りは，過去の同様プロジェクトからの類推で見積る．精度は低いが，短時間で見積りが可能である．ボトムアップ見積り (Bottom-up estimating) は，WBS の項目ごとにコスト見積りし，合算する．精度は高いが時間がかかる．係数見積り (Parametric modeling) は，係数モデルで見積る方法であり，組織としてのデータ蓄積と分析が前提になる．例えば組込みソフトウェアを，ソフトウェアの規模，プログラミング言語，データの複雑さ，リアルタイム制約の有無などの関数として見積る方法である．

　コスト設定プロセスでは，個々のアクティビティやワーク・パッケージのコスト見積りを積算する．

　コスト・コントロール・プロセスでは，計画からの変更を認識し，コスト実績の監視をする．予想コストは，許容限度内に入るようにコントロールし，変更がコスト計画に正確に組み入れられるようにする．また，承認された変更は適切なステークホルダに連絡する必要がある．

(4) プロジェクト品質マネジメント

　品質の定義をまず確認しておこう．品質とは，「品物またはサービスが，使用目的を満たしているかどうかを決定するための評価の対象となる固有の性質・性能の全体 (JIS)」，「一連の固有な特性が要件を満たす度合い (ISO9000:2000)」と定義されている．

　品質を例示すると，

　　　機能性・・・目的の機能を果たす度合い

　　　信頼性・・・欠陥がなく，期待どおり機能すること

　　　保守性・・・製品の保守の容易さ

性　能・・・使用目的に合うように発揮される能力
　　安全性
等がある．
　携帯電話でそれぞれを例示すると，機能性には，海外対応，フルブラウザ対応，ワンセグ対応等が該当する．信頼性は，ソフトウェアの欠陥がないこと，安定に動作すること等である．ソフトウェアにバグがあったり，蝶つがいがすぐ壊れたりするなどは信頼性がないことになる．保守性とは，電池が交換しやすい，修理しやすい等があげられる．性能では，通話時間，待機時間などが対象になる．安全性に関しては，電池が発熱して火傷をするなどは安全性が低いことになる，ウイルスに対して十分な対策がされていれば安全性が高いことになる．
　プロジェクト品質マネジメントでは，プロジェクトの品質マネジメントとプロジェクトの成果物の品質マネジメントの両方を取り扱う．品質マネジメントのプロセスは，品質計画 (Quality Planning)，品質保証 (Quality Assurance)，品質管理 (Quality Control) の 3 つのプロセスから構成される．品質計画プロセスでは，プロジェクトおよび成果物の品質要求事項または品質標準，あるいはその両方を定め，プロジェクトでそれを順守するための方法を文書化する．品質保証プロセスは，適切な品質標準と運用基準の適用を確実に行うために，品質の要求事項と品質管理測定の結果を監査する．品質管理プロセスでは，パフォーマンスを査定し，必要な変更を提案するために，品質活動の実行結果を監視し，記録する．
　図 15.8 に品質のコストを示した．品質が不良な製品が顧客に渡った場合は，損害賠償，ビジネスの損失など大きな外部不良コストが必要となる．これを防ぐためには，要員に十分なトレーニングを行い，開発プロセスを文書化し，正しく作業をするために期間を確保し，予防にコストを使うことで品質を確保することである．

(4) プロジェクト・リスク・マネジメント

　プロジェクトのリスクとは，もしそれが起きれば，時間，コスト，スコープ，品質などのプロジェクト目標にプラスやマイナスの影響を与える不確実な事象あるいは状態のことである．すでに顕在化している場合は課題と呼び，顕在化していない場合のリスクとは区別する．
　リスクを例示すると次のようなものがある．開発プロジェクト開始後に必要資金を確保でき

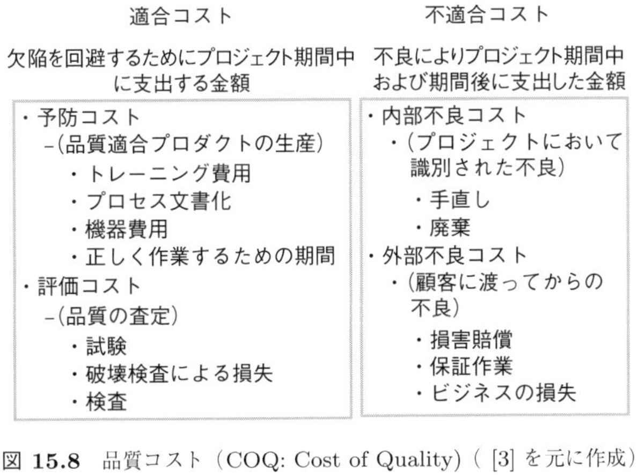

適合コスト	不適合コスト
欠陥を回避するためにプロジェクト期間中に支出する金額	不良によりプロジェクト期間中および期間後に支出した金額
・予防コスト 　－(品質適合プロダクトの生産) 　　・トレーニング費用 　　・プロセス文書化 　　・機器費用 　　・正しく作業するための期間 ・評価コスト 　－(品質の査定) 　　・試験 　　・破壊検査による損失 　　・検査	・内部不良コスト 　・(プロジェクトにおいて識別された不良) 　　・手直し 　　・廃棄 ・外部不良コスト 　・(顧客に渡ってからの不良) 　　・損害賠償 　　・保証作業 　　・ビジネスの損失

図 15.8　品質コスト（COQ: Cost of Quality）（[3] を元に作成）

ないことが判明した．これは資金のリスクである．組込みシステムに用いるLSIの納期が遅れ試作が遅れる．天災による電力供給不足により，電力需要のピーク時間に実験装置を使えない．これは時間のリスクである．必要なソフトウェア開発外注要員を確保できない．必要な経験・スキルを持った人材が他のプロジェクトの遅れで参加できない．これは要員のリスクである．システムの発注元の担当者が忙しく，プロジェクトチームと協力して要求仕様をまとめることができない．これは，要員のリスクである．開発の途中で，競合他社がより競争力のある製品を発売してしまった．このまま製品化しても競争力がない．これは外部要因によるリスクである．

リスクには，既知のリスクと未知のリスクがある．既知のリスクは，すでに識別し分析したリスクのことであり，これらのリスクには対応計画をたてることができる．未知のリスクは，認識できないリスクである．未知のリスクに対しての賢明な対応方法は，プロジェクト全体で共有する予備費（コンティンジェンシー）を割り当てることである．

リスク・マネジメントとは，リスクのマネジメント計画，特定，分析，対応，監視・コントロール等の実施に関するプロセスからなる．その目的は，プラスとなる事象の発生確率やその影響度を最大にし，マイナスとなる事象の発生確率とその影響度を最小にすることである．

リスク・マネジメントは，リスク・マネジメント計画，リスク特定，定性的リスク分析，定量的リスク分析，リスク対応計画，リスクの監視・コントロール (Risk Monitoring and Control) の6つのプロセスから構成されている．

表15.2に各知識エリアとリスクの例を示した．

表15.2 各知識エリアとリスクの例

知識エリア	リスク
統合	計画，資源割当，統合マネジメント，プロジェクト完了後のレビュー等の不備
スコープ	WBSやスコープ定義の漏れ，不備
タイム	作業時間や使える資源の見積り誤り，クリティカルパス管理における誤り，競合製品の早期出荷
コスト	コスト見積りの誤り，生産性の低下，コストの増加，予備費の不備
品質	品質保証の体制や計画の不備，設計・部材・技術水準の低さ，購入ソフトウェアの不具合
人的資源	人的資源の競合取り合い，組織や責任体制の不備，リーダシップ欠如
コミュニケーション	コミュニケーション計画の不備，オフショア開発での異文化間コミュニケーションの不備，ステークホルダとの調整不備
リスク	リスク識別，リスク分析の不備
調達	納入業者が自然災害に被災，強制力のない契約，敵対関係

15.2 組込みシステムのプロジェクトマネジメント

近年，組込みシステムの開発は，その規模が増大し，さまざまな課題を抱えている．これに対し，組込みシステムのプロジェクトマネジャーに対するインタビューから得られた課題を分析し，組込みシステムプロジェクトの特徴が以下のように抽出されている [5]．

- 商品の利用者は，不特定多数の一般消費者である場合が多い（自動車，家電機器，携帯電話，カメラ等）
- 機械や電気などのハードウェアとのかかわりが深い（自動車，機械製品，家電機器等）
- 受託開発ではなく，自主開発である場合が多い（同上）
- 量産品が多く，開発プロジェクトから製造部門に引き渡されて量産される場合が多い（同上）
- 単独の機器・システムではなく，シリーズでの機器・システムとして開発されることが多い（同上）
- 開発組織は，複数の機能組織と商品開発プロジェクトが組み合わさったマトリクス組織で構成される場合が多い

組込みシステム開発の特徴をより明確にするために，エンタープライズ系のシステム開発と比較する．この比較では，組込みシステムの開発プロジェクトとエンタープライズ系の開発プロジェクトを一対比較で捉えるのではなく，これらの特徴を複数の軸として捉え，具体的な商品（製品）開発を分析している．

(1) 利用者の軸

利用者が，一般消費者（不特定多数）か企業などのB to B（特定）であるかに関係する軸である．利用者が一般消費者であるシステムでは，成果物が商品として広く社会に展開され，消費者が直接手に触れる商品である．要件の把握の仕方，システムの改修や更新に影響がある．この軸は，最終商品の利用形態であり，生産数そのものではない．

(2) ハードウェアとの関連の軸

ソフトウェアとハードウェアとの関連が深いのか，あまり影響を受けないかに関係する軸である．ソフトウェアがハードウェアから大きな影響を受けたり，文化や思考基準が異なるさまざまなステークホルダ（電気，機械，ソフトウェア，生産など）がかかわったりすることで，開発の進め方にも影響を受ける．

(3) 商品（製品）特性の軸

商品（製品）が，シリーズや商品群として複数展開されるか単独であるかの軸である．シリーズ化されることで，機能やソフトウェアの活用，人的資源やノウハウなどの共有が必要となり，いわゆるプログラムマネジメントの必要性が生じる．

(4) 生産量の軸

量産品か個別生産品の軸である．量産品では，生産は工場で行われることが多い．これにより開発プロジェクトから見ると，他の部署への引き継ぎが生じ，生産に入った後の改修が難しい．

(5) プロジェクトオーナの軸

自主開発か受託開発かの軸である．予算や納期の設定に違いが出ることが想定される．自主開発の場合は，受託開発に比べ，予算，期間，機能を設定できる裁量幅がある．

(6) 組織体制の軸

複数機能組織がかかわるマトリクス型組織かプロジェクト型組織かの軸である．この軸は，(1)から(5)の特徴を持つ商品を開発するために生じている（結果として）組織の特徴ともいえる．

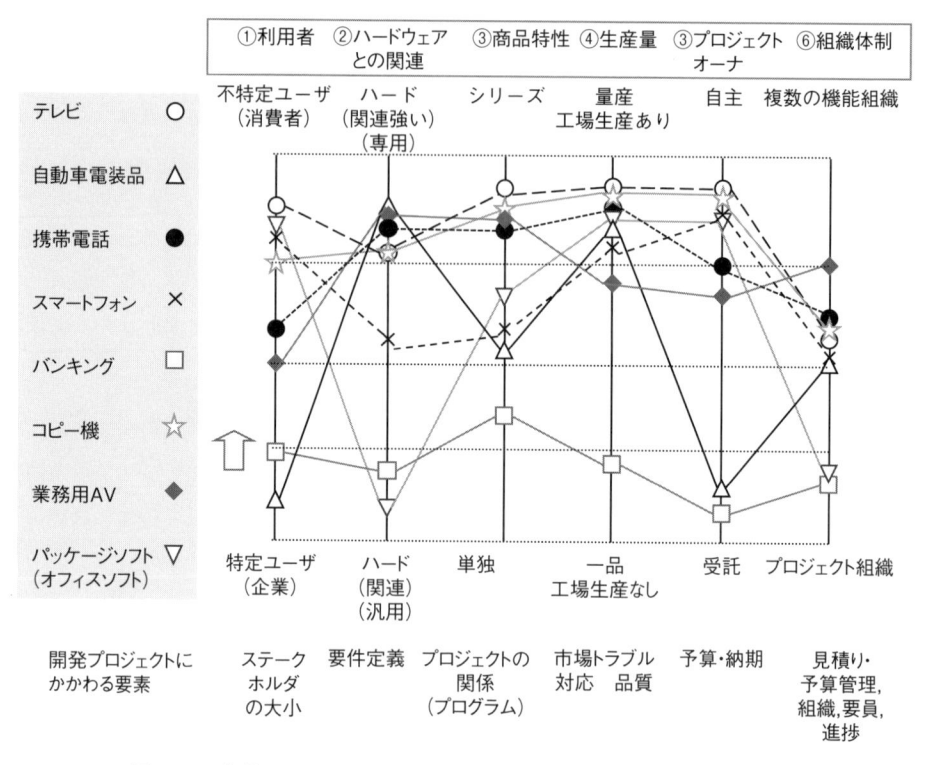

図 15.9 組込みシステムのプロジェクトマネジメントの軸と対象例 [5,6]

これらの軸に基づいて，いくつかの製品例をスネークプロット図に展開したものが，図 15.9 である．

テレビや携帯電話，コピー機などの組込みシステムは，やはり上部に集まっている．すなわち，不特定ユーザ向けであり，ハードとの関連が深く，シリーズ開発が行われ，量産であり，自主開発であり典型的な組込み開発である．

しかし，すべての組込み開発が上部に集まっているわけではない．例えば，自動車電装品では，一部の軸で下方に振れている．すなわち，自動車会社向けという B to B（特定）であり，受託生産であるという特徴をもっている．業務用 AV も，特定ユーザ向けという点で一部の軸では下方に位置している．

ここに示した 6 つの軸はそれぞれ，プロジェクトマネジメントの特徴を決める要因である．単に組込み系かエンタープライズ系とで区分するのではなく，この 6 つの軸に基づいて，商品（製品，システム）の特徴を把握して，その特徴に沿った開発マネジメントを志向していくことが重要である．

15.3 組込みシステム開発プロセスとマネジメント

15.3.1 組込みシステムのプロジェクトマネジメントの課題

組込みシステム開発プロジェクトでの品質 Q，コスト C，納期 D の達成には組込みシステム

の特徴を捉えて，適切なプロジェクトマネジメントを行うことが必要である．先に述べたように，組込みシステム開発プロジェクトの特徴は，機械，電気などの技術に関連し，ステークホルダや関連する技術者が多様であること，複数の製品が相互に共通性を持ち，時系列的な発展的開発を持つことである．

組込みシステムのプロジェクトでの開発には，すでに述べたように，(1) 組込みシステムに合った開発組織としての複数機能組織やマトリクスが使われている．これに加え，(2) 組込みシステムの特徴を踏まえたプログラムマネジメントの確立，(3) ソフトウェア，電気，機械等を含むシステムズエンジニアリングの体系化が必要である．また，(4) 組込みシステムのプロジェクトマネジャーには，プロジェクトマネジメントの専門知識・経験だけではなく，組込みシステムの設計プロセス・設計手法の知識経験や，各製品固有の知識・技術の理解が必要であり，組込みシステムのプロジェクトマネジャーとしてのコンピテンシーと教育体系の確立が必要である．

15.3.2 組込みシステムのプログラムマネジメント

家電機器，携帯電話，自動車など多くの組込みシステムは各国向け，グレード別など多品種を，並列的にまた時系列的に開発する．このような組込みシステムの開発は，製品群に共通の構造設計，コンポーネント設計，製品ごとの個別設計で構成される．開発は，単一のV型プロセスではなく，複数の機種開発を統合したプログラムマネジメントが必要になる．図15.10に3V型プロセスから構成されるプログラムマネジメント [6] を示した．

第1のVは時空（製品の世代と同世代での複数機種）に渡る製品群に対する俯瞰的な要求分析に基づきシステムアーキテクチャを設計するプロジェクト，第2のVはシステムアーキテクチャに基づき，サブシステムやハードウェア・ソフトウェアコンポーネントと開発するプロジェクト，第3のVはアーキテクチャに基づいて開発されたコンポーネントを活用し，個別の要求に合わせた複数システム（n個）を開発するプロジェクトである．

以下にシステム開発の各プロジェクトの内容を示す．

(1) アーキテクチャ設計プロジェクト
  ・俯瞰的な要求条件の分析（市場・顧客，技術，製品，組織）

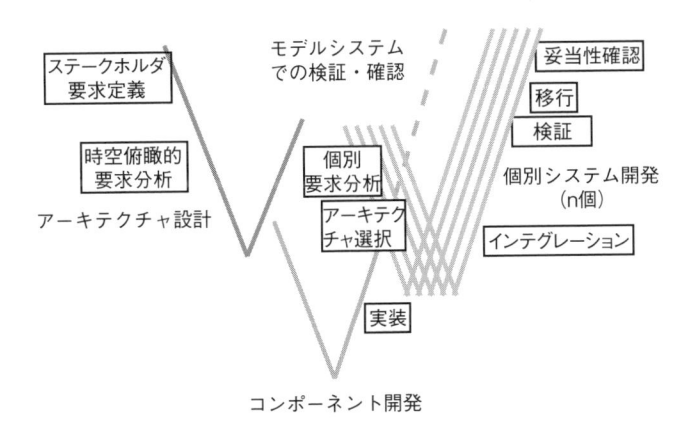

図 15.10 3V モデルによる組込みシステムのプログラムマネジメント [6]

- 製品群の共通システムアーキテクチャの設計
- システムの構造（サブシステム，ブロック分割）
- システム共通部と個別製品依存部の切り分け定義
- サブシステム間，ブロック間インタフェースの設計
- システム設計，個別製品設計のルールの策定

(2) 共通コンポーネント開発プロジェクト

共通ハードウェア，共通ソフトウェア開発

(3) 個別製品の開発，物件対応設計プロジェクト

相互運用試験

(4) システムアーキテクチャ，共通仕様の改訂，保守

15.4 組込みシステムのプロジェクトマネジャーのコンピテンシーと育成体系

本節では組込みシステムのプロジェクトマネジャーコンピテンシーとその育成について述べる．

15.4.1 組込みシステムのプロジェクトマネジャーのコンピテンシー

プロジェクトマネジャーは，知識やスキルよりもまず現場経験であるという実践思考的な傾向があるが，組込みシステムにおけるプロジェクトマネジャーは，先に述べてきたような組込みシステムの特性から，よりその傾向が強いようである．ハードウェアとソフトウェアの両方を意識し，商品としての納期を最優先に，開発現場をまとめ上げて成功に導いていく力が求められている．これはまさに高いパフォーマンスを発揮する際に具体的な行動を起こすことができる能力，すなわち，コンピテンシーもしくは行動特性を開発現場の中から，習得した者が暗黙の了解の中で推進してきたといえる．

本章でも現場のプロジェクトマネジャーからのヒアリングに基づいた分析により，実践思考的な考察と対応を示した．しかし，このような徒弟制度的な思考だけでは，今後も継続的に続くであろう組込みシステムの規模拡大や世界的な展開に対応できるプロジェクトマネジャーの育成は難しいといえる．

PMIのPMCDF[7]では，プロジェクトマネジャーのコンピテンシーを実践コンピテンシーと人格コンピテンシーから論じている．実践コンピテンシーは，プロジェクトマネジメントの視点を立上げから終結まで効果的に実行できることを「パフォーマンス基準」と「証拠の形態」から確認できる構造になっている．さらに人格コンピテンシーは，コミュニケーション能力，指導力，マネジメント能力，認識能力，効果性，プロ意識の6つのユニットから構成され，ここでも「パフォーマンス基準」と「証拠の形態」を定義している．

一方，IPAのPM育成ハンドブック[8]では，コンピテンシーを以下の3つの視点で区分している．

- パーソナルコンピテンシー
- パフォーマンスコンピテンシー

・リーダシップコンピテンシー

ここでは，この3つの視点を考慮しながら，今までの考察から組込みシステムのプロジェクトマネジャーのコンピテンシーとして，以下の7つを示す．

① プロジェクトマネジメント知識，経験
② 当該分野の製品・市場を知る
③ プロダクトラインに関する技術，管理体系の理解，経験
④ システムの構造を決めるチーフアーキテクトをマネジメントできる
⑤ 電気，機械，ソフトウェア技術などドメインに必要な技術を把握している
⑥ 多分野の技術者をまとめることができる
⑦ メンバや関連部署，顧客の人たちと効果的な交流ができる

①〜⑤がパフォーマンスコンピテンシー，⑥がリーダシップコンピテンシー，⑦がパーソナルコンピテンシーに対応している．

15.4.2 育成体系とキャリアパス

コンピテンシーの開発モデルとしては，批判的学習モデル，実践コミュニティ，師弟モデル，経験学習モデルなどがある [8]．過去は師弟モデルを中心に，その他の育成をその場その場で活用してきたのが，組込みシステムのプロジェクトマネジャーの育成であった．

組込みシステムにおいては，現場経験を重視する実践思考の考え方は欠かせない．しかし，今後の急速な拡大に向けて，より効果的，効率的に活用する仕組みが必要となってくる．そこで，経験学習モデルが開発現場の中で適切に循環できるような組織的な取組みを以下のような視点から実施することが望まれる．

(1) 外的刺激・気づき：技術分野を経験せずに，組込みPMになるキャリアパスは難しい．まずは経験による気づきの場を形成する

(2) 概念形成：さらに各要素技術分野の技術者から選抜し，概念形成を行えるシステム全体を俯瞰でき，マネジメントできるような技術者，すなわちPMを育成する

(3) 実践：そして，さまざまな場面での経験を得るために，優秀な技術者を囲い込まず，計画的で適切なローテーションを実施する．

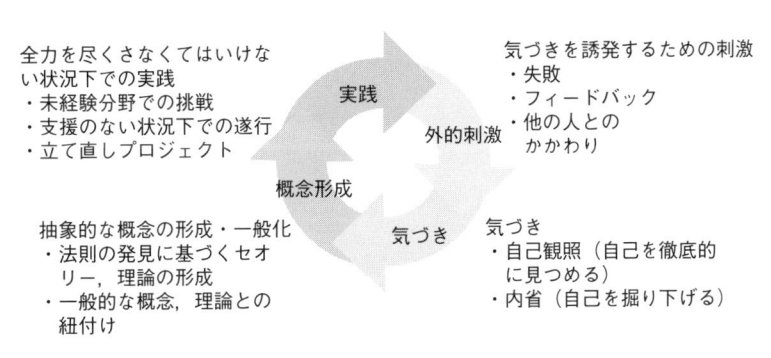

図 15.11 コンピテンシーの開発プロセス [8]

演習問題

設問1 プロジェクトとは何か．またプロジェクトの3つの制約条件とは何か．

設問2 プロジェクトマネジメントとは何か．また，5つのプロセス群とは何か説明せよ．

設問3 PMBOKガイドに示されているプロジェクトマネジメントの10の知識エリアとは何か．また，各知識エリアから3つを選んで簡潔に説明せよ．

設問4 ワーク・ブレークダウン・ストラクチャとは何か．また，どのような表現方法があるか説明せよ．

設問5 組込みシステムのプロジェクトマネジメントの特徴を説明せよ．

参考文献

[1] INCOSE, "INCOSE-TP-2003-002-03.2, Systems Engineering Handbook version 3.2," International Council on Systems Engineering (INCOSE), (2010)

[2] 井上雅裕, 陳新開, 長谷川浩志：システム工学 ── 問題発見・解決の方法 ──, オーム社 (2011)

[3] A Guide to the Project Management Body of Knowledge Fifth Edition, Project Management Institute (2013)

[4] Gregory T. Haugan: Effective Work Breakdown Structure, Management Concept (2002). (伊藤衡監訳, 実務で役立つ WBS (Work Breakdown Structure) 入門, 翔泳社, 2005.)

[5] 木野泰伸, 井上雅裕, 河合一夫, 濱久人, 友田大輔：組込み開発マネジメントの現状と課題, プロジェクトマネジメント学会誌, Vol.14, No.6, Dec. (2012)

[6] 井上雅裕, 木野泰伸, 濱久人, 友田大輔, 河合一夫：組込み開発マネジメントの特徴的課題と解決への展望, プロジェクトマネジメント学会誌, Vol.14, No.6, Dec. (2012)

[7] PMI: PMCDF (Project Management Competency Development Framework, 「PMコンピテンシー能力体系:第2版」, PMI (2009)

[8] IPA：PM育成ハンドブック (2008年度版) IPA, pp.14-23 (2008)

索　引

記号・数字

10 進数 24
10 進法 25
16 進数 24
1 チップマイクロコンピュータ .. 39, 41, 121, 122
20 進数 24
4004 40
4 ビットマイクロプロセッサ
　(M34513Mx-XXXSP) 76

A

A/D 121
addressing 110
Addressing Mode 128
Advanced Research Projects Agency
　Network 38
AD コンバータ 41
Analogous estimating, Top-down
　estimating 215
API 163
Application Programming Interface .. 163
Application Specific Integrated Circuit 55
ARPANET 38
ASCC 32
ASIC 55
Asynchronous 166
Automatic Sequence Controlled
　Calculator 32
AUTOSAR 89
AV 系ホームネットワーク 166

B

BACnet 169, 175, 177, 178
BACnet/IP 175
Batch System 8
Bluetooth 143, 159
Bottom-up estimating 215
BSW 層 90

C

CAD 15, 36, 47
CAN 60, 140, 146
CAP 161
CC-Link IE 183
CD 9
CD-ROM 62
CFP 161
CMOS 1 チップマイクロコンピュータ ... 72
Compact Disc 9, 62
Computer Aided Design 15, 47
Contention Access Period 161
Contention Free Period 161
Controller Area Network 146
COQ 217
Cost of Quality 217
CPU 39, 109, 120
CSMA/CA 140, 147, 151, 160
CSMA/CD 151, 169

D

D/A 121
DGPS 62
Digital Video Disc 2
Digital Living Network Alliance 166
Digital Versatile Disc 62
Direct Sequence Spread Spectrum ... 158
DLNA 156, 166
Drive-by-Wire 56, 57, 143
DSSS 158
DVD 2, 62, 126

E

ECHONET 156, 163, 164
ECHONET Lite 163, 164
ECU 52, 55, 56, 81, 89, 136, 198
ECU 抽象化層 90
EDSAC 8, 20, 21, 29, 30, 34, 36, 37
EDSAC II 36
EDVAC 34
Electronic Control Unit 52
Electronic Delay Storage Automatic
　Computer 34
Electronic Discrete Variable Automatic
　Computer 34

Electronic Numerical Integrator and
　Computer 33
ENIAC 33, 34
ETC 55
eXtensible Markup Language 177

F

F-14 トムキャット戦闘機............. 39
FCS............................. 186
FFD............................. 160
Field-Programmable Gate Array 122
FLD............................. 126
FlexRay 142
FPGA............................ 122
Frame Check Sequence 186
Full Function Device 160

G

Global Positioning System 55
GPS.................... 53, 55, 61–63
GTS............................. 161
Guaranteed Time Slot............. 161

H

Hard Disk Drive................. 2, 62
Hardware Abstraction Layer 90
HBS............................. 173
HDD 2, 32, 62, 126
Home Phoneline Networking Alliance 167
HTTP............................ 177
HyperText Transfer Protocol........ 177

I

IBM............................. 32
IBM 360 システム 36
IDB1394......................... 141
IEEE1220........................ 195
IEEE1394.................. 141, 166
IEEE802.15.1..................... 159
IEEE802.15.4............... 158, 159
IEEE Std 830-19098 100
INCOSE.................... 191, 201
International Council on Systems
　Engineering..................... 201
IrDA 161
IrDA CONTROL 161
ISO11519 .... 140, 146
ISO11898 .... 140, 146
ISO9000:2000..................... 216
ISO9126 94
Isochronous 166

ISO/IEC 15288:2008 192

L

LCD 9, 126
LED............................ 9, 74
Light Emitting Diode 9
LIN 140
Liquid Crystal Display 9
Local Interconnect Network......... 140
LonTalk 169, 175

M

M16C ... 76, 120–122, 125–127, 133, 134
machine 11
Maurice Vincent Wilkes 34
MCU.................... 41, 42, 44, 48
Media Oriented Systems Transport .. 141
Micro Control Unit 41
Micro Processing Unit.............. 41
MIT............................. 37
MOST........................... 141
MOS 回路 75
MPU 41

N

NMI............................ 87
NMOS.......................... 75
Non Maskable Interrupt 87

O

Object Management Group 201
OFDM 158
OMG............................ 201
Orthogonal Frequency Division
　Multiplexing 158
OS 85, 110
OSGi........................... 156
OSI 参照モデル..................... 163

P

PAM 11
PAN 143
Parametric modeling 215
PC............................. 110
PDCA.......................... 211
Personal Area Network 143, 159
Personal Computer 3
PLA............................ 36
Plan, Do, Check, Act............... 211
Plastic Optical Fiber............... 141
PLC................ 156, 158, 181, 182

PMBOK ガイド 209, 211
PMCDF 222
PMI 211
PMOS 75
POF 141, 162
PPM 161
program counter 110
Programmable Logic Array 36
Programmable Logic Controller 181
Project Management Institute 211
Prototype 97
Pulse Amplitude Modulation 11
Pulse Position Modulation 161
Pulse Width Modulation 11
PWM 11, 15

Q
QCD 210
QFD 196
Quality Assurance 217
Quality Control 217
Quality Function Deployment 196
Quality Planning 217
quipu 23

R
RAM 39, 44, 47, 113
Randum Access Memory 113
Read Only Memory 113
Reduced Function Device 160
Reduced Instruction Set Computer ... 36
RFD 160
RISC 36
Risk Monitoring and Control 218
ROM 39, 41, 44, 47, 113
RTE 層 90
RTOS 86

S
SAE J2012 138
SAGE 37, 38
SCADA 181
SD Card 62
Secure Digital Card 62
Semi-Automatic Ground Enviroment .. 37
SOC 55
Supervisory Control and Data
  Acquisition 181
SysML 190, 201, 207
System on Chip 55
Systems Engineering 190

Systems Modeling Language 201

T
Texas Instruments 社 39, 122
Traceability 196

U
UML 190, 200
Unified Modeling Language 200
Unshielded Twisted Pair 167
UTP 167

V
Vacuum Fluorescent Display 9
validation 194
Vehicle Information and Communication
  System 61
verification 194
VFD 9
VICS 55, 61, 144
VTR 42, 43
V 字プロセス 190, 195
V 字モデル 96, 195

W
WBS 209, 213
Williams tube 37
Work Breakdown Structure 209, 213
WWW/XML 175

X
XML 177

Z
ZigBee 156, 158, 159

あ行
アーキテクチャ設計 101, 190, 193, 196, 197
アーキテクチャ設計プロジェクト 221
アービトレーションフィールド 149
アウトプット 195
アクチュエータ 55, 56, 87
アクティビティ 195
アクティビティ資源見積り 214
アクティビティ順序設定 214
アクティビティ所要時間見積り 214
アクティビティ図 190, 206
アクティビティ定義 214
アジャイル型モデル 98

アドレシング 118
アドレシングモード 128
アドレス空間 133
アドレスレジスタ間接アドレシング 129
アドレスレジスタ相対アドレシング 129
アナログ回路 12
アバカス 20, 24, 26
アプリケーション層 90
アルゴリズム設計 103
暗号解読機コロッサス 34
安全 70
安全性 217
イーサネット 141, 156
移行 194
位置推定システム 61
一括処理システム 8, 10
イテラティブ型プロトタイピング 98
イベントトリガ方式 142
インクリメンタル型プロトタイピング 98
インターネット 62, 156
インタフェース設計 102
インテグレーション 193, 194
インテル 40
インプット 195
ウィリアム・オートレッド 25
ウィリアムス管 37
ウィルクス 20, 21, 29, 34, 35, 37
ヴィルヘルム・シッカート 27
ウォータフォールモデル 96
ウォッチドッグタイマ 87
運転支援システム 57, 137
運用 194
運用・保守 95
エアバッグ 54
エイケン 32
エクストリームプログラミング 99
エラーアクティブ 153
エラーカウンタ 154
エラー検出 153
エラーパッシブ 154
エラーフレーム 148
遠隔監視ネットワーク 170
演習命令 127
エンジン制御 52
エンタープライズ系 219
オートメーションネットワーク 170
オーバーロードフレーム 148
オドネル 29
オブジェクト指向分析 100
オペレーション 209
オペレーティングシステム 85

か行

カーエレクトロニクス 52

カーナビゲーション 141
カーナビゲーションシステム 61–63
階差機関 21, 28, 29
解析機関 30, 32
階層システム 190, 199
階層図形式 213
階層モデル 101
開発 191
開発組織 219
顔の見えないコンピュータ 3, 6
顔の見えるコンピュータ 3, 6
拡張フォーマット 149
加算の実行 115
加算命令 132
仮想共有 184
仮想共有メモリ方式 184
画像処理 LSI 60
紙テープ 32
カム 30
監視コントロール 209
監視コントロール・プロセス群 ... 211, 212
監視制御システム 169
関数 132
キープ 23
記憶 22
機械 11, 13
機械計算道具 27
機械式計算機 20, 30, 32
機器 4
機構 15
機構部 12–16, 66, 75
機能性 216
基本ソフトウェア層 90
キャリアパス 223
要求獲得 100
競合アクセス 161
共有メモリ型通信 180
極性検知回路 172
距離画像 59
空調システム 175
首振り 66, 71
組込み 4
組込み OS 4
組込み技術 4
組込みシステム 1, 2, 4, 19, 39, 68, 71
組込みソフトウェア 4, 81
組込みハードウェア 4
クルーズコントロール 58
クルタ計算機 29
クルト 29
グレゴール・ライシュ 26
クロス開発 82, 103
クロス開発環境 95
クロック発生回路 133

計画 209
計画プロセス群 211, 212
経験学習モデル 223
計算 22
計算尺 20, 25, 29
計算する時計 27
計算道具 20, 21, 26
計算の典型 26, 27
計算の道具 23
計算補助具 21, 26
係数見積り 215
携帯半導体メモリ 32
経路探索 61, 63
ゲートウェイ 138, 156, 176
結合 193
決定関門 191
研究 191
検証 104, 194
合意プロセス 192
航海 28
構造化分析 100
構造図 190, 202, 204
交通システム 7
故障診断 138
コスト 209, 217
コスト計画 215
コストコントロール 215
コストの制約 210
コスト見積り 215
誤発進抑制制御 59
コンセプト 191
コンテンジェンシー 218
コントローラネットワーク ... 180, 181, 184
コントロールモデル 102
コンピテンシー 209, 221, 222
コンピュータ .. 3, 8, 11, 12, 20, 28, 30, 107
コンピュータアーキテクチャ 109
コンピュータ組込みシステム 2, 3, 5–7, 13, 42
コンピュータ支援システム 36
コンピュータ支援設計 47
コンピュータ支援評価 47
コンピュータ発展経緯 20, 28, 40
コンポーネント 102
コンポーネント設計 102

さ行

サービス層 91
サイエンス・ミュージアム 29
サイクリック通信 183, 188
サブプロジェクトの契約 WBS 213
サブルーチン 35, 111, 118, 131, 132
支援 191
時間 217
磁気テープ 32

識別子 149, 151, 152
磁気メモリ 37
システム内部 13
システム 4–6, 75
システムズエンジニアリング . 190, 191, 210
システムズエンジニアリング・プロセス . 191
システムの体系 4
システムのモデリング 200
システムのライフサイクル・プロセス ... 192
実行 209
実行プロセス群 211, 212
実践コミュニティ 223
実装 103
ジッター 182, 183
師弟モデル 223
自動遂次制御コンピュータ 32
時分割 137
シャーシ制御 54
ジャー炊飯器 43
ジャカード 21, 31
車載 LAN 56
車載ネットワーク 56, 136–138
車線逸脱警報 59
ジャンプ命令 131
終結 209
終結プロセス群 211, 212
集中システム 190, 198
受託開発 219
出力命令 114
順序処理系 107, 108
準天頂衛星システム 62
詳細設計 102
情報系ネットワーク 141
情報ネットワーク 181
小マイクロプロセッサ . 107, 113, 122, 125, 126, 132, 133
初期入力ルーチン 35
処分 194
ジョン・ネイピア 25
シリアルバス 147
自律航法 63
進化型の開発プロセス 97
真空管 32, 33, 35
シングルチップマイクロコンピュータ ... 121
シングルチップモード 132
人工衛星 61
真珠の哲学への誘い 26
信頼性 83, 216
信頼性成長曲線 105
水銀遅延線メモリ 35
スーパ・フレーム構造 160
数表 20, 29
スケジューリング 86
スケジュール 210

スケジュール計画 214
スケジュールコントロール 214
スケジュール作成 214
スケジュール・ベースライン 214
スコープ 209, 210, 217
スコープ計画 213
スコープ検証 213
スコープコントロール 213
スコープ定義 213
スター型のトポロジ 142
スタックポインタ相対アドレシング 130
スタッフビット 152
ステークホルダ 190, 191, 195, 209
ステークホルダ要求定義 193
ステレオカメラ 57, 59
ストリング命令 127
スパイラル型モデル 98
スマートフォン 82, 83
スマート メータ 7
スレーブ局 188
制御系ネットワーク 140
製作 193
製造 191
静的検証 104, 105
性能 217
絶縁トランス 76
絶対アドレシング 129
設備系ホームネットワーク 165
センサ 14, 55, 87
扇風機 66–68, 75, 76, 78, 79
専用開発 82
専用コンピュータ 5
掃除機 16
装置 4
ソースコード 84
即値 128
即値アドレシング 128
組織がプロジェクトを実行可能にするためのプ
　ロセス 192
ソフトウェア 15, 16, 36, 75, 110
ソフトウェア・アーキテクチャ . 89, 91, 101
ソフトウェア開発費 85
ソフトウェア開発プロセス 96
ソフトウェア危機 85
ソフトウェア工学 93, 200
ソフトウェア品質 94
ソフトウェア部 12–14
ソフトリアルタイム 10
そろばん 20, 23–26, 29

た行

ダイアグコード 138
タイガー計算機 29, 30
対数 25

タイマ 121
タイム 209
タイムトリガ方式 142
多機能型携帯電話 82
多重通信 137
多重割込み 87
タスク管理機能 82
立上げ 209
立上げプロセス群 211, 212
妥当性確認 194
段階計算機 28
短波帯 PLC 158
知識エリア 212, 218
知識体系 209
調停方式 151
直流モータ 10
直交波周波数分割多重 158
追跡可能性 190, 193, 196
通信マトリクス 152
使いやすさ 83
低周波 PLC 158
定数設定命令 115
定性的リスク分析 218
定量的リスク分析 218
データ構造 103
データ転送処理系 107
データ転送命令 114, 127
データフレーム 148, 150
データフロー図 100
データフローモデル 101
テクニカル・プロセス 190, 192, 193
デジタル地図 61–63
テスト 84, 104
デバイスドライバ 82, 87, 89
テレビ 40, 43
電源電圧 122
電子レンジ 41
電卓 29
天文学 28
電力線 158
電力線通信 156, 158
同期制御 86
洞窟の壁 22
統計機械 32
統合エンジニアリング環境 190, 207
統合開発環境 104
動作周波数 131
動作モード 132
等時性 166
動的検証 104
トークン方式 180, 184
ドミナント 147
トランジェント通信 183, 185
トランスポート層 183

な行

- 取扱説明書 70
- トレーサビリティ 193, 196
- トレーサビリティ・マトリクス 196
- ナビゲーションシステム 53
- 二重ループ 180, 185
- 入出力 109
- 人間の指 20, 29
- ネイピアの棒 25
- ネットワーク 4, 6, 20, 21, 37
- ネットワーク図 214
- ネットワーク層 183
- ノイマン 34
- 乗り物 4

は行

- パーソナルコンピテンシー 222
- ハードウェア 16, 66, 75
- ハードウェアの抽象化層 90
- ハードウェア部 12–14
- ハードリアルタイム 10
- ハーバードマークⅠ 32
- 廃棄 191
- 排他制御 86
- ハイブリッド車 56
- 白線 59
- 歯車 20, 27, 30
- バス 109
- バスオフ 154
- バス型のトポロジ 140
- パスカリーヌ 27, 28
- パスカル 21, 27
- パソコン 3, 16, 19, 36, 47, 73, 109
- パッケージ 123
- バッチシステム 8
- パフォーマンスコンピテンシー 222
- バベッジ 20, 21, 28–32
- パラメトリック図 190, 202, 205
- パワートレイン制御 53
- ハンズフリー通話 143
- パンチカード 32
- パンチカード式統計機械 31
- 番地指定 110
- 汎用 OS 86
- 汎用コンピュータ 5
- 光ファイバ 141
- ピタゴラス 26
- ビットスタッフィング 152
- ビット操作命令 127
- ヒッパルコス 25
- 非同期 166
- 批判的学習モデル 223
- 紐の結び目 23
- 表示 22
- 標準フォーマット 149
- ビル空調システム 169
- ビル用マルチエアコン 172
- ピン 30
- 品質 216, 217
- 品質管理 217
- 品質機能展開 196
- 品質計画 217
- 品質コスト 217
- 品質保証 217
- 品質マネジメント 210
- ファクトリー・オートメーション 7, 180
- ファクトリー・オートメーション・ネットワーク 181, 182
- フィールドネットワーク 169, 170, 180–182, 187
- フェーズ分解 213
- フォレスター 37
- 不適合コスト 217
- プラグ・アンド・プレイ 156, 158
- プラスチック光ファイバ 162
- プリクラッシュブレーキ 57
- フル機能デバイス 160
- 振る舞い図 190, 202, 206
- ブレーキ制御 57
- ブロードキャスト 152
- プローブカー 144
- プログラマ 110
- プログラマブルロジックコントローラ ... 181
- プログラム 16, 30, 66
- プログラムカウンタ 110, 113
- プログラムカウンタ相対アドレシング ... 131
- プログラム言語 103
- プログラム内蔵方式計算機 36
- プログラム内蔵方式コンピュータ .. 8, 20, 29, 30, 34
- プログラムマネジメント 221
- プログラム・ライブラリ 35
- プロジェクト 209
- プロジェクト・コスト・マネジメント .. 209, 212, 215
- プロジェクト・コミュニケーション・マネジメント 211, 212
- プロジェクト人的資源マネジメント 211, 212
- プロジェクトスコープ 213
- プロジェクト・スコープ・マネジメント 209, 211–213
- プロジェクト・ステークホルダ・マネジメント 211, 212
- プロジェクト・タイム・マネジメント .. 209, 211, 212, 214
- プロジェクト調達マネジメント ... 211, 212

プロジェクト統合マネジメント ... 211, 212
プロジェクト品質マネジメント 209, 211, 212, 216
プロジェクト・プロセス 192
プロジェクトマネジメント 209, 210
プロジェクトマネジメント知識体系 211
プロジェクトマネジャー 221
プロジェクト・リスク・マネジメント .. 209, 211, 212, 217
プロセスガイドライン 193
プロダクトライン 90, 209, 223
ブロック定義図 204
プロトコル 156
プロトコルスタック 183
プロトタイピング型モデル 97
プロトタイプ 97
分岐命令 115, 127
分散システム 190, 198
壁画 22
ボエティウス 26
ホームエネルギー・マネジメントシステム 198
ホームネットワーク 7, 156
ホームネットワーク・アーキテクチャ ... 165
ホームバスシステム 173
保守 194
保守性 216
保証タイム・スロット 161
ボディ系ネットワーク 140
ボディ制御 54
ボトムアップ見積り 215
ホモサピエンス 20, 21
ホレリス 31, 32
ホワールウインド 37, 38

ま行

マイクロコントローラ 90, 121
マイクロコントローラ抽象化層 90
マイクロコンピュータ 120
マイクロプログラム 36
マイクロプロセッサ . 3, 9, 14, 36, 39–42, 47, 55, 66, 67, 72, 75, 90, 107, 120
マイクロプロセッサモード 132
マスタ局 188
マスタスレーブシステム 199
マスタスレーブ通信 182
マスタスレーブ方式 140
マップマッチング 63
マルチコア 83
マルチタスク 86
マルチマスタ 140
マルチマスタ方式 147
ミドルウェア 82, 88
ミリ波レーダ 57
無競合期間 161

無極性化 169
無線 PAN 159
無線通信ネットワーク 143
無線ネットワーク 158
命令 113
命令セット 111, 112
メモリ 109
メモリ拡張モード 132
モーションネットワーク 180, 182
モータ 66, 67, 73
目次形式 213
モジュール 84
モデリング 190
モデリング技法 201

や行

有期性 209
ユーザインタフェース 104
ユースケース図 100
指 21, 22, 26
要求確認 100
要求事項収集 213
要求仕様化 100
要求図 190, 202, 203
要求分析 99, 190, 193, 195
要素成果物 213
要素成果物分解 209, 213
予算設定 215
予備費 218

ら行

ライフサイクル 190, 191
ライフサイクルモデル 191
ライプニッツ 21, 28, 29
ライブラリ 35
ランタイム環境層 90
リアルタイム OS 56, 83, 85
リアルタイムシステム 8
リアルタイム処理 9
リアルタイム性 82
リアルタイム制御 55
リアルタイム通信 180, 187
リーダシップコンピテンシー 223
利害関係者 195
リコール 83
リスク対応計画 218
リスク特定 218
リスクの監視・コントロール 218
リスク・マネジメント 210, 218
リスク・マネジメント計画 218
リモートフレーム 148, 150
利用 191
リレー 31–33, 76

リング型のトポロジ................. 141
リンケージプログラム................ 36
類推見積り........................ 215
ルームエアコン 10–12, 14, 15, 66
レーザレーダ 58
レジスタ直接アドレシング 129
レセシブ......................... 147
ロッド 30
論理回路.......................... 12

わ行

ワーク・パッケージ............ 209, 213
ワーク・ブレークダウン・ストラクチャ . 213
藁算...................... 23, 24
割込み処理.................. 86, 87
割込みハンドラ 87
割算命令......................... 132
ワンチップマイコン................ 121

Memorandum

Memorandum

Memorandum

Memorandum

著者紹介

[監修者]

水野忠則（みずの ただのり）

略　歴： 1969 年 3 月 名古屋工業大学経営工学科卒業
　　　　1969 年 4 月 三菱電機株式会社入社
　　　　1987 年 2 月 九州大学（工学博士）
　　　　1993 年 4 月 静岡大学 教授
　　　　2011 年 4 月 愛知工業大学情報学部 教授，静岡大学名誉教授
　　　　2016 年 4 月–現在 愛知工業大学情報学部 客員教授，静岡大学名誉教授

受賞歴： 2009 年 9 月 情報処理学会功績賞ほか

主　著： 「マイコンローカルネットワーク」産報出版 (1982)
　　　　「コンピュータネットワーク（第 5 版）」日経 BP(2013)
　　　　「コンピュータ概論（未来へつなぐデジタルシリーズ 17）」共立出版 (2013)
　　　　「コンパイラ（未来へつなぐデジタルシリーズ 24」（共立出版）(2014)
　　　　「オペレーティングシステム（未来へつなぐデジタルシリーズ 25」（共立出版）(2014)
　　　　「コンピュータネットワーク概論（未来へつなぐデジタルシリーズ 27）」共立出版 (2014)
　　　　「分散システム（未来へつなぐデジタルシリーズ 31）」共立出版 (2015)

学会等： 情報処理学会員，電子情報通信学会員，IEEE 会員, Informatics Sosiety 会員

[執筆者]

中條直也（ちゅうじょう なおや）　　（執筆担当章：第 3, 5, 6, 9, 10 章）

略　歴： 1982 年 3 月 名古屋大学大学院 博士前期課程修了
　　　　1982 年 4 月 豊田中央研究所入社
　　　　2004 年 3 月 博士（工学）名古屋大学
　　　　2010 年 4 月より愛知工業大学情報科学部情報科学科 教授

受賞歴： Best ASIC Prize (DATE99)

学会等： 情報処理学会会員，電気学会会員，電子情報通信学会会員，IEEE 会員, Informatics Society 会員

井上雅裕（いのうえ まさひろ）　　（執筆担当章：第 11, 12, 13, 14, 15 章）

略　歴： 1980 年 3 月 早稲田大学大学院 博士前期課程（修士） 物理学及応用物理学専攻修了
　　　　同年 4 月 三菱電機株式会社入社
　　　　　研究開発センター部長を歴任．
　　　　　1990–1991 年　米国ミシガン大学人工知能研究所客員研究員
　　　　1995 年 技術士（情報工学）
　　　　2002 年 PMP (Project Management Professional)
　　　　2004 年 3 月 博士（工学）静岡大学
　　　　2005 年 4 月 芝浦工業大学システム理工学部 教授
　　　　2017 年 6 月 芝浦工業大学 副学長
　　　　2021 年 4 月–現在 慶應義塾大学大学院 特任教授
　　　　2021 年 6 月–現在 芝浦工業大学 名誉教授

受賞歴： 工学教育賞・論文論説部門，工学教育賞・著作部門，日本工学教育協会賞・論文論説賞，日本工学教育協会賞・業績賞

主　著：「M2M/IoT システム入門」森北出版 (2016)
　　　　「システム工学　―定量的な意思決定法―」オーム社 (2013)
　　　　「システム工学　―問題の発見・解決の方法―」オーム社 (2011)
　　　　「プロジェクトマネジメント・ツールボックス」鹿島出版会 (2007)
学会等：IEEE Senior Member，情報処理学会会員，PMI 日本支部理事，日本工学教育協会理事，日本リーダーシップ学会会員，日本教育工学会会員

山田囶裕（やまだ くにひろ）　　（執筆担当章：第 1, 2, 4, 7, 8 章）

略　歴：1973 年 3 月 立命館大学大学院修士課程修了
　　　　1973 年 4 月 三菱電機株式会社入社
　　　　2002 年 9 月 静岡大学博士（工学）
　　　　2003 年 4 月 株式会社ルネサンスソリューションズ常務取締役
　　　　2005 年 4 月 東海大学教授
　　　　2016 年 4 月〜現在 株式会社シャルマンコーポレーション顧問
　　　　2019 年 6 月–現在 東京都立大学客員教授
　　　　2021 年 6 月–現在 株式会社メガチップス 取締役（社外）
主　著：「品質・信頼性」共立出版 (2011)
　　　　「デジタル技術とマイクロプロセッサ」共立出版 (2012)
学会等：情報処理学会会員，電子情報通信学会会員

未来へつなぐ デジタルシリーズ 20 組込みシステム *Embeded Systems* 2013 年 4 月 5 日　初　版 1 刷発行 2022 年 2 月 25 日　初　版 4 刷発行	監修者　水野忠則 著　者　中條直也 　　　　井上雅裕　　ⓒ 2013 　　　　山田茂裕 発行者　南條光章 発行所　**共立出版株式会社** 　　　　郵便番号 112–0006 　　　　東京都文京区小日向 4-6-19 　　　　電話　03-3947-2511（代表） 　　　　振替口座　00110-2-57035 　　　　URL www.kyoritsu-pub.co.jp 印　刷　藤原印刷 製　本　ブロケード
検印廃止 NDC 007 ISBN 978-4-320-12320-5	一般社団法人 自然科学書協会 会員 Printed in Japan

JCOPY ＜出版者著作権管理機構委託出版物＞

本書の無断複製は著作権法上での例外を除き禁じられています．複製される場合は，そのつど事前に，出版者著作権管理機構（ＴＥＬ：03-5244-5088，ＦＡＸ：03-5244-5089，e-mail：info@jcopy.or.jp）の許諾を得てください．

編集委員：白鳥則郎（編集委員長）・水野忠則・高橋　修・岡田謙一

未来へつなぐデジタルシリーズ

❶ インターネットビジネス概論 第2版
片岡信弘・工藤　司他著……208頁・定価2970円

❷ 情報セキュリティの基礎
佐々木良一監修／手塚　悟編著‥244頁・定価3080円

❸ 情報ネットワーク
白鳥則郎監修／宇田隆哉他著……208頁・定価2860円

❹ 品質・信頼性技術
松本平八・松本雅俊他著………216頁・定価3080円

❺ オートマトン・言語理論入門
大川　知・広瀬貞樹他著………176頁・定価2640円

❻ プロジェクトマネジメント
江崎和博・髙根宏士他著………256頁・定価3080円

❼ 半導体LSI技術
牧野博之・益子洋治他著………302頁・定価3080円

❽ ソフトコンピューティングの基礎と応用
馬場則夫・田中雅博他著………192頁・定価2860円

❾ デジタル技術とマイクロプロセッサ
小島正典・深瀬政秋他著………230頁・定価3080円

❿ アルゴリズムとデータ構造
西尾章治郎監修／原　隆浩他著 160頁・定価2640円

⓫ データマイニングと集合知 基礎からWeb, ソーシャルメディアまで
石川　博・新美礼彦他著………254頁・定価3080円

⓬ メディアとICTの知的財産権 第2版
菅野政孝・大谷卓史他著………276頁・定価3190円

⓭ ソフトウェア工学の基礎
神長裕明・郷　健太郎他著……202頁・定価2860円

⓮ グラフ理論の基礎と応用
舩曵信生・渡邉敏正他著………168頁・定価2640円

⓯ Java言語によるオブジェクト指向プログラミング
吉田幸二・増田英孝他著………232頁・定価3080円

⓰ ネットワークソフトウェア
角田良明編著／水野　修他著……192頁・定価2860円

⓱ コンピュータ概論
白鳥則郎監修／山崎克之他著……276頁・定価2640円

⓲ シミュレーション
白鳥則郎監修／佐藤文明他著……260頁・定価3080円

⓳ Webシステムの開発技術と活用方法
速水治夫編著／服部　哲他著……238頁・定価3080円

⓴ 組込みシステム
水野忠則監修／中條直也他著……252頁・定価3080円

㉑ 情報システムの開発法：基礎と実践
村田嘉利編著／大場みち子他著‥200頁・定価3080円

㉒ ソフトウェアシステム工学入門
五月女健治・工藤　司他著……180頁・定価2860円

㉓ アイデア発想法と協同作業支援
宗森　純・由井薗隆也他著……216頁・定価3080円

㉔ コンパイラ
佐渡一広・寺島美昭他著………174頁・定価2860円

㉕ オペレーティングシステム
菱田隆彰・寺西裕一他著………208頁・定価2860円

㉖ データベース ビッグデータ時代の基礎
白鳥則郎監修／三石　大他編著……280頁・定価3080円

㉗ コンピュータネットワーク概論
水野忠則監修／奥田隆史他著……288頁・定価3080円

㉘ 画像処理
白鳥則郎監修／大町真一郎他著……224頁・定価3080円

㉙ 待ち行列理論の基礎と応用
川島幸之助監修／塩田茂雄他著‥272頁・定価3300円

㉚ C言語
白鳥則郎監修／今野将編集幹事·著 192頁・定価2860円

㉛ 分散システム 第2版
水野忠則監修／石田賢治他著……268頁・定価3190円

㉜ Web制作の技術 企画から実装, 運営まで
松本早野香編著／服部　哲他著‥208頁・定価3080円

㉝ モバイルネットワーク
水野忠則・内藤克浩監修………276頁・定価3300円

㉞ データベース応用 データモデリングから実装まで
片岡信弘・宇田川佳久他著……284頁・定価3520円

㉟ アドバンストリテラシー ドキュメント作成の考え方から実践まで
奥田隆史・山崎敦子他著………248頁・定価2860円

㊱ ネットワークセキュリティ
高橋　修監修／関　良明他著……272頁・定価3080円

㊲ コンピュータビジョン 広がる要素技術と応用
米谷　竜・斎藤英雄編著………264頁・定価3080円

㊳ 情報マネジメント
神沼靖子・大場みち子他著……232頁・定価3080円

㊴ 情報とデザイン
久野　靖・小池星多他著………248頁・定価3300円

＊続刊書名＊

・コンピュータグラフィックスの基礎と実践

・可視化

（価格，続刊署名は変更される場合がございます）

【各巻】B5判・並製本・税込価格

共立出版　www.kyoritsu-pub.co.jp